生態國學

柯可◎著

中国出版集团
世界图书出版公司

图书在版编目（CIP）数据

生态国学/柯可著. —广州：世界图书出版广东有限公司，2015.5

ISBN 978 - 7 - 5100 - 9608 - 2

Ⅰ．①生… Ⅱ．①柯… Ⅲ．①生态文明—关系—中华文化—研究

Ⅳ．①B824.5 ②K203

中国版本图书馆 CIP 数据核字（2015）第 105843 号

生态国学

策划编辑：陈名港

责任编辑：韩海霞

责任技编：刘上锦

出版发行：世界图书出版广东有限公司

（广州市新港西路大江冲 25 号　邮编：510300）

电　　话：（020）84451013

http：//www.gdst.com.cn.　　　　E-mail：pub@gdst.com.cn

经　　销：各地新华书店

印　　刷：三河市华东印刷有限公司

版　　次：2019 年 4 月第 1 版第 2 次印刷

开　　本：787mm×1092mm　1/16

字　　数：374 千

印　　张：21

ISBN 978 - 7 - 5100 - 9608 - 2

定　　价：72.00 元

导　论

中华民族，志在文化复兴，实干兴邦；根在国学教育，培德育才。

"国学"是以中华传统思想为指针，有利于中国发展的中国特色的理论。它以自强不息、厚德载物、阴阳和谐、天人合一、道法自然、利乐有情为魂，以易学、道学、儒学和中国化佛学为核，以文学、史学、中医学、兵学、艺学、农学、生态国学等为用，引领中华民族创造了灿烂辉煌的古代文明，建构包括国德、国魂、国法、国学、国艺、国俗、国技在内的中华文化传承体系，是一个博大精深而与时俱进的开放性理论系统。

习近平主席 2013 年底考察山东孔子学院时指出："一个国家、一个民族的强盛，总是以文化兴盛为支撑的，中华民族伟大复兴需要以中华文化发展繁荣为条件。对历史文化特别是先人传承下来的道德规范，要坚持古为今用、推陈出新，有鉴别地加以对待，有扬弃地予以继承。国无德不兴，人无德不立。必须加强全社会的思想道德建设，激发人们形成善良的道德意愿、道德情感，培育正确的道德判断和道德责任，提高道德实践能力尤其是自觉践行能力，引导人们向往和追求讲道德、尊道德、守道德的生活，形成向上的力量、向善的力量。只要中华民族一代接着一代追求美好崇高的道德境界，我们的民族就永远充满希望。"

此后，中共中央办公厅印发了《关于培育和践行社会主义核心价值观的意见》，根据党的十八大精神，申明"培育和践行社会主义核心价值观，是推进中国特色社会主义伟大事业、实现中华民族伟大复兴中国梦的战略任务。""这与中国特色社会主义发展要求相契合，与中华优秀传统文化和人类文明优秀成果相承接，是我们党凝聚全党全社会价值共识作出的重要论断。"并依据"中华优秀传统文化积淀着中华民族最深沉的精神追求，包含着中华民族最根本的精神基因，代表着中华民族独特的精神标识，是中华民族生生不息、发展壮大的丰厚滋养"的价值判断，明确提出了要"发挥优秀传统文化怡情养志、涵育文明的重要作用。"加紧"建设优秀传统文化传承体系，加大文物保护和非物质文化遗产保护力度，加强对优秀传统文化思想价值的挖掘，梳理和萃取中华文化中的思想精华，作出通俗易懂的当代表达，赋予新的时代内涵，使之与中国特色社会主义相适应，让优秀传统文化在新的时代条件下不断发扬光大"的要求。

从党中央这一重要文件与国学的关系看，"富强、民主、文明、和谐"这一国家层面的价值目标，"自由、平等、公正、法治"这一社会层面的价值取向，"爱国、敬业、诚信、友善"这一公民个人层面的价值准则，既是五四运动以来中国人善于吸纳西方先进文化的表现，更是继承中华传统易学的和谐思想，包括道家、儒家、佛家、法家的道德、爱国、仁义、慈悲、法治思想的升华。为此，国学促教，引经化西，文化上开民智，铸国魂；经济上创新意，强国本，济民生；政治上扬国威，坚国基，和万邦；社会上修身齐家，和谐小康；生态上天人合一，美丽中国，将不仅为构建中国社会主义核心价值观寻来源头活水，还能伴随着时代进步不断吸收人类先进文化成果，为炎黄子孙奉献从孙中山的"三民主义"、毛泽东思想、邓小平理论、科学发展观直到中国复兴梦的"新国学"。

"国学"为政府、社会、校企所提出的"智力运动强省"、"绿道生态文明"、"佛禅文化传播"、"环保再生资源"等战略决策服务的实践，充分说明了"面对世界范围思想文化交流交融交锋形势下价值观较量的新态势，面对改革开放和发展社会主义市场经济条件下思想意识多元多样多变的新特点"，以学校、社会、自我教育相结合的方式推进国学教育，培养德智体美全面发展的优秀人才，大力弘扬中华优秀传统文化，所具有的增强文化软实力、复兴中华的不可估量的重大战略意义。故唯有同心同德，因势利导，颂读精研圣哲经典，完善中华文化传承体系，方可造就国之栋梁，达致民族伟大复兴，实现亿万人民建构精神文明、物质文明、政治文明、社会文明、生态文明的伟大中国梦。

然我中华文库满箱盈架，皓首穷经也难读尽，究竟如何才能依循现代育才规律，学以致用？这是社会各界不得不深思的。本丛书在回顾汉唐盛世，宋明文功，康乾武治的天朝气象，检讨自鸦片战争、五四运动直到文化大革命的历史教训，总结改革开放以来的各地经验和学术成果后，以《国学教纲》提出"易为学纲，儒为理纲，佛为心纲，道为总纲"，以《中华颂经》、《周易德经》、《老子道经》解经释义，以《国是策论》、《珠江新语》、《创意兴国》、《国德立企》、《生态国学》、《雄辩圣哲》综述国学兴邦理念，以《大学》和历代著名的启蒙读物《弟子规》、《三字经》、《百家姓》和《千字文》等传经诵典，将黄帝的天机奥义、圣贤的超绝智慧、儒释道之真知灼见，发扬光大，以循正道，索真理，兴中华。

为此，丛书一方面努力恢复《易经》作为"修身学道妙典，审时通变明鉴，为人处世指南，精神文明规范，知往察来神卷，明哲保身真经"的中华文化百科全书崇高地位，全面阐析老子的恒道、玄德、清静、真知、无为、贵身、安民、用兵、治国诸观组成的哲学体系，及其炳耀千古的东方智慧的伟大现实意义，以推进马克思主义中国化；一方面以生态国学、孔子"六艺"、珠江文化等濡染先贤悠然自怡的生活艺术，以人类理想筑金塔，中华国艺修玉阶，循道培德，弘毅精进，养花格物，品茶致知，绘画正心，习书诚意，练武修身，抚琴齐家，诗教治国，博弈天下，鼓动民族正能量和雄辩风，培养青少年静思善谋，自信亲和的良好品质。

展望未来，国学教育将以修身治国平天下之优良传统与优美国艺，启发国人放眼世界，胸怀祖国，立足当下，安邦济世，为社会主义核心价值观之推行，复兴强国之实践，创意文化之星光，民族奋进之生命力，为人类文明的伟大进程，做出更伟大的贡献。

张磊　柯可
2014 年 3 月 13 日

目录
CONTENTS

第一章

生态国学视野下的中国生态文明建设

一、人类文明的发展阶段与生态文明建设

"生态"是万物的生命之态、生活之态、生发之态，生息之态，生存之态。"文明"是物质生产成果和精神生产成果的总和，是人类追随理想不断实现社会进步的发展过程与状态。生态学（ecology）是人类研究生态、生态现象、生态规律性的学科，是研究生物与环境及生物与生物之间相互关系的生物学分支学科，于1866年最早由德国生物学家赫克尔首次提出，发展至今，已经总结出了我们的任何行动都不是孤立的，对自然界的任何侵犯都具有无数的不可预料的效应的"多效应原理"；每一事物无不与其他事物相互联系和交融的"相互联系原理"；我们所生产的任何物质均不应对自然的生物地球化学循环有任何干扰的"勿干扰原理"。这三条又被人们称为"三大定律"的原理之所以产生，缘于近代以来，人类对自己凭借日益强大的生产力，为满足自己的生存发展和贪欲，无视这三大定律，在毫无无节制的行为主导下，所造成的全球动物、植物、微生物等生物之间的互助、竞争的扩大化、多样化与灾难化的深刻认识。

生态学目前的研究范围已扩大到全球多种类型生态系统的复合系统，形成了20世纪30年代有关生物圈、食物链、生态位、生物量、生态系统等领域，不断扩展、细化、跨学科，出现了包含植物生态学、动物生态学、海洋生态学和湖沼生态学等独立的分支，按生物类别分有微生物生态学、植物生态学、动物生态学、人类生态学，细化还有昆虫生态学、鱼类生态学等；按生物系统的结构层次分有个体生态学、种群生态学、群落生态学、生态系统生态学等；按生物栖居的环境类别分，有陆地生态学和水域生态学；细分还有森林生态学、草原生态学、荒漠生态学、海洋生态学、湖沼生态学、河流生态学等；将生态学与非生命科学相结合产生的数学生态学、化学生态学、物理生态学、地理生态学、经济生态学等，与生命科学相结合产生的生理生态学、行为生态学、遗传生态学、进化生态学、古生态学等。在应用性分支

学科方面还有：农业生态学、医学生态学、工业资源生态学、环境保护生态学、城市生态学等，最新诞生的生态国学，则是年轻的生态学与古老的中华国学相结合，人文社会科学与理科的生物学相结合的新思维结晶。

"生态文明"是人们总结了生态学的研究成果，从盲目顺应自然、艰难生存的蒙昧状态，走向主动和谐自然改善生存状态的觉悟境界；是人类在改造客观物质世界的同时，不断优化人与自然的关系，为建设良好的生态运行机制和生态环境所取得的物质、精神、制度方面成果的总和。它经历了人类靠渔猎采集为生的石器时代的原始文明，古代奴隶社会的青铜时代、封建社会的铁器时代靠集体开渠垦荒为生的农业文明，近现代社会的蒸汽电力时代，靠机械化工科学发展的工业文明，到当今全球一体化的信息时代，靠核能、光能、生物高分子和云计算等高科技力量，正在构建的人类生态文明的发展过程。

在这个漫长的过程中，中国人从远古有巢氏时代坚守渔猎采集的生态文明风范，宁可"网开一面"也绝不"竭泽而渔"，仰赖天地恩赐，乐天自足的"自然之子"；一变为古代社会夏商周各朝，由原始共有制的私有制转化之际，无愧"天地人三才"之一，开创了领先世界灿烂辉煌的农业文明的"自然骄子"；再变为近现代以工业文明疯狂掠夺自然资源，以"自然主人"自居的西方国家定规制法的市场经济的追随者；如今在成为世界能源的消耗大国、世界最大的制造国、最大的发展中国家、世界第二大经济体之后，正在向积极构建生态文明的"自然家人"蜕变！

这是多么值得庆幸，中国人在追求单纯经济总量的增长，如愿成为工业制造大国却付出了环境破坏的惨痛代价后，终于深刻地认识到：生态文明是人类跨越原始文明、农业文明，继工业文明之后必然选择的新的文明形态，是人类建设和谐社会，沿着科学发展道路前进的必然选择。人们根据党的十八大确立的方向为它做出了如下定义："生态文明是人类为保护和建设美好生态环境而取得的物质成果、精神成果和制度成果的总和，是贯穿于经济建设、政治建设、文化建设、社会建设全过程和各方面的系统工程，反映了一个社会的文明进步状态。这一客观规律而取得的物质与精神成果的总和；是以人与自然、人与人、人与社会和谐共生、良性循环、全面发展、持续繁荣为基本宗旨的社会形态。"

如果说，国人从追求人与自然和谐的角度，把数千年来以种黄土地、浇黄河水，男耕女织为乐事的东方农业文明称为"黄色文明"；把人类以征服自然、改天换地、人定胜天为骄傲，近三百余年来以挖黑煤冒黑烟的蒸汽机车为标志，以掠夺自然造成一系列全球性的生态危机为代价的西方工业文明

为"黑色文明"的话，那么，近几年来人类猛醒地球再也没有能力满足工业文明透支子孙后代生活资源的疯狂贪欲，必需厉行节约自然的能源与资源，过低碳生活，必须开创的新的文明形态，确可谓"绿色文明"。这是人类与自然和谐共处，惟一能延续人类生存的最高文明，它成为与中国社会主义的物质文明、政治文明、精神文明、社会文明并列的"生态文明"，并作为党的十八大确立的治国方略，带领亿万国人，实现那与人类生态文明进程同步的"中国梦"。

正是在那龙年腾飞，万物复生的初冬，党的十八大从10个方面描绘出中国生态文明建设的宏伟蓝图。指出建设生态文明是关系人民福祉、关乎民族未来的长远大计。面对资源约束趋紧、环境污染严重、生态系统退化的严峻形势，必须树立尊重自然、顺应自然、保护自然的生态文明理念，把生态文明建设放在突出地位，融入经济建设、政治建设、文化建设、社会建设各方面和全过程，努力建设美丽中国，实现中华民族永续发展。并提出了优化国土空间开发格局，保护海洋生态环境，全面促进资源节约，加大自然生态系统和环境保护力度，加快水利建设，增强城乡防洪抗旱排涝能力，加强生态文明制度建设，积极开展节能量、碳排放权、排污权、水权交易试点等更自觉地珍爱自然，更积极地保护生态，努力走向社会主义生态文明新时代的一系列的具体措施。

习近平主席最近指出，要清醒认识加强生态文明建设的重要性和必要性，以对人民群众、对子孙后代高度负责的态度和责任，真正下决心把环境污染治理好、把生态环境建设好。国家林业局局长赵树丛则强调，生态文明建设对于国家的四大意义，一是实现中华民族伟大复兴的根本保障；二是发展中国特色社会主义的战略选择；三是修复自然生态系统，建立生态补偿机制，形成节约资源和保护环境的空间格局、产业结构、生产方式、生活方式，推动经济社会科学发展的必由之路；四是顺应了人民群众不仅要殷实富庶的幸福生活，更要山清水秀的美好家园的期待。

正是在当前资源约束趋紧、环境污染严重、生态系统退化的严峻形势下，党的十八大高瞻远瞩地指出："建设中国特色社会主义，总依据是社会主义初级阶段，总布局是五位一体，总任务是实现社会主义现代化和中华民族伟大复兴"。强调要"把生态文明建设放在突出地位，融入经济建设、政治建设、文化建设、社会建设各方面和全过程"，"着力推进绿色发展、循环发展、低碳发展。"让"资源节约型、环境友好型社会建设取得重大进展。主体功能区布局基本形成，资源循环利用体系初步建立。单位国内生产总值能源消耗和二氧化碳排放大幅下降，主要污染物排放总量显著减少。森

林覆盖率提高，生态系统稳定性增强，人居环境明显改善。"为此，我们必须在经济建设、政治建设、文化建设、社会建设过程中融入古今中外的生态文明理念、观点、方法，才能完成十八大提出的优化国土空间开发格局，全面促进资源节约，加大自然生态系统和环境保护力度，加强生态文明制度建设，简称为"优、节、保、建"的四大战略任务。

20 多年前，联合国于 1992 年 6 月在巴西的里约热内卢，召集了有 183 个国家的代表团和 70 个联合国下属国际组织的代表，102 位国家元首或政府首脑与会的"联合国环境与发展大会"，发表了《地球宪章》和《21 世纪议程》等重要文件，史称"第二次人类环境会议"、"地球首脑会议"或"地球高峰会议"，是人类进入 21 世纪前意义最为深远的一次世界性会议。1998 年，亚太地区议员环境与发展大会第六届年会的各国代表团，签署了关于环境和资源保护与旅游业可持续发展的《桂林宣言》。20 年后，世界各国元首于 2012 年再次相聚在里约热内卢这一南美海滨城市。面对当今的水、气、声、渣四害横行，气候更暖、臭氧层破坏更烈、酸雨更多、荒漠化更严重、森林物种剧减、人口更膨胀等全球环境污染更恶劣的形势，一致通过和签署了《里约环境与发展宣言》、《二十一世纪议程》、《关于森林问题的原则声明》、《气候变化框架公约》和《生物多样性公约》等五个国际性的环保文件，为环境保护、提高可再生资源的利用比例、节约用水，援助发展中国家、开展绿色贸易制定了条款，设立了目标，对人类的环境与发展的影响极为深远。

正是在此次里约峰会上，中国因致力于可持续发展，在能源替代过程中首先选择清洁能源，带头为世界作出了重要贡献而获誉为世界表率，受到巴西前总统费尔南多·科洛尔的赞扬。遗憾的是，法国建议提升 1972 年成立后总部设于发展中国家，协助联合国统筹全世界环保工作的联合国环境规划署，应成为与世界卫生组织或联合国粮农组织一样的全球性超级机构的重要提议，虽得到了 100 多个国家的支持，却遭到美国的强烈反对。在此前的 2003 年 9 月，联合国环境规划署驻华代表处在京成立，作为该机构在全球发展中国家设立的第一个国家级代表处，与中国环保总局在环境评价、环境法规、教育和培训、环境管理、技术转让和创新以及预防自然灾害等方面开展密切合作，促进了中国环保工作的发展与国际合作。

正如联合国环境规划署执行主任特普费尔先生在驻京代表处成立典礼时所说："中国有 13 亿人口。中国政府制定了 2020 年将中国经济翻两番的目标。中国的环境工作不但决定其本国人民的福利，也将对全球产生重大影响。"值此中国开始从大规模经济建设，转向同步进行大规模生态建设的社会主义生态文明建设的时期，要切实落实以尊重和维护生态环境为主旨、以可持续发展为依据、以人类的可持续发展为着眼点的该规划署的部署，就要在生产方式上不再走西方国家先污染后治理的老路，彻底转变高生产、高消费、高污染的落后模式，使生态技术、生态产业居于国内各行业的主导地位，使之成为经济财富增长的主要源泉，实现人与自然的协同进化。

必须看到，正如有学者所分析，过去50年的生态文明史分可为1962—1972年的环境问题提出阶段，1972—1992年的可持续发展与三个支柱的阶段，1992—2012年的绿色经济与全球环境治理的阶段。其贯穿50年的理论和政策演变的中心思想，一是强调资源环境可以支撑的经济社会发展；二是可持续发展需要注意经济、社会、环境三个效益的支柱；三是绿色经济发展需要政府、企业、社会与利益相关者的四面体合作治理模型；四是发展质量的三个层面模型和四个方面的资本。在此世界背景下进行的中国社会主义生态文明建设可谓任重道远，既有劣势短处和不利条件，也有突出的优势和明显的有利条件，只有善于化害为利，扬长避短，才能实现生态文明的目的。

从不利的一面看，一是生态文明的理念尚未深入人心，各级政府还有一些领导干部依然习惯以经济总量当成政绩指标，邀功请赏，对环保不闻不问。二是国内生态环保的技术落后，政府、法制和社会基金组织鼓励、扶持环保技术的创新并加以保护、推广的力度远远不够；三是人民群众作为自然环保和生态文明的建设者和享受者的主体地位不明，主体意识不强，制约了我国生态文明建设的健康发展。从有利的一面看，一是中国具有社会主义国家的人财物集中，号令统一，雷厉风行的治国传统，腐败现象在铁腕整治下得到遏制，党的威信得以增强，十八大以来的生态文明理念逐渐深入人心，各级党委和政府开始扭转单纯以经济总量当成政绩指标的不良意识。二是国内包括知识产权保护的法制手段逐步健全，科技界与企业界明大势识时务，萌发了创新生态环保技术的高度热情，绿色产品不断涌现；三是中华民族具有历史悠久的生态自然道德、博大精深的生态国学资源，灿烂辉煌的古代生态文明业绩，只要善于挖掘和整理，广为传播利用，就能让人民群众更好更快地意识到自己作为自然环保和生态文明的建设者和享受者的主体地位，自觉热情地投入到我国生态文明建设中去。

为此，我们必须梳理和继承好中华国学的生态理念，在文化价值观上继续追求"天人合一"的传统生态国学的价值规范和价值目标，让生态文化、生态意识成为大众文化意识，让生态道德成为社会普遍认可的大众道德，这才可能在当今贫富悬殊的社会结构和奢华窘困天差地别的生活方式上，不再一味追求美式的对物质财富的过度享受和超前消费，倡导并带头力行过一种个体生活既不损害群体生存的自然环境，也不损害其他物种的繁衍生存，能维护社会和谐共处，养身悦心的简朴舒畅的生活。

如此一来，切实以生态国学教育加强中华民族的生态道德教育，当局倡导的社会主义精神文明和生态文明，才不至于成为无源之水，不至于成为一句空话，才不至于落不不到实处，进不入心灵，才能将人们长期累积的对周边生态环境被工业化无情破坏所生的哀怨绝望的消极情绪，转化为关爱与保护生态环境的高涨热情与自觉行动，树立起人对于自然的亲近感、义务感和高尚的环境生态道德观念；才能配合政府高度重视实施生态工程，抓好退耕还林还草、沙源治理、海防护林、绿道工程和植树造林工程，防治城市灰霾空气污染、污水废物污染，保护好人类饮用水水源地，控制好可再生资源的利用率并减少不可再生资源的使用率，完善生态文明建设的政策体系和法律体系，全面推进绿色食品、垃圾分类、资源再生、清洁能源、环保产业、生态旅游等一系列生态环境的保护和治理工程，建设一个舒适简约，便捷安全，和谐美丽的城乡人居环境，早日实现中国梦。

二、生态国学的萌发之地与理论积淀

生态国学，是在吸收了国学、自然国学、国学教育学、风水学、生态学、哲学、美学、社会学等相关学科领域里学者们的学术成果，在中国特色社会主义的物质文明、精神文明、政治文明、社会文明、生态文明"五位一体"的伟大战略实施的推动下，应运而生的。回顾近年来以与生态国学内容相关的研讨会开了不少，如 2007 年由杭州师范大学中国哲学与文化研究所、国学研究中心、杭州市哲学学会等联合主办，有来自浙江大学、杭州师范大学、浙江工商大学、杭州电子科技大学、浙江省委党校、杭州市委党校等单位的学者参加的"国学与现代生态文明"学术研讨会。

其次，自然国学领域里，相关的研究开展得更早。如 2001 年在中国科学院自然科学史所举办的天地生人讲座，就由袁立先生主讲了《国学的精髓是自然科学——自然国学的体系和历史沿革》，首次提出"自然国学"概念，认为国学应分为人文国学和自然国学，自然国学就是国学中的自然科学，还成立了"自然国学之光编委会"，申报了国家自然科学基金和国家社会科学基金课题，催生了首届全国中华科学传统与 21 世纪学术研讨会的召开，以及刘长林执笔的《自然国学宣言》在首届全国中华科学传统与 21 世纪学术研讨会和学术刊物及多家网站发表，反响甚为热烈，一方面促进了更多学者由人文领域和西方自然科学领域转入自然国学研究领域，第二届的曲阜会议和第三届的的黄山会议召开；一方面推动 2002 年自然国学首次进入大学课堂，《自然国学讲义》成为部分高校必修课程，以《中华自然国学纲目——中华民族自然科学体系和主要原理》为书名，由中国国学出版社在 2008 年出版，最后促成了袁立主编的自然国学领域的第一套丛书《中华自然国学丛书》于 2011 年由武汉大学出版社出版，宋正海、刘长林等主编的第二套丛书《自然国学丛书》于 2012 年 1 月由深圳海天出版社出版发行，迎来了首届全国自然国学学术研讨会 2013 年在青岛的举行。

相形之下，与当今生态文明建设方面结合得更紧，深入研究的时间更长，理论研究成果更多，具有较大的全国影响力的生态学术论坛与学术机构，当属至今已经举办了七届的"中国（山东）生态文明建设论坛"（以下简称"论坛"），及其举办者山东省生态文明研究中心。综观其进程，首届论坛在 2007 年 10 月，党的十七大报告首次确立生态文明战略地位后，当年即由山东省委宣传部批复同意，由山东省委宣传部和山东大学于 12 月 26 日共同主办。第二届论坛于 2008 年由新成立的山东省生态文明研究中心（以下简称"中心"）主办。第三届论坛于 2009 年由"中心"会同中国矿业联合会、法制日报社、山东省人民政府外事办公室、济南市委宣传部共同主办。第四届论坛于 2010 年∃"中心"会同中国环境科学出版社、中国生态道德教育促进会、中国自然辩证法研究会环境哲学专业委员会、中国伦理学会环境伦理分会等单位共同主办。第五届论坛于 2011 年由"中心"会同中国环境科学出版社、中国生态道德教育促进会、山东省贸促会、山东省浙江商会、济南市温州商会等单位共同主办。第六届论坛于 2012 年，由人民日报海外版和"中心"联合主办。第七届论坛于 2013 年由"中心"、中国环境出版社、山东大学儒学高等研究院等共同主办，可谓年年抓紧，步步扎实。

更为重要的是，这联终了不同的单位与国家的重要部门，连续七届坚持举办的生态文明建设理论的探索，以及不断推出的丰硕的科研成果，值得我们很好地参照。现据相关网站披露综述如下：

第一届"论坛"的主题是"县域经济与生态文明"。主办单位为我国最早成立的具有独立法人地位的省级生态文明学术研究机构"山东省生态文明研究中心"。山东省贾万志副省长在开幕式上说，生态既是科学发展的核心要义，也是检阅科学发展的刚性试纸。生态文明观的提出，其实质就是党的科学发展观、和谐发展观在生态领域的升华。山东大学郇庆治教授则认为：生态文明是我们站在后现代文明时代背景上对人类文明未来可能状态的激情想象，对人类过去三个多世纪以来工业化与城市化制度和生产生活方式的批判性超越，"社会主义生态文明"概念构成了一个完整意义上的绿色乌托邦未来想象，蕴涵着当代中国现代化发展与文明创新中最为重要的政治想象与动量。但只要人类社会不改弦易张进行变革就永远都不会到达绿色的彼岸。其原因是：

一、生态文明是一种"绿色乌托邦"，首先，它主要是指现存文明的一种生态化过程、一种尚待构建的、新型的人类文明形态。生态文明首先是一种"生态理想国"或"绿色乌托邦"，更强调现存文明的渐进式生态化。其次，它是人类文明史发展的自然结果，也是对已有文明形态的超越或偏离。现代文明是古代文明、史前文明的积极性替代。应继续沿着现代文明的理念与精神前进，从根本上超越与偏离现代文明的文化价值与制度框架。其三，现代文明不仅体现为现代化生产生活方式和社会政治制度构建与社会交往方式，也体现为我们对现代文化与价值的迷恋与崇拜。

二、社会主义生态文明是对现代化实践的理论反思与升华。首先，"生态文明"难有"姓资姓社"之分。生态社会主义者认为资本主义社会的罪恶源于其资本主义性质的经济政治制度。生态主义者认为无论是资本主义还是社会主义都是建立在对物质主义的价值迷恋和对现代化工商业生产生活方式的生存依赖的基础上的，不会导向一种真实意义上的"生态文明"。其次，在欧美国家中可以看到许多向"生态文明"转型的征兆迹象，而它们都是典型的资本主义国家。在享受物质舒适生活的同时拥有碧水蓝天在大多数发展中国家依然是一种奢望。其三，社会主义是否必然是一种高于资本主义的"生态文明"形态。人们可以说，社会主义应当拥有高于资本主义的"生态文明"形态，但另一方面，社会主义的理念并不能保证自动建立与之相对应的生态友好的价值观念与制度框架。

三、"社会主义生态文明"超越了社会主义与资本主义的意识形态和政治分野？第一，以前苏联和中东欧国家为主体的诸多原社会主义阵营的国家，在20世纪80年代末纷纷放弃了坚持了70余年的社会主义价值体系和基本制度，而转向了西方式的自由民主制道路。第二，环境污染与生态破坏不只属于西方资本主义国家。改革开放以来，中华民族数千年来赖以生存繁衍的自然环境正面临着极其严峻的挑战。现实实践中，社会主义国家可以从资本主义国家吸取各种有益或成功的生态环境应对经验。

生态文明现阶段的目标，一是遵循经济社会发展的生态规律，确保人与自然和谐相处，建设一个资源节约型、环境友好型的社会。二是创新一种发展模式，在生态规律指导下建立节约资源能源和环境友好的生产模式、消费模式及技术模式；三是培育一种重视生态环境的意识、价值观乃至文化，确保遵循生态规律和创新发展模式的思想基础和社会氛围。四是建设一支具有雄厚力量、在全国具有影响力的研究生态文明的队伍，积极开展同各国研究咨询机构的交流与合作。五是孵化能够推动科技进步、劳动者素质提高、管理创新转变的新型企业实体。生态文明的物质技术基础是生态产业，生态产业代表时代最先进的生产力；生态文明的思想观念代表世界文明进步的新方向，生态产业是提供解决中国现代化问题的最佳选择，生态产业是 21 世纪的主导产业。

第二届论坛主题是"转变发展方式与生态文明"。李德强副主席说：建设生态文明中的核心问题，一是关于转变生产方式。关键是要抓节约资源和环境保护，这也是我们国家的基本国策。实践证明，以今天国际环境和我国人口资源的环境条件，决定了我们不能走西方发达国家曾经走过的老路，而必须走新型工业化的道路，逐步形成节约能源、资源和保护生态环境的产业结构和增长方式。二是打好生态文明建设的社会基础。首先，需要政府部门的有力推动，要责任到位，要措施到位，要建立相关法律法规，用制度推动生态文明建设。其次，需要广大群众的积极参与。在全社会大力普及生态文化知识，开展生态教育，广泛传播人与自然和谐相处的价值观，使人民群众真正成为生态文明建设的参与者、推动者和受益者。同时，需要专家学者的不断探索。不断学习和引进国外先进技术和智力，扩大生态文明建设的广度和深度，不断用最新的理论研究成果指导生态文明建设。另外还需要各类媒体的宣传发动。增强公众的生态意识，使社会各界自觉地投身生态文明建设。

第三届论坛上栗甲副主席说，生态文明强调从经济、政治、法律、道德文化等各个层次对人类社会进行调整和变革，使人类社会能够同自然生态系统形成协调共存的关系。另一方面，需要我们研究近年来国内外一系列涉及环境与发展的概念，如环境文明、绿色文明、可持续发展、科学发展观、环境友好型社会和资源节约型社会、循环型社会、低碳经济或低碳社会等，进行生态文明建设，既要有战略眼光，同时要有具体举措，两者不可偏废。山东省委宣传部副部长黄泽存说，科学发展观指导下的生态文明，一方面必须立足于中国特殊的自然生态环境、人口素质状况、经济文化发展水平和社会政治条件，建设具有中国特色的生态文明，最大限度地降低发展的自然生态代价，使经济建设与资源、环境相协调，实现良性循环。另一方面，要把建设社会主义生态文明的目标，与社会主义现代化建设的其他远景发展目标有机地结合起来，使得生态文明的建设与小康社会、和谐社会、节约型社会的建设，有机地整合起来，互相协调，整体推进。

第四届论坛上，全国人大环境与资源保护委员会副主任委员张文台上将作了生态文明建设的十个基本体系的主报告，围绕"生态文明的政治保障"提出了建设组织领导保障体系、完善的政策引导体系和完备的法律制度保障体系；围绕"生态文明的物质基础"，指出了生态文明建设的绿色的生态经济体系、现代化的绿色科技支撑体系和规范的绿色企业运营体系；围绕"生态文明的精神动力"，提出了繁荣的生态文化体系、广泛的社会公众参与体系和跨区域的合作交流体系及国际化的合作交流体系，并和山东省人大副主任时立军启动了《全民环境教育系列读本》首发式。大会以"走向低碳社会：价值观的变革与伦理挑战"为主题，举行了中国环境伦理学会年会，围绕低碳社会的基本理念、低碳社会与生态文明、低碳社会的价值趋向、低碳社会的伦理挑战、低碳社会与低碳生活方式、全球温室气体减排的伦理与文化基础、低碳社会与中国传统生态智慧和低碳社会与环境哲学等八个方面进行了深入探讨。

第五届论坛上，"中心"主任黄承梁介绍了本单位秉承"生态文明，匹夫有责"的现代生态公民责任观，以建设一所"山东基地、中国领先、世界水准"的应用型生态文明研究机构为目标，从时代视野和国家未来的高度，将自身的可持续发展与国家、社会和民族的可持续发展命运紧密地联系在一起，在山东率先研究、率先实践生态文明，率先用"市场机制"、"民间智库"和"应型型机构"的三大定位，成功创立、改组了一个独立法人地位的省级生态文明研究机构，产学研用一体化的体制、机制日臻完善，显示出很强的生命力。

第六届论坛重点探讨了"中心"在理论上形成了中国特色生态文明理论体系，在实践上发展了"政产学民"四位一体共同推进和建设生态文明的运行机制，认为新型生态文明研究机构一要"打铁还需自身硬"，增强专业主义精神；二要"智之所贵，存我为贵"，注重智库的定位、独立人格的培养和影响力的扩大；三要围绕"建设具有世界影响力的生态文明智库"的新目标，为国家战略服务，为绿色发展、民族复兴、实现现代化强国而有所担当。

第七届论坛集中研讨了如何发展与繁荣中华文化，推动形成人与自然和谐发展的现代化建设新格局的现实问题。张文台上将表示，建设生态文明不仅对中国可持续发展具有深远影响，而且对维护全球生态安全、推进人类社会文明进程具有重要意义。有利于转变经济发展方式和消费模式，逐步形成节约能源资源和保护生态环境的产业结构和增长方式，加快节能减排技术的推广应用，实现工业文明与生态文明的共赢，围绕生态建设，采取切实有效的措施治理和改善我国生态状况。山东省委常委、省委宣传部长孙守刚认为，守护、传承、创新中华文化的软实力，是生态文明建设必须加强的新着力点。它不仅决定着生态文明建设的水平与质量，也决定着对国家、民族和社会的意义。高校应积极推动自然科学、技术科学、社会科学之间相互渗透和统一，创造生态文明的教育模式，实现办学观念、教学目标、教学内容、专业和学位设置、教学方法和思维方式等一系列绿色转变，以培养一代具有生态文明思想和思维方式的当代大学生。

从以上对先后举办的七届论坛的简要综述可见，最近的生态文明建设论坛，是一次积极贯彻落实党的十八届三中全会精神，认真学习领会习近平总书记视察山东的重要讲话，围绕"中华文化与生态文明"核心议题，集中研讨发展与繁荣中华文化，以实现振兴中华民族的中国梦的重要会议。出席会议的省委领导顺应时势，要求山东大学立足于提高生态文明水平和建设美丽中国，立足于弘扬和挖掘中华传统优秀文化，立足于实现中华民族伟大复兴的中国梦，积极推动自然科学—技术科学—社会科学相互渗透和统一，创造生态文明的教育模式的期盼，反映了生态文明建设的时代对态文明教育提出迫切要求，标志着中国生态国学的问世即将到来。

山东大学校长张荣的致辞，可视为生态国学教育的回应与标志，说明了生态文明建设是涉及价值观念、生产方式、生活方式以及发展格局，融于经济、政治、文化和社会建设的全过程的全方位变革的系统工程。生态国学教育不仅要求加强环境科学专门院校或环境科学系、环境保护专业建设，而且要求大学承担起建设生态文明的绿色教育使命，推动大学发展模式的转变，不断完善和积极探索生态文明教育的教育内容、课程资源、有效途径和教育形式，形成完善、高效、不断创新的生态文明教育运行机制；整合与最大程度地利用现有资源对大学生进行生态文明教育；改革传统的生态环境教育教学方法，使生态环境教育努力实现向生态文明教育体的转变；通过教育、培训、网络、大众传媒等手段提高全体现生生态文明意识和实践能力，使生态文明建设成为一种自觉的行动；加强生态环境教育与国际间的合作，学习和借鉴国外高校先进的教学模式和教学方法。

总之，国内有关国学、自然国学、生态学和中国生态文明建设的研讨、论坛和专著出版，为生态国学延生于神州大地提供了最佳的萌发环境与厚实的理论积淀，为我们积极开展生态国学教育明确了努力方向，是人类生态文明建设的幸事。

三、中国生态文明建设呼唤生态国学传统

甲午初春，万马奔腾，乘势而出的生态国学，是党和国家大力倡导的中华文化传承体系中固有的民族生态文化结晶，是易儒释道诸学的传承光大，是建立在中国数千年传统的地理学、天文学、园林学、养生学和风水学基础之上，吸收国际最新的生态学、生态哲学、生态工程学，包含了人文国学、社会国学与自然国学领域内的生态伦理文化、生态政治文化、生态科技文化的综合学科，它以中华山水的来龙去脉为民族生命脐带，是我们今天保护生态环境，建设生态文明的极为宝贵的民族生态文化资源。在与当今以西方话语主导的生态文明学的磨砺互动下，生态国学的崭露头角，再放光华，将顺应人类生态文明建设的时代需要，借助中华圣哲先贤烛照千古、永不磨灭的智慧之光，造福人类。

生态国学源自世界东方孕育而生的人类最古老最朴实最精深的生态文明智慧，源自人文始祖伏羲发明的中华易学体系，深刻体现在由他所发明的以天、地、雷、风、水、火、山、泽等"八卦"作为总纲的中国风水学之中，体现在中国人与自然和谐相处、互生共荣的生态文明建设的经验积累中，已经成为中国古老的物质文明与精神文明的思想宝库，成为中国社会主义精神文明的源头。人们只要回顾历史，就能发现中国式社会主义精神文明并非凭空而生，而是延续了中华数千年文明史的伟大理想，以社会主义雄厚的物质文明为基础，以社会主义和谐的社会文明为保障，以社会主义民主的政治文明为前提，以社会主义完美的生态文明为标志，以中华传统道德为生命之源的文化结晶。它体现在中国特色社会主义的文化、教育、科学、艺术、卫生、体育、法制等项事业的发展规模上，体现在扎根东方精神文明沃土之上的中国人的道德、知识、智慧的发展水平上。

所谓"东方精神文明"，其最典范的代表，一般指国际普遍认知的与"基督教文化圈""伊斯兰教文化圈"并列的"儒教文化圈"创立的中华精神文明，即以儒释道伦理道德为中心的中国传统文化。对此，浸润其中已久的国学家们大都一直深以为傲。早在20世纪20年代，张君劢、梁漱溟、梁启超等著名大家就或者认为："自孔孟以至宋元明之理学家，侧重内心生活的修养，其结果为精神文明"。"三百年来之欧洲，侧重以人力支配自然界，故其结果是物质文明"（张君劢《人生观》），或声称"外国物质文明虽高，中国精神文明更好。"（梁漱溟《中国民族自救运动之最后觉悟》）。事实如何呢？从生态国学的角度看，其建构的生态文明实际上是人类文明追求的古

老形态，它以道家的"道法自然"说去尊重自然的所做所为，不放任人类的贪欲而为所欲为，以坚守"天之道损有余而补不足"的信念实现人与人、人与自然、人与社会和谐共生为宗旨，以"和光同尘""复归于朴"强调人与万物和自然环境的相互依存、共生共融，以佛家戒律的反对杀生和儒家法制的"网开一面"与严禁竭泽而渔，实施放生行善和生态文明的规范，反对为了当前利益而不惜牺牲后代人的利益，以"三教互补"追求人与生态的和谐和人心灵的和谐。

这一切都说明，只要牢牢维系中华生态国学的优良传统，不忘先哲天人合一的生态环保古训，，中华民族生态文明发展模式就将是一个必然实现的中国梦、大同梦，中华民族就一定能从以往领先世界的历史生态文明、当今的社会主义生态文明建设和现实的生态全球化舞台出发，以生态国学的理念提升国人的人格文明、产业文明和生态文明。对此，有的学者以四种角度给出的"生态文明"概念，可以让我们借以看出弘扬生态国学的内涵与价值意义：

（一）从东西方文化的优势看

向来纳学合科、综合统一，重建构整合与时间演变的国学，与注重分学划科、分门别类，重解析分割与空间区隔的西学，具有迥异的特色与治学传统。一方面，国学文史哲不分，质测学、通几学与宰理学兼融，视域幽渺善于透视总览，可与视域清晰擅长局部近察的西学互补；另一方面，国学将重视易理的人文精神，走向自强不息，仁者乐山的儒家，重视易理的自然精神，走向尊道贵德，上善若水的道家，与重视心灵的主体精神，走向自我觉悟，慈善悲悯的佛家，整合为重视易理的元神精神，走向生命元气，天人合一，和谐中道的东方阴柔文化，可与重视事理的科学精神，走向物理原子，择优汰劣，争强好胜的西方阳刚文化圆融。

（二）从广义的角度看

生态文明是人类的一个发展阶段。它在文化价值上树立符合自然规律的价值需求、规范和目标，使生态意识、生态道德、生态文化成为具有广泛基础的文化意识；在生活方式上以满足自身需要又不损害他人需求为目标，践行可持续消费；在社会结构上渗入到社会组织和社会结构的各个方面，追求人与自然的良性循环，是人类经历了原始文明、农业文明、工业文明阶段，对自身发展与自然关系深刻反思的产物。在这一意义上，生态国学是人类在原始文明、农业文明时代，生态环境尚未遭到工业文明大规模破坏的产物，凝聚了人类尚未遭到当今众多利益集团干扰障蔽的生存智慧，它不仅是每个炎黄子弟作为中华民族的孝子贤孙，都心悦诚服、共同尊奉的人文始祖留下的警世箴言，而且足以感召世界各国的所有有识之士，具有强大的道德感召力和深远的文化生命力。

（三）从狭义的角度看

生态文明是人类文明的一个方面，是继物质文明、精神文明、政治文明、社会文明之后的第五种文明，共同支撑和谐社会的大厦。生态国学也正是在人文国学、社会国学、自然国学的基础上综合生成，共撑和谐社会思想大厦的坚实理论体系。

（四）从发展理念看

生态文明与"野蛮行为"相对，是人类在工业文明已经取得成果的基础上，用更文明的态度对待自然，拒绝对大自然进行野蛮与粗暴的掠夺的道德行为。生态国学则是继承了东方传统生态文化思想，以富有导人向善的巨大力量的儒释道的崇高道德追求，阻止人类世界类似砍象牙、屠鲸鱼、杀海豚这类野蛮掠夺的最有效的清凉剂。

（五）从制度属性的角度看

生态文明是社会主义的本质属性，同时也是生态国学超越制度障碍的人类古老智慧，最有利于实现其核心要素即公正、高效、和谐和人文发展的目标实现，有利于当今生态文明的生态哲学、生态伦理学、生态经济学、生态现代化理论，在吸收人类古老文化发展的重要智慧成果时得到滋养和升华。

从解决中国经济建设面临的经济总量扩张与自然资源的有限性以及自然资源生产率相对低下的矛盾，以及经济快速增长与环境容量有限以及环境容量利用效率相对低下的矛盾看，生态国学有利于国人参照古今中外的生态学理，从一个泱泱大国以往的农业大国信奉的"天人合一、顺天应时"，迈向制造大国时盲从的"人定胜天、改天换地"，再到建设生态文明大国时自觉向往的"天人合一、自然和谐"的螺旋式上升的进程中，实现新文明的新飞跃。以天人合一的大智慧，丰富用生态系统的观点和方法研究人类社会与自然环境之间的相互关系及其普遍规律的生态哲学，使十分强调人与自然的相互依存，人与自然环境的辩证统一关系的马克思主义生态哲学理论中国化；为认定当代人不能为自己的发展需求而损害人类世世代代的需求，要求人类将其道德关怀从社会延伸到自然存在物或自然环境的生态伦理学，提供以儒释道的"生态伦理"或"生态道德"打破"人类中心主义"的理论依据；为主张污染物处理费应计入成本，经济政策必须符合生态原理，研究生态系统和经济系统的复合系统的结构、功能及其运动规律的生态经济学，提供古代类似于"桑基鱼塘"那样的生态经济良性循环的经验；为研究利用生态优势推进现代化进程，实现经济发展和环境保护双赢的生态现代化理论，提供古代的参照系而变得更为立体和清晰。总而言之，国学中固有的生态和谐观，是中国生态社会主义发展的深厚的哲学基础与思想源泉。

"生态社会主义"是上世纪70年代西方生态运动和社会主义思潮相结合的产物，于80年代成为集环保、和平、女权为一体的全球政治性的生态运动，成为左冀学者吸收环境主义、生态主义、生态伦理、后现代主义思想，把生态危机归结于资本主义制度，试图为社会主义寻找新出路的当今世界的十大马克思主义流派之一。作为20世纪90年代以来的左翼绿色运动组织与绿党联合以增加执政砝码的旗帜，生态社会主义的思想基础是生态马克思主义，属于政治生态学的范畴。生态国学则吸取中华文明古国安邦治国理念的思想精华，致力于古老生态文明智慧和中国特色社会主义的结合，超越资本主义与传统社会主义的经济中心模式，力图以道法自然、生态伦理和人心和谐构建一种人与自然和谐的模式，走出人欲难填，资源枯竭，信仰缺失，道德沦丧，人越与自然抗衡就越遭到无情惩罚碰得头破血流的生态悲剧的怪圈。

生态国学认同生态社会主义的一切合理观点，即资本主义制度是造成全球生态危机的根本原因。"因为它无限追求利润的生产方式内在地包含着对自然环境的破坏，内在地决定它不可能真正实现可持续经济增长，各项环境经济政策不可能实际操作到位"。也认同"全球化加快了生态危机的转移和扩散的生态殖民主义愈演愈烈。发达国家由于自己的资源无法维系现有的经济规模与生活水准，就通过资本全球化进行悄悄的剥削，让全世界发展中国家为他们的资源环境买单。发达国家制定的环保高标准，促使本国高能耗工业向不发达国家转移，甚至还把第三世界当作倾倒各种废物的垃圾场。环境问题一再让位于资本主义主导下一轮又一轮新的经济增长。所谓的可持续首脑会议只能在一些细微问题上达成象征性协议。在现有的资本主义国际秩序下，资金技术援助、贸易义务、保健、教育、债务削减和可再生能源生产等关键议题，不可能取得实质性进展"的严峻事实，更反对西方发达国家借生态危机为转移经济危机的新手段，赞同环境问题的本质是社会公平问题的观点，以及必须用生态理性取代经济理性，以适度动用劳动、资本、资源，

15

多生产耐用高质量的产品，满足人们适可而止的需求的观点，等等。

但生态国学站在中华民族传统的阴阳互补、天人合一的最高人类智慧之上，坚持万物负阴抱阳，互为生存前提和共荣条件的立场，并不以西方哲学的绝对对立的矛盾绝对不可调和的形而上的观点，将发达国家与发展中国家之间这些客观存在的利益矛盾，视为截然不可调和的生态斗争矛盾，也不将二者之间的利润动机和可持续发展动机视为水火不容的两极，而力图以太极思维包容化解之。这是因为，生态国学对未来社会的解释，是建立在人类共同理想的实现上的。一切符合大道的人类理想，都有其可以吸纳的理想文化因素。生态社会主义坚信"未来社会应该是人类文明史上的一场质的变革，应是一个经济效率、社会公正、生态和谐相统一的新型社会。这个社会必将是个可持续发展的社会，可持续发展的社会必将采用生态经济的模式，生态经济模式就是可持续法则对所有人都有制约的经济活动"，这是毫无疑义的，但在一国两制、一球两制，你中有我，我中有你的全球市场经济的大格局下，社会主义制度并非是实现生态经济的惟一的根本保证，本身就需要利用资本主义市场的经济运转来壮大自己的物质文明，为生态文明增添活力。

反观比发展中国家更有物质条件建立一个绿色社会的主要发达国家，即使绿色变革的要求与动力一时间并不是社会政治的主流，迟早也要顺从民意和可持续发展的规律，认同生态文明的方向，而目前那些正在沿袭西方传统生产消费模式的发展中国家，也将顺势而为，改弦易张，故即使当下一时还难以逆转，也并非意味着将来的世界注定不可能在生态文明的轨道上持续发展。因此，在变革力量的选择上，我们应有生态国学传承的老子的"善者，善人之师，不善者，善人之资"的伟大胸襟，以解放全人类才能解放自己的马克思主义立场，把日益依赖于资本主义经济而变得保守的传统社会主义者，以知识分子和青年学生为主体的"中间阶层"，缺乏足够的"生态意识"的工人阶级，与同样遭受环境污染的资产阶级，都视为未来社会生态变革的有生力量，以人类较为认同的古老生态智慧，化解"资本主义生产与整个生态系统之间的基本矛盾"，为人类生态文明建设铺平前进的道理，共同进入无偏激、无阶级、无剥削、无污染的人类生态文明乐园。

在这一意义上，生态国学为实现人类生态产业的可持续发展，将不仅勇于肯定和支持资本主义国家的生态文明的进步，而且善于发现和补救社会主义生态文明的不足，在全球化生态运动中，加强彼此的沟通和互惠，既支持北部国家防止污染，也帮助南部国家防止资源衰竭，为解决全球环境恶化资源不足的困境，达成全球社资两制南北两边协商基础之上的全球共识，在全球范围内放弃西方传统工业文明模式，以系统化、定量化、代表性、操作性强的原则，制定新的生态评价体系，为联合国环境规划署评价和指导全球生态文明建设进程提供量化依据、舆论导向、决策参考和监督途径。

这一吸收生态国学观的生态文明建设评价指标体系，不仅站在人类物质文明的坡地，注重以生态产业结构、污染物排放以及资源的利用率、清洁率、节约率、再生率为内容的"生态经济"指标，以空气质量、水源质量、土层质量、绿化覆盖、环保建筑、生态设施为内容的"生态环境"指标，以生态保护的法规健全、执法队伍与立法实效为内容的"生态制度"指标等硬指标，而且还站在人类精神文明的高度，更注意以生态知识传播、生态文明认知、生态道德水准、生态文明典范、生态文艺等"生态文化"的软指标，因地制宜、与时俱进的推进东方智慧的生态理念的开花结果。如在中国这个注重家庭和谐、修身养生的传统的农业大国，利用农业人口多、各地生态环境多样性和全国正在城镇化、生态环保化的优势，克服以往只重工业总量指标，造成草原沙漠化、山区石漠化、平原贫瘠化、空气灰霾化、水源污染化、能源枯竭化的劣势。大力发展生态农业、农家乐等生态旅游农业、绿色食品业、生态林草业、观赏花卉业、生态渔业、生态畜牧业、生态中医药业等，为中国生态文明增添浓郁的民族色彩和无尽的生命活力。

17

参考文献：

[1] 九三学社中央参政议政部. 生态文明建设［M］. 北京：学苑出版社，2013.12

[2] 杨持. 生态学［M］. 北京：高等教育出版社，2008.1

[3] 王炜、陈丽芳. 揭开风水之谜［M］. 福州：福建科学技术出版社，2002.2

[4] 柯可. 八卦奥义［M］. 北京：中国档案出版社，2004.10

[5] 蓝红. 生态文明论［M］. 广州：广东高等教育出版社，1999.9

[6] 黄承梁、余谋昌. 生态文明：人类社会全面转型［M］. 北京：中共中央党校出版社，2010

[7] 黄承梁. 生态文明简明知识读本［M］. 北京：中国环境科学出版社，2010

[8] 黄承梁、赵广发、马纯济. 企业环境保护知识读本［M］. 北京：中国环境科学出版社，2011

[9] 柯可. 易经风水图鉴［M］. 南宁：广西人民出版社，2009

[10] 秦磊. 大众白话易经［M］ 西安：三秦出版社，1990.10

[11] 郑万耕、赵建功. 周易与现代文化［M］. 北京：中国广播电视出版社，1998

[12] 章太炎. 章太炎全集［C］. 上海：上海人民出版社，1985.9

[13] 胡适. 国学季刊发刊宣言. 胡适文集［C］. 北京：人民文学出版社，1998.12

[14] 张文台、陈寿朋、徐伟新、黄承梁. 生态文明理论与实践丛书 [M]. 北京：中共中央党校出版社，2009

[15] 袁立. 中华自然国学纲目，伟大复兴与21世纪学术启蒙丛书先驱卷 [C]. 香港：中国国学出版社，2011.1

[16] 杨伯峻：论语译注 [M]. 北京：中华书局，1980.12

[17] 张文台. 生态文明建设论—领导干部需要把握的十个基本体系 [M]. 北京：中共中央党校出版社，2009.6

[18] 李泽厚. 试谈中国的智慧，李泽厚学术文化随笔 [M]. 北京：中国青年出版社，1998.

[19] 陈丽鸿、孙大勇. 中国生态文明教育理论与实践 [M]. 北京：中央编译出版社，2009.6

[20] 杜宇、刘俊昌. 生态文明建设评价指标体系研究 [J]. 北京：科学管理研究，2009.3

[21] 陈瑞清. 建设社会主义生态文明，实现可持续发展 [J]. 呼和浩特：北方经济，2007.7

[22] 潘岳. 论社会主义生态文明 [J]. 北京：绿叶，2006.10

[23] 余谋昌. 生态文明是人类的第四文明 [J]. 北京：绿叶，2006.10

[24] 张立文. 国学的新视野和新诠释 [J]. 北京：中国人民大学学报，2006.1

[25] 史成明. 国学热与当代中国文化的定位 [J]. 北京：盐城师范学院学报，2004.8

[26] 丘立才. 何为中国的"国学" [J]. 梅州：嘉应学院学报，2005.10

[27] 邓小平. 文化建设思想与践行路径研究 [J]. 长春：吉林化工学院学报，2013.2

[28] 江凌. 试论国学和"新国学" [J]. 北京：山东农业大学学报，2006.2

[29] 吴永恒. 里约迎接世界环发大会 [J]. 北京：瞭望，1992.22 - [J/OL] 吾喜杂志网 wuxizazhi. cnki. net/Ar. 2013 - 06 - 03

[30] 尚钊：砖头？粮食？——国学命运刍议 [J]. 北京：美与时代，2003.12

[31] 怎样建设生态文明山东 [N]. 北京：中国环境报，2010 - 6 - 28

[32] 彭永捷. 国学，我们能期望什么 [N]. 北京：人民论坛，2006.2

[33] 生态文明建设的重要意义和战略任务 [N]. 北京：人民日报，2012 - 8 - 20

[34] 努力走向社会主义生态文明新时代 [N]. 北京：人民日报海外版，2012 - 11 - 23

[35] 张文台、黄承梁. 生态文明理论是科学发展智慧之花 [N]. 北京：中国环境报，2010 - 9 - 10

[36] 不断深化生态文明建设的认识与实践 [N]. 北京：人民日报，2012 - 5 - 22

[37] 生态文明重在因地制宜抓建设 [N]. 北京：中国环境报，2010 - 2 - 2

[38] 诸大建. 生态文明的世界背景、中国意义、上海思考 [EB/OL]. 2013 - 01 - 16 04：24. http://www.dfdaily.com/html/21/2013/1/16/929860.shtml

[39] 黄承梁：建设生态文明需要传统生态智慧 [EB/OL]. 北京：人民网 - 人民日报 2015年01月15日08：17 来源：http://theory.people.com.cn/n/2015/0115/c40531 -

26388522. html

[40] 楼宇烈. 国学百年争论的实质光明日报［EB/OL］. 新华网 http：//news. xinhuanet. com/ edu/ 2007 - 01/11/content_ 5594119_ 1. htm

[41] ［EB/OL］百度百科：有关"生态"、"生态学"、"生态文明"、"生态精神文明"、 "社会主义生态文明"、"风水"等词条。

19

四、中国生态文化传统及其历史发展进程

（一）远古至先秦两汉

1.1 我国古代风水学的历史发展和主流趋势如何？

我国风水学的发展，大致经历了远古先秦时期、两汉时期，魏晋南北朝时期、隋唐两宋时期、元明清时期与近现代时期等几个重要阶段。其主流趋势，一是始终以《易经》为纲领，按照八卦方位和卦象模式去解释风水世界。二是以五行之说配合天干地支，运用罗盘为工具，吸收当时的天文地理知识去解释风水现象。三是迎合了上层社会和普通大众规范人伦，安居乐业，趋吉避凶的心理需要和社会需求，与中华医学一样成为东方文化的瑰宝和精华。同时，其中也因古人认识的局限性不可避免地混入了一些神秘主义的迷信杂质。

图1.1 古代陶屋

1.2 伏犧是怎样发明八卦的？

图1.2 伏犧塑像

易经《系辞》说，远古包犧氏（伏羲）统治天下的时候，他仰头观望星象，俯首观察大地，从鸟兽的花纹，生活的环境，身边的各种事物，外界的诸多物象中受到启发，创作出"八卦"的图形，用它来通向神明的易德，模仿万物的种种情状，包括建屋安居的活动等。这就是在回顾与总结千年易学史时，孔子所说的："古者包犧氏之王天下也，仰则观象于天，俯则观法于地，观鸟兽之文与地之宜。近取诸身，远取诸物，于是始作八卦，以通神明之德，以类万物之情。"

1.3 伏羲八卦对奠定风水学有什么意义？

图1.3 八卦甲子图

伏羲发明了作为易经基础和为风水学先天八卦方位定向的八卦，也为后来其他圣人继续观天察地总结心得打下了基础。它参合倚仗了天地变化之数，发挥了各卦刚柔本性，将阴阳物理、社会进化、生产经验包含于八卦卦义之中，尽览物性，穷探天理，洞悉人事，终于发现了宇宙万物的生命规律，包括以建筑协和自然，卫护人类的风水学规律，创作了上可弥纶天地之道，下能正确指导人类建筑实践的煌煌《易经》及其重要分支风水学。

1.4 《易经》是风水宝典吗？

《易经》作为风水宝典，不可远离它胡作非为。易道与风水随时代而屡屡迁移，天象地理的变化运动也从不停止。《易经》各卦六爻周转轮替，上下移动变化无常，刚柔六爻互相变易，不可作为僵化的经典要籍，唯有因时变化才能适应实际需要。风水学要研究精通易理的变化出入，用以测度自然界和人类内心，使人知道畏惧守法，又能明白忧患意

图1.4 易经是中华建筑打通风水学的宝典

识。易经的研习，可以使人没有师长保护，却如同在父母身边一样。因此，对风水有兴趣者在初学时就必须认真研读《易经》的《卦辞》，仔细揣度它的方法原则。而我们既然有了《易经》这样完备的经典，就不能学非其人，学非其德。易道是绝不会虚行一场的，易德和风水知识的积累将使人终身受用无穷。

1.5 易经八卦的神奇之处在哪里？

《说卦传》指出，八卦之所以神奇，就是奇妙的化生万物而又代它们发言。震动万物的没有比雷电更奋疾的了，吹拂万物的没有比风更迅疾的了。燥热万物的没有比火更燥烈的了，鼓舞万物的没有比湖泽更欢悦的了。滋润万物的没有比水更湿润的了，终止万物又始生万物的没有比山更盛大的了。所以天地定位，水火互动，雷风搏击，山泽通气，八卦交错，刚柔

图1.5　神奇八卦与客家围屋

进退，阴阳变化，形成天地万物。所以天帝挟雷出行，风齐万物，离目望远，坤地养育，兑口说话，乾天搏战，坎险累顿，艮山萌生，成就生命宣言。这也正是八卦周转变化，成就风水万千现象的神奇之处。

1.6 《易经》的两种古版本都与风水有关联吗？

图1.6　读书台内藏易经风水古籍

是的。据《周礼》记载，《周易》之前还有两种古老版本，即夏代的《连山》，殷代的《归藏》。它们的首卦分别是艮和坤，表现了不同时代的人们对《易》和风水的理解和独特的尊崇对象。以山为首的《连山易》，据说由炎帝，即神农氏、连山氏所作，故又称神农易、连山易。它重艮尊山，有山叠山重之象，象征当时洪水泛滥，原始部落的古人还住在傍山靠林近水的洞穴、土窑中，过着狩猎为生，靠山防洪的蒙昧生活。《归藏易》以坤为首，则有注重母系血统的含义。据说它由黄帝，即归藏氏所作，故又称归藏易、黄帝易。它重坤尊地，寓意万物始于土地，归藏于土地，象征人民已经移居平原，开发了农业，学会了盖建有墙有屋顶的真正意义的房屋。

22

1.7 《连山》《归藏》失传后的易经风水精义保存在哪里?

图1.7 纪念周代名人的山西古晋祠

由于《连山》和《归藏》早已经失传,其精义也基本继承和保存在《周易》里,所以现在周文王整理过的以乾为首的《周易》,就是与风水关系最深,让我们学用至今,受益无穷的通行本《易经》。它重乾尊天,寓意尊天重君,象征人类已经进入父系社会,建立起等级森严的上尊下卑的礼仪制度,同时也促进了观察天象,注重天人合一的周代建筑的风水文化形成和居室等级制的完善等。

1.8 《易经》就是卜卦算命看风水吗?

《易经》长期以来被当作中国的经书、史书、农书、医书、卜书,是古人根据历史经验总结,推断吉凶的预测学,不是所谓的算命和风水书。但由于《易经》的简古深奥,文化大革命极左思潮对中国优秀传统文化的排斥,以及江湖骗子的丑恶表演,使得一些人以为学《易经》,就是算八字,看面相,察风水,骗钱财,甚至产生《易经》是犯罪的教科书的错觉。可见正确地普及易学与风水知识,还《易经》以应有地位,在大力弘扬中华民族优秀文化传统的当前是何等重要。另一方面,这也可视为对研易学易用易看风水者的响亮警钟。它说明,在由卦象、卦辞、卦义、卦德所构筑的包含了风水建筑的易经文化系统中,正确把握易德才是最根本的。

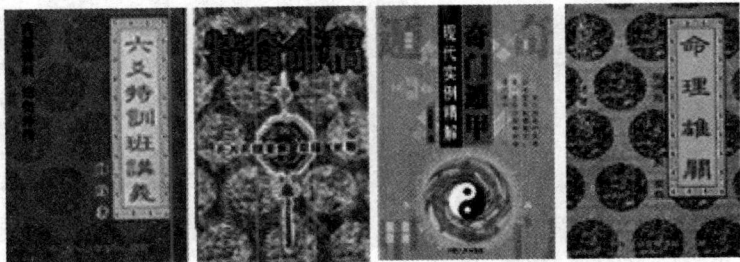

图1.3 中华风水重视的是易德不是算命

1.9 《易经》为什么重视风水?

图1.9 天人合一的民族建筑群

风水学是关系人类选址盖房,建村安营,筑城立国,开山引水,围湖兴业,福延后世的家国大事,其受到中华文化百科全书和治国修身经典的《易经》的高度重视,并在时代发展中得到传承升华是必然的。古人从旧石器采集狩猎经济向农耕畜牧经济转化开始,就已在群体定居生活中,注意到居住环境的选择。这也是古人持《易经》的"天人合一"之说,视山清水秀,风和湖美,人畜安乐的良好建筑用地与生活环境为"风水宝地",在附近安家立业,建城扎寨的由来。

1.10 什么是易经风水学的"阴阳"说?

易经"阴阳"说是中国古代哲学思维的重大发现和创新。它认为阴阳存在于宇宙万物之中,是万物的本源,是事物内部相互对立和相互消长的动力。天下万事万物都可以归于阴阳两极。所谓天为阳,地为阴;日为阳,月为阴;昼为阳,夜为阴;动为阳,静为阴等等,都由此观念而来。这也是后来形成中华易经风水学素朴而辨证的风水观的理论基础。

图1.10 易经阴阳是风水学基础

1.11 有巢氏对中国建筑风水文化有贡献吗？

有巢氏，又称大巢氏，是中国古代神话中发明巢居的伟大建筑家。《庄子·盗跖》说："古者禽兽多而人民少、于是民皆巢居以避之。昼拾橡栗、暮栖木上，故命之曰有巢氏之民。" 《太平御览》引《项峻始学篇》说："上古穴处，有圣人教之巢居，号大巢氏。"综合史料可以知道，人稀力单，被虎豹豺狼围逼追咬的古代人类，在初期生存活动期间，大都象北京周口店的猿人，广东韶关的狮子岩洞古人那样，只知道利用现成的土坡洞穴或石

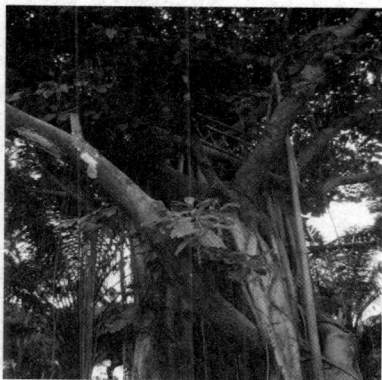

图1.11　树屋

岩山洞，杂居野处，容易遭受野兽的侵犯危害。有巢氏从仔细观察鸟儿的构巢中受到启发，教会人民用木头搭建成类似鸟巢的住宅，登高而居，有效防避了地面凶猛野兽的扑咬，使人民由穴居过渡到巢居。有巢氏在人类建筑史上的贡献，在于重视树木的防卫和生态和谐作用，他第一次将来源广泛，较易加工，抗压善顶，轻便耐用的各种木料引入到房屋建筑上来，开创了中式古代建筑重视木质建材和通风透光的建筑风格，这与西方建房主要重视石质材料和凝重浑厚风格是不同的。

1.12 《黄帝内经》是如何解释天人合一的？

《黄帝内经·素问第三卷·六节藏象论》说："夫自古通天者，生之本，本于阴阳，其气九州九窍，皆通乎天气。故其生五，其气三，三而成天，三而成地，三而成人，三而三之，合则为九，九分为野，九野为九藏，故形藏四，神藏五，合为九藏而应之也。"其大意是说，自古以来通晓天道的人，都知道生命的根本是阴阳二气。大地的九州和人体的九窍，都与天地间的阴阳二气相通，产生出金木水火土五行，以及阴气、阳气与和气；这三种气变化成为天、地、人，再由各自内含阴气、阳气与和气的天气、地气、人气，组合成九。九在地域分为九州，在人体分为九藏。所以，人外形的头角、耳目、口齿、胸膛四形脏与内部的心、肺、肝、脾、肾五脏，合成了九脏而对应天地。这是一种古人对自然规律的天才的精辟见解。人体的内外部结构是

自然形成的，它与自然息息相关，有着不可思议的惊人相似的生命遗传密码，这也是人不可能离开自然而独存，要依赖风水的条件而繁衍的原因。

图1.12 《黄帝内经》 解释了天人合一之理

1.13 天象气候变化与人体健康和家居设计有关吗?

《内经·四时刺逆从论》认为："春者，天气始开，地气始泄，冻解冰释，水行经通，故人气在脉。夏者，经满气溢，入孙络受血，皮肤充实。长夏者，经络皆盛，内溢肌中。秋者，天气始收，腠理闭塞，皮肤引急。冬者盖藏，血气在中，内著骨髓，通于五藏。是故邪气者，常随四时之气血而人客也，至其变化不可为度，然必从其经气，辟除其邪，除其邪则乱气不生。"它科学论证了天象气候，自然变化对人体经脉、血气、皮骨、机能和健康的直接影响。根据这一影响来做各地区的建筑和家居设计，才可能达到以建筑文化养生的目的。

图1.13 天象气候变化与
人体健康和家居设计有关

1.14 《内经》是如何将天地与人体对应的？

《内经》将天地与人体互相对应而找出了三者间的相似处和内在联系。它认为，人的身体是合于天道规律的，它体内有五藏，是以对应五音、五色、五时、五味、五位的；它外有六府，以对应六律，六律建阴阳诸经而与十二月、十二辰、十二节、十二经水、十二时、十二经脉相合，这正是五藏六府所以对应天道的表现。因此，天为阳，地为阴，人

图 1.14 《内经》将天地与人体对应·丹霞元阳山

的腰以上为天，腰以下为地。所以四海以北为阴，五湖以北为阴中之阴，漳河以南为阳，黄河以北至漳河为阳中之阴，漯河以南至长江为阳中之太阳，"此一隅之阴阳也，所以人与天地相参也。"对于《内经》的这些说法，有些如南北阴阳的提法，因中国疆域的拓展和邻国地理的发现而可以更新和完善，有些则因现代科学还无法完全解释清楚，而仁者见仁，智者见智；但它企图从人来自自然这一铁的事实中，去寻找两者间内在联系的开拓性创新性努力，我们还是应该予以充分肯定的。

1.15 《黄帝内经》与生态风水文化有关吗？

《黄帝内经》简称《内经》，是"中医四大经典"之首，被尊奉为我国"医学之祖"、"医术之母"。它依据易经"天人合一"的理论，将人体生命系统与自然系统整合为一，将人的经脉、呼吸、脏腑、营卫、养生、诊病，与天地山川，四海九州，四季寒暑，五行八卦等一一对应结合起来，建立起中医重视自然、社会与人和精神的合一，主张顺应天时地理，追求阴阳和谐，重视养生，预防为先，辩证施治，主张人身心健康，德高长寿的人生最高境界的医学理论，影响世界几千年，至今仍有强大的生命力。同时，《内经》在将自然、社会现象与人类健康、家居设计有机整合在一起的同时，

也极大地丰富和发展了中华生态风水文化，在某种意义上也可以说是一部博大精深的中华健康风水文化宝典。

图1.15 《黄帝内经》与养生风水文化有关

1.16 炎黄尧舜等圣人对中华风水学有贡献吗？

图1.16 山西省绛县尧寓村的石碑

炎帝、黄帝、尧帝、舜帝等圣人从伏羲创制的八卦中得到了丰富启示，他们总结了历史变迁和社会制度的变化后，对《易经》加以改进，使人民遵循它，从而使天下得到很好的治理。因此，正如作为风水学基础的《易经》，是由伏羲发明八卦后，才由神农氏、黄帝、尧、舜以及后来的周文王、孔子等不断完善演化成64卦的一样，风水学也并非在伏羲手里就已经完成，它实际上是众多的古代圣人，以及夏商周千百年以来，各朝各代建筑家们辛勤实践，在洞察自然人世之变，总结中华风水建筑文化史后的集体智慧结晶。

1.17　大禹是中华风水改造的最伟大功臣吗?

图 1.17　长江三峡大禹庙内的大禹造像

历代传颂的大禹，是中国风水改造的最伟大功臣。他在洪水滔天时临危受命，继承父志，实地考察，亲力亲为，三过家门而不入，因地制宜地改变了中国治洪战略，化堵为疏，根治了洪灾。川鄂一带，至今流传他的治水故事。相传上古时长江有混江巨龙作孽，被西王母之女瑶姬用金钗扎死后，遗骨淤积，堵塞江流，令洪水泛滥，川湖顿成泽国。大禹闻讯后从黄河赶来治水，他驱动神牛，角触夔门，撞开三峡，把龙骨推出长江南岸堆成了十二碚，从此江道畅通，造福万代。

1.18　中国古代风水学曾经有哪些别称?

古代风水学在与现代科学相结合之前，还有过堪舆术、相地术，以及青乌、青囊、地理、相宅、卜地、卜宅、图宅、图墓、葬术等许多别称。"青囊"是古人盛装相地术书的青色囊袋，与运用风水术的"相"与"图"有关。"相"的意思是察看、审定，相地。"图"的古义是图谋、核计，图卷。营宅建墓需要考察审

图 1.18　出土古陶屋

定，深思熟虑，详细计划，得出所谓的"青囊妙计"，即"锦囊妙计"。《史记·轩辕本纪》记载："黄帝始划野分州，有青乌子善相地理，帝问之以制经。"这就是青乌之典的由来。另据《旧唐书·经籍志》之说，青乌子为汉代相地家，有《青乌子》三卷行世。

1.19 我国历史上有哪些重要风水学派?

古代风水学是从风水术演化而来的,源远而流长,自河图洛书问世以来,数千年来历代地理风水大师不断涌现,典籍著作汗牛充栋,在发展过程中逐渐形成了两大学派,即形势派和理气派。形势派注重峦头方位的组合以及相关信息,理气派坚持时运生克的原理,与形势派互为表里,各有所长,并成为至今仍处于显学状态的各家风水流派的基础理论。

图1.19 有凤来仪的风水胜地

1.20 中国风水后来分成哪几个流派?

中国风水由形势派和理气派化生的流派很多。主要有以杨筠松、曾文遄、廖禹、赖文俊四公理论经验为基础,以"龙、砂、水、向、穴"为核心,又称江西派、峦头派、形势派的杨派风水;以地盘正针定山向,以人盘中针论拨砂,以天盘缝针论纳水的三合长生派;用时间、空间、能量互换方程式排龙立穴,飞星布盘,收山出煞的玄空风水;以八卦配八宅的八宅风水;强调先天为体,后天为用,推算阴阳吉凶,简单实用,又称金锁玉关的过路阴阳，以及以个人命理为准，进行能量控制，以达改运目的命理派等。这些流派主张不一，成就不同，良莠不齐，需要对其理论与方法进行归纳整理，去糟粕取精华。

图1.20　江西形势派的杨公祠

1.21　我国历史上主要有哪些风水学说？

图1.21　中国的风水流派众多

　　我国风水流派的主要学说有：1. 生气说，认为乘生气是选址的大纲，要注意乘气、聚气、顺气、界气等。2. 风水说，主张芷风聚气，得水为上。3. 形势说，以千尺为势，百尺为形，势来行之，是为全气。4. 四灵说，主张左青龙，右白虎，前朱雀，后玄武。5. 方位说、立向说，主张调整屋宅朝向以趋吉。6. 寻龙说，以地脉的行止起伏为龙，并分为正势、侧势、逆势、顺势、回势等五势。7. 察沙说，认为主龙周围的小山为沙，与帐幕同意。8. 观水说，主张水随山而行，山界水而止，山与水不分。9. 点穴说，主张点阳穴为阳宅，点阴穴为阴宅。10. 阳宅说，主张择佳地建房。11. 阴宅说，主张选墓地以保佑子孙发达。12. 命宅说，主张以宅主的命相配合五行生克定吉凶。这些风水学说大都有一定道理，但有的确也失之烦琐、臆断、芜杂甚至荒谬，需加以整理厘清。

1.22　中华原典与风水有关吗？

中华原典即《三坟》、《五典》、《八索》、《九丘》。孔子在《尚书序》里说："伏牺、神农、黄帝之书，谓之《三坟》，言大道也。少昊、颛顼、高辛、唐虞之书，谓之《五典》，言常道也。至于夏、商、周之书，虽设教不伦，雅诰奥义，其归一揆，是故历代宝之，以为大训。八卦之说，谓之《八索》，求其义也。九州之志，谓之《九丘》；丘，聚也，言九州所有，土地所生，风气所宜，皆聚此书也。"这就是说，据专家考证可能分别以陶版、简帛、绳索、地图等载体，

图1.22　中华原典与古代风水有关

记述伏牺、神农、黄帝三皇之"大道"的《三坟》，记述少昊、颛顼、高辛、唐尧、虞舜五帝之"常道"的《五典》，记述先贤八卦义理的《八索》，记述九州图志的《九丘》等，其实正是最古老的中华原典。特别是伏牺著《三坟》创八卦后，成为中华易经风水理论基础的《八索》，以及大禹实地考察后，所描绘的九州土地、风水气候、地理图志的《九丘》，更可视为中国最早的风水经典。

1.23 我国第一部堪称上古地理百科全书的文献是什么?

《山海经》在古代信息极其闭塞难得的时期,收集了当时大量的有关地理与风水的传说,堪称我国第一部上古地理百科全书。书内文献由《山经》、《海经》、《大荒经》三部分组成。其中《山经》依东南西北中方位,记述了447座山,是我国最早的一部山岳地理专著。此外它还收录了中国名山秘洞的奇闻。如《南山经》有"南禹之山……其下多水,有穴焉。水春则入,夏乃出,冬则闭。"这实际上是一种地下水在水源枯旺时节出现的间歇泉现象,表现了古人很早就对山形水情有了细致的观察和认识。

图1.23 新版《山海经》封面

1.24 先秦《禹贡》的问世有什么重要意义?

《尚书》中的《禹贡》是先民在蛮荒远古年代,凭借顽强的毅力,旷野的雄视,对山川大势的总体判断论析。全书虽显粗浅拙朴却具有独立创新精神,可谓我国第一部区域地理专著。它以大胸襟、大手笔将天然的山川、河流、海岸画而为界,将神州疆域划分为九大州,不仅在宏观上按照全国地势西高东低的特点,记述了黄河、淮河、长江三大流域间的20多座山岭,为后世风水师的"龙脉说"、"相地说"提供了依据,同时还在微观处对全国的土壤进行了细致分类,如根据色泽所分的黑、黄、赤、白、青等泥土,以及根据土的性状所分的壤、坟、埴、垆、涂泥等。

图1.24 《禹贡》为"相地说"提供了依据

1.25 先秦已经有察山治水知识了吗？

图1.25 先秦已经有察山治水知识

山为藏身之所，水为生命之源。从甲骨卜辞和《诗经》记录看，早在商周时代，先民就已经有了察山治水的知识，懂得将陆地分成山、阜、丘、原、陵、冈等类别，将河床与水域分为兆、渚、浒、淡、川、泉、河、涧、沼、泽、江、氾、沱等类别以利区别治理。细观《管子》一书中的《水地》、《度地》等篇目，更是先秦专门论地、水与人之间关系的风水论文。其中《水地》论述了地为万物本原，水为地之血气，人也属水，是"男女精气合而水流形"的地灵水清人杰的相生关系。《度地》则分析了大地山脉有远近大小"五水"——即经水、枝水、谷水、川水、渊水的风水地貌格局，详述了如何根据水性，设置水官，调动人力物力，将"五害"之首——"水害"彻底化解的改造风水的方法。

1.26 《管子》与天时风水五行有关吗？

《管子》一书主要是治国理政，发展经济之书。但它的《四时》、《地员》、《五行》等篇目，均为古代早期论述天时风水五行的杰出论文。其中《四时》将星日辰月与东南西北四方和春夏秋冬四季相对应，以土和中央四时相对应，明确指出"不明四时，乃失国之基"。《地员》论述了地势、地形、土壤、水文，并以"五土配五音"，后来发展为"五音五行"的风水观念。《五行》则将天干地支的

图1.26 管子之书

"甲子丙子戊子庚子壬子"与"木火土金水"一一对应，说明主持国政和天时、地利的关系，是风水五行概念与社会人事结合的较早尝试。

1.27 《管子》一书与相地有关吗?

《管子》一书内容丰富,是世界上最早"相地"的地学著作,至今仍得到现代土壤地质学的肯定。其《地员》、《地图》、《地数》等篇目,可谓早期的地学论文。《地员》对土地的考察已经深入到了色泽、质地、结构、孔隙、有机质、盐碱性、肥力等方面,并结合地形地貌、水文、植被等自然情况,将土壤分为上、中、下三等十

图1.27 土地色泽肥瘠与相地相关

八类;《地图》分析了山形地势和军事的关系。《地数》记述了土地表层与里层的相应关系,指出"山上有赭者其下有铁;上有铅者其下有银。""上有丹砂者其下有金;上有慈石者其下有铜金"等土地表里与矿藏的关系,反映出古人早期对探矿的认识和收获。它不但有开矿致富的经济意义,而且对以后的风水师探明地质,总结其与人类住宅的关系也有深远的影响。

1.28 《周礼》的"土宜法"与风水有关吗?

图1.28 《周礼》的"土宜法"与风水有关

《周礼》一书主要是记载有关周代的礼仪制度的重要文献,但也记载了与风水密切相关的"土宜法"。其《司徒》篇很早就提出"以'土宜之法'辨十有二土之名物,以相民宅而知其利害,以阜人民,以蕃鸟兽,以毓草木。"这就是说,要以一种能够辨别全国十二大区域的不同土地类型,以及生活其中的各种动植物的适宜之法,来审视人民的的居室住宅,判断其利害优劣,以达到趋吉避凶,使人民旺盛,使鸟兽繁殖,使草木繁荣的健康风水目的。这就是《逸周书·度训》强调的"土宜天时,百物行治。"即风水术择地安居的"土宜法"。

1.29 《周礼》的"十二土"是根据什么划分的?

图1.29 《周礼》"十二土"根据天象划分

《周礼》的"十二土"指的是周朝分封的"吴越、齐、卫、鲁、赵、晋、秦、周、楚、郑、宋、燕"等12个诸侯国和都城辖地,大致包括了今天中国从南到北的大部分国土,并分别与"星纪,玄枵,娵,降娄,大梁,实沈,鹑首,鹑火,鹑尾,寿星,大火,析木"等12星宿对应。林尹先生在《周礼今注今译》中,结合风水观念对此作了说明,认为"十二土"是古王者封国时对应天上星宿之位所分。后世推崇土宜法的风水先生,正是根据先秦"十二土"的说法,以天地对应观念将天上12星宿与地面12区域附会整合,作为判别吉凶的依据的。

1.30 先秦相地知识为风水术的产生提供了哪些前提?

秦代不仅提出了"土宜法"、"十二土"等建立在天象地理基础上的风水术语和方法,而且有了更清晰的"地脉"观念。秦统一后,派蒙恬修长城,开驰道。秦始皇死后,赵高矫诏逼令蒙恬自杀,当时,民间传说蒙恬之死是因为他"绝地脉"所致。司马迁在《史记·蒙恬列传》对这种说法提出了异议:"恬为名将,不以此时强谏,振百姓之急,养老存孤,务修众庶之和,而阿意兴功,此其兄弟遇诛,不亦宜乎,何乃罪地脉哉?"

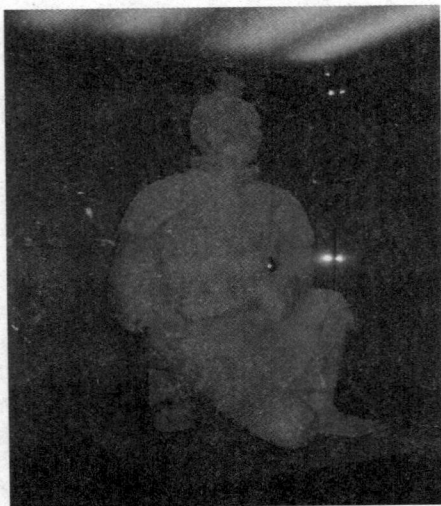

图1.30 先秦相地知识为风水术产生提供了前提

1.31 秦人为什么西首而葬？

秦人很早就已经有了地脉与王气观念。秦代营建的大型土木工程，既有阳宅阿房宫，也有阴宅始皇冢。后者位于著名的陕西秦兵马俑所在地附近，动用 70 万民夫，几乎挖空了骊山，规模空前绝后。而从其后果看，并没有保住秦王朝，可见阴宅说之虚妄。秦代不仅王室大兴土木修墓室，民间百姓也很讲究墓葬吉凶。传说家贫如洗的韩信，年轻时没钱在村墓中葬母，就

图 1.31　秦人西首而葬

选择一块"高敞地"葬母，结果得风水保佑，被封为楚王。至于秦人西首而葬，墓向东方，主墓道在墓坑的东端的习俗，专家分析与秦国地处西北，以西为尊，企图东进，图谋天下一统有关。

1.32 《黄帝宅经》是一部什么风水书？

图 1.32　《黄帝宅经》是一部风水书

《黄帝宅经》是现存较接近古代原貌的一本风水相宅书。《汉志·形法家》收有《宫宅地形》二十卷，《隋志》收有《宅吉凶论》三卷，《相宅图》八卷，《旧唐志》也收有《五姓宅经》二卷，但都没有说这些书出自黄帝。此后托名称为《黄帝宅经》及淮南子、李淳风、吕才等人所著的"宅经"达数十种之多，但大都是一些风水术与方技家为了神化自己的说法，故意说成是黄帝所作的而已。

1.33 堪舆术就是汉代相地术吗?

图1.33 堪舆术成为汉代相地术

堪舆术属于古代流传的法术之一。它包括了相地、预测和占卜，原是根据天文地理来占卜吉凶的，所以"堪"又代表天道，"舆"又代表地道，两者成为天地的代称。由于堪舆术涉及天地、范围广泛，与主要考虑宅邑的选址和定向，地形地貌气候环境诸因素与居住条件的协调的"相地术"，在研究范围上有所重合，所以到了汉代，在易经玄学的影响下，本来着重观天察地，预测吉凶的"堪舆术"，便逐渐与讲究阴阳五行、八卦干支的相地术合流为一了。

1.34 汉代对地理概念有了更加准确的认识吗?

汉代对地理概念有了更加准确的认识。《尔雅》有《释地》、《释丘》、《释山》、《释水》，都是专门解释地理现象并为之下定义的，如"下湿曰隰，大野曰平，广平曰野，高平曰陆，大陆曰阜，大阜曰陵、大陵曰阿"等。1973年在长沙马王堆出土了西汉的《地形图》、《驻军图》、《城邑图》等，其图中已能清楚地表示出山脉、山簇、山峰、山谷、河流的走向，并且比较精确。汉代比较丰富的相地知识，对地理现象的认识逐步深化，使重视考察山脉走向和气象因素影响的风水学得到了进一步的完善。

图1.34 汉代对地理概念
有了更准确的认识

38

1.35 大历史学家司马迁相信风水吗？

汉代初年崇尚黄老，无为而治，国力渐强。汉武帝即位后励精图治，抵御匈奴，独尊儒术，罢黜百家。但此时还是有不少上观天文，下察地理的占候之士即堪舆家在活动，就连汉武帝的婚姻择日之事，也要聚会五行家、堪舆家、建除家、历法家等来辩讼占卜决定。这时的风水相地也有所发展，在西汉被称为形法。不过，博览群书，游走江湖，遍访名山，熟悉古时许多占卜堪舆活动的司马迁，却很少在《史记》中妄谈风水，保持了严肃端方的伟大史家风范。

图 1.35 《史记》不妄谈风水

1.36 杰出的唯物论者杨王孙是如何反对阴宅风水的？

图 1.36 汉代的风水阴宅观遭到反对

汉代的一位杰出的唯物论者杨王孙反对厚葬。《汉书·杨王孙传》里，记载了他对厚葬无益于死者，而俗人却竞相以财物陪葬腐烂于地下，造成今天葬人明天就被人偷掘的怪现象的看法，认为这与暴尸荒野又有什么区别！所以他临终前嘱咐儿子，一定要将自己的遗体装在布袋裸葬，有力冲击了世人迷信阴宅厚葬的社会风气。

1.37　汉代的开明雅士信不信阴宅风水?

图 1.37　汉代的开明雅士不信阴宅风水

据《后汉书》记载,东汉民风一般都很重视丧葬,但东汉党人和许多高雅之士却偏不信阴宅风水。如著名的唯物主义思想家王充,就在《论衡》的《调时》、《卜筮》、《辨祟》、《难岁》诸篇中,介绍并抨击了东汉阴宅习俗的弊端。此外,王符、应劭等也曾激烈地抨击阴宅风水说。如王符的《浮侈篇》就批评说,如今的京师贵戚豪家,父母在生时不厚养照顾,等老人死去了才厚葬崇丧,甚至把金缕玉匣、珍宝锦衣、偶人车马都一起陪葬,竞相崇尚豪华奢侈。真是一针见血!

(二)　魏晋南北朝至隋唐两宋

1.38　蜀国军师诸葛亮通晓风水吗?

蜀国军师诸葛亮在《三国演义》中是一位能掐会算,呼风唤雨的奇人。其实,褪去其中的神秘色彩,应该承认诸葛亮的许多异行奇功,实际上都得益于他对包括了天象地理水文知识在内的中国风水学的较好把握。这也反映出我国风水知识在一些杰出知识分子的手中,已经达到了几乎是出神入化的境界。

图 1.38　白帝城里的诸葛亮像

1.39　风水术士管辂真有其人吗?

不讲礼仪，性好嗜酒，言谈无常，容貌丑陋的管辂，原是三国时期山东平原的一名江湖风水术士。他是一个怪才，从小喜欢观察星辰，夜不肯寐，连父母都无法禁止。他年幼游戏时就常在地上画天文，长大成人后更是以精通易占扬名于世。传说他善于推测阳室阴宅怪异，能根据墓地"四象"预言吉凶。但社会上至今流传的《管氏地理指蒙》十卷一百篇，虽是风水术中的一部煌煌巨著，还收有所谓的管辂自序，但其实很可能只是借助其名而已。

图 1.39　管辂之书可能只是借助其名

1.40　郭璞是一位传奇式风水大师吗?

图 1.40　郭璞是一位传奇式风水师

郭璞是现属山西省的河东闻喜人。据《太平广记》记载，他周识博物，善测人鬼，鉴天文地理与龟书龙图，懂爻卦谶纬，安墓卜宅。他博学高才，注解过《尔雅》、《三苍》、《方言》、《山海经》、《楚辞》、《穆天子传》等书，民间还流传他撰写了《葬书》，奠定了风水术的基础，所以又被推为风水鼻祖。晋人干宝的《搜神记》，记载了不少有关郭璞作法的故事。他还将自己的事汇编成《洞林》一书。当然，作为一位传奇主角的风水师，他也难免被人们过于神化。

1.41 《葬书》是一本怎样的书？

图 1.41 古墓陪葬品

《葬书》又称《葬经》，传为晋代郭璞所著。它是一本关于如何选择理想葬地的著作。《易传》中很早就有关于葬俗源于"大过"的解释。正式的记载则见于《汉书·艺文志·形法家》，它说明流行的"葬术"是从汉代萌芽的。从郭璞传记看，他是从河东郭公接受《青囊中书》后，才明白了天文五行与卜筮法术的。《唐志》中的《葬书地脉经》与《葬书五阴》，

均非郭璞所作，只有《宋志》上记载了郭璞的《葬书》一卷。此后各地方家竞相为《葬书》添枝加叶，被蔡元定感到太芜杂删去了 12 篇。而吴澄又觉得蔡本太简略，就把其精华列为内篇，精粗参半者为外篇，粗陋者存为杂篇。由于郭书的"乘生气说"明白简当可资借鉴，所以后世的风水学者都奉郭璞为鼻祖。

1.42 魏晋时期的《水经》是一部什么书？

魏晋乱世多宏篇，还出现了我国第一部记述全国范围内水系的专著《水经》。由于它内容过于简拙，北魏的郦道元为其作了《水经注》，共记河流水道 1252 条，注文达 30 万字，是《水经》原书字数的 30 倍，对水泽火山、山川形胜都记述得丰富细致。

图 1.42 古代治水图与《水经》

1.43 隋朝开国皇帝相信阴宅风水术吗？

隋朝的开国皇帝隋文帝杨坚，对东汉以来愈演愈烈的阴宅风水术，始终持怀疑态度。当有人在他面前兜售阴宅风水术的一套胡言时，被他毫不客气地顶了回去。他说："我家祖坟所占的地方，如果说不吉利，可我却当了皇帝；如果说吉利，我的兄弟又是打仗死的。"让说客无话以对，狼狈而退。

图1.43　隋文帝不信阴宅风水术

1.44 唐朝的风水相地知识有了什么变化？

图1.44　仿古唐城

唐朝的风水相地知识比隋朝有了长足进展，专门设立了"司天监"，收藏了许多风水秘籍，任命了一批学有所长，专门掌管天文、气象和地理风水事宜的官员。如在司天监任职的杨筠松，就开创了注重山形地势和实地考察的江西派，与其后流行于南宋，主张理气方位、屋宅法、宗庙法的福建派一起，成为国内开枝散叶，流传至今的两大风水流派。此外，唐代的不少朝中大臣、僧侣一族也大都懂一些风水，如唐玄宗时的大臣张说，湖北的浮屠泓师，江西的司马头陀等。特别是李吉甫的《元和郡县志》，将山川形胜描写得十分具体形象。

1.45　唐代风水大师杨筠松是一个怎样的人？

图1.45　唐代风水大师杨筠松像

杨筠松为广东信宜县人。因对风水颇有研究被唐僖宗封为国师，担任过相当于国家"天文气象局长"兼"地震地质局长"的要职。黄巢之乱后，他携带宫廷藏书逃出长安，定居赣州宁都的怀德乡，后葬于雩中药口。他勤奋笔耕，著作很多，包括《疑龙经》、《撼龙经》、《立锥赋》、《葬法倒杖》、《青囊奥语》、《天玉经》等。加上他隐居时还四处看风水，收徒讲学，将深藏宫中的风水学传播民间，带出了一批风水术士，成为形势派风水宗师。但目前人们并未公认上述这些书都为他所撰。因为其中有些论点属另一派风水学说，故尚待考证。

1.46　《青囊奥语》传授了什么"玄空"法则？

相传为风水大师杨筠松留下的风水书《青囊奥语》，记载了传授至今的"玄空"风水的十大法则，大意是通过辨识向水流神，使得不论平地高山，均无缺完美以符合所谓的玄空法则，其具体要求十分繁细，对后世风水师的实际操作产生了深远影响。

图1.46　杨筠松家乡信宜古城的文明门，寓意为"青云路上构杰阁，献奇纳秀开文明"

44

1.47 唐代有人反对风水术吗？

唐朝国力强盛，文化繁荣，思想活跃，风水术大盛，在出现了一批风水名家名著，运用风水知识成功改造自然，架桥修路，建房筑宫的同时，也涌动一股利用风水之说牵强附会以谋私利的暗流，因此便涌现了一批大胆反风水骗术的骁将。《唐书·吕才传》就收录了吕才驳斥风水的文章。此外，《旧唐书·姚崇传》也记载了开元之治的名相姚崇不信风水的故事。他在大庄崩坏之际，力主唐玄宗不信邪，照样到东都洛阳去，不按所谓"崩"不利"行"的风水观念行事，结果并无祸事发生。

图1.47　唐代有不少名人反对风水骗术

1.48 敦煌发现的文献中藏有风水书吗？

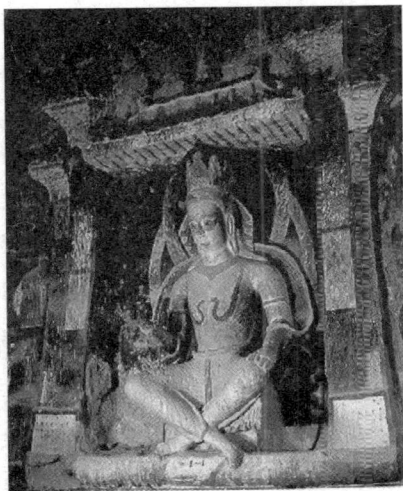

敦煌是中华文化的典藏宝库。莫高窟发现的文献中就有不少风水书。如明确区别了阳宅与阴宅的《宅经》，就与通行的《黄帝宅经》并不类同。此外敦煌文献中还发现了《阴阳书》及其"镇宅法"等。由此可见，唐代不仅已有了系统的生态风水观念，而且还远远地传播到西北边陲了。

图1.48　敦煌石窟发现不少风水书

1.49 宋代的皇帝都相信风水吗?

图1.49 宋代皇帝对风水看法不一

据史料记载，宋代皇帝对风水有的怀疑有的坚信。如宋仁宗和宋神宗对风水都不感兴趣。嘉佑年间朝廷准备修东华门时，有太史阻拦说，太岁在东，不可冒犯。宋仁宗批示道："东家之西，乃西家之东；西家之东，乃东家之西，太岁果何在？"要求立即动工。王安石变法，把河里浊水沉积为淤田，遭到保守分子极力反对。支持变法的宋神宗便派人到淤田里取回一些淤土，放了一块在嘴里嚼了嚼后对大臣们说："这些土我亲自尝过了，好得很！"这下子就堵住了反淤田者之口。宋徽宗则相反，他听术士的话，把京师西北角的地势增高后得了男孩，更是沉迷风水术，下令大修延福宫和上清宝箓宫，导致国库空虚，被俘遭囚。

1.50 赖文俊对相地术有什么贡献?

宋代沿袭唐风，出现了许多名师要籍。如赖文俊就被称为相地大师。他是处州人，曾在福建建阳县当过官，后弃职浪迹江湖。《天一阁书目》所收的《地理大成》15卷，将赖文俊的《催官篇》置于首卷，可见赖文俊在福建相地名声之大，《夷坚志》也记载了他以"先知山人"为别号，四处浪游看风水的许多传奇故事。

图1.50 宋代风水术出现了许多名师要籍

1.51　宋代儒士为什么宽容甚至喜欢风水？

宋代文化经济繁荣，读书人很多，许多没有机会博取功名的人就逐渐把兴趣转移到了风水方面，当上了风水师，成为颇为有书卷气的正当职业。同时，皇帝如宋仁宗还组织了风水书重要著作《地理新书》的编撰，大大促进了士人对风水的关注度；因此一些大儒如程颐、朱熹、陆九渊等，在大力倡导理学之余，力图以道德对风水说加以引导外，也就对社会喜谈风水的风气，基本上持一种默认和宽容的态度了。

图 1.51　宋代儒士多宽容甚至喜欢风水

47

1.52　宋代的风水相地知识有了什么变化和进展？

图 1.52　宋代风水相地知识有了新进展

宋代的风水流派不少。程朱理学兴起后，有关堪舆学、风水术的理论更显复杂，不仅着眼于山川形势，藏风得气，而且还与占卜、命相、黄道吉日和星辰、方位、理气等穿凿附会，但宋代的科技毕竟比较发达，风水地学知识也就相应有所提高，变得更加丰富。如沈括的名著《梦溪笔谈》，就揭示了因地势高下、地区不同，气温也有所不同。他还指出随历史推移，海陆变迁，流水侵蚀地貌等问题，更新了地学知识。

（三）元明清至近现代

1.53　明代传奇人物刘伯温会风水吗?

图1.53　明代流传刘伯温
勘探风水的故事

刘伯温是浙江青田人，元朝进士。朱元璋起兵后，他献策破敌，屡立大功，受到重用，后遭政敌谋害。民间传说他喜欢观天象，测人事，著有能推算前后八百年事情的《推背图》，流传至今，颇多应验，并且还是一位神机妙算的风水宗师，有托名他的《堪舆漫兴》一书在流传。而且《明史》里虽没有记载刘伯温勘探风水的实绩，但民间却流传许多他看风水的故事，还把为朱元璋定都金陵，建造宫殿的相地功劳，都归功于他。实际上，被传得神乎其神的刘伯温，倒有无神论倾向，其《郁离子》一书，就曾勇敢地批判过鬼神迷信观念。

1.54　明代大地理学家徐霞客懂风水吗?

明代徐霞客是举世公认的大地理学家。他一生遍访名山大川，北抵晋冀，南尽粤桂，东至浙闽，西极黔滇，写下了文笔优美，尽得祖国山水之妙的《徐霞客游记》。时人潘耒在序中称赞他的考察从不走官道，只要有名胜就迂回探寻山势水脉的走向，从不惧险退缩，亘古以来，一人而已！由此可见，徐霞客是一位前无古人的地理学家，是

图1.54　徐霞客一生遍访名山大川

有深厚风水知识的相地大师，他的山水考察穷极风水奥妙，由山脉而寻水脉，由水脉而入溶洞，登祖峰而下丘壑，既遵循了风水学的寻龙原则，又对地貌地质作出了准确描绘和科学解释。

1.55　明末计成撰写的《园冶》是一部什么书?

明末著名造园家计成，苏州吴江人。他撰写的《园冶》有三卷十篇，包括了兴造、园说、相地、立基、屋宇、装折、栏杆、门窗、墙垣、铺地、掇山、选石、借景等篇章。其中的《相地》篇科学地将土地分为山林地、城市地、村庄地、郊野地、傍宅地、江湖地等六种。在此基础上的计氏造园也颇有章法，注重因地制宜，自然天成，构园得体。他还主张园基可不拘方向，不限圆方，地势可任其自成高低，以成天然之趣，并独具只眼地提出相地必要先看水，以"疏源之去由，察水之来历"，达到与园林格局浑然一体的美学要求。这与一些半懂不懂，泥古不化，迷信保守的风水先生确有天壤之别。计成的相地理论和《园冶》一书虽在清代默默无闻，但在当今国内学术界终于引起高度重视，被奉为经典。

图1.55　明末《园冶》是一部相地造园书

1.56　明末著名进步思想家顾炎武迷信风水吗?

图1.56　明末顾炎武对地学作出了贡献

在明末清初的社会大变革中独树一帜的进步思想家顾炎武，不仅在考据学上卓有建树，在地学上也做出了贡献。他撰写的《天下郡国利病书》中就有《地脉》、《形胜》、《风土》等篇目，对山川地貌作了深入探讨。如他论述自古兵家必争之地徐州地形时传神入骨："徐州境内之山，自西南来，连络东趋，以极于海。其河自西北至，萦洄南注，以达于淮。二洪龈龉，横绝乎前，四山连属，合围乎其外；襟带江淮，上游雄视，枕联河洛，万壑为宗旨。昔人所称东方一形胜焉，信不诬者矣。"由此可见，风水文化对各朝杰人的深刻影响，当不止顾炎武一人。他本人虽不迷信风水，但却能依照风水学判定山形水势的来龙去脉，得出相地高论，其高论多为后世风水师所借用，也就不足为奇了。

1.57 明代名师在风水园林上有什么成就？

图1.57 明代故宫风水园林杰作

据专家介绍，明代著名园林师陆叠山，堆垛峰峦，拗折洞壑，极为巧妙，有诗人给予"九仞功成指顾间"的好评。明嘉靖年间上海的著名造园师张南阳，自号卧石山人，兼以画家出名。工艺美术家周秉忠不但能作窑器和铜漆用具，还兼工造园，善叠假山。嘉定刻竹名家朱邻征，亦工造园。明末著名造园家计成，号否道人，少年时即善画山水，所造假山追求五代画家笔意。明末清初戏剧家李渔，著有《闲情偶寄》，对园林借景、装修、家具、山石等都均有精辟论述，是一部重要著述。他兼工造园，曾在北京自筑芥子园。

1.58 张涟对中国造园艺术有什么贡献？

《清史稿》为之立传的张涟，是中国明末清初的著名造园艺术家，松江华亭人。他少时善绘人像山水，后来更以山水画意造园叠山闻名。张涟往来大江南北50余年，建造了许多著名园林，其中有松江李逢申的横云山庄、嘉兴吴昌时的竹亭湖墅、朱茂时的鹤洲草堂、太仓王时敏的乐郊园、南园和西田，吴伟业的梅村、钱增的天藻园；以及常熟钱谦益的拂水山庄、吴县席本桢的东园、嘉定赵洪范的南园、

图1.58 明末张涟对造园艺术作出了贡献

金坛虞大复的豫园等。康熙《嘉兴县志》记载了他善叠假山，"因形布置，土石相间"，巧妙地将自然风水情趣融入其中，改变了那种矫揉造作，有石无土的叠山风格，对后世中国造园叠山艺术做出了突出贡献。

1.59 清王朝重视阳宅建筑和阴宅风水吗?

历代清朝君主对皇家阳宅大都精心布局。如颐和园的排云殿,背靠苍翠万寿山,面朝碧绿昆明湖,傍山依水,含居中正气,吉祥意,其殿名也系从晋代风水祖师郭璞的"神仙排云出,但见金银台"一诗中取出,翩翩然有仙境之气。同时,清王朝为了皇权永续,还很重视陵墓阴宅,如永陵、福陵、昭陵、孝陵等。

图1.59 清王朝重视阳宅建筑和阴宅风水

1.60 清代民间四合院为什么喜欢开"青龙门"?

图1.60 北京四合院的青龙门

清代民间的四合院,是一种富于北方特色的地方建筑。它坐北朝南,正房居中,厢房在两侧,中间是庭院,大门则一般都开在院子正面的前左角,俗称为青龙门。这是因为,从风水学的角度看,大院前左角的位置属于"青龙"之位,代表生气所在,在此处开门最为吉利,也符合众人喜欢由右侧入门的习惯,可以让住在该院里的人有一种心理上的满足感与安全感。更重要的是,从科学角度看,在东南方向敞开大门,客观上有利于春暖花开以及盛夏酷暑时,习习东南风的入室对流,可使大院里充满勃勃生气,有利于家人的身心健康。这才是这种充满先人智慧的开门方式,代代流传至今的原因。

1.61 《江南园林志》是一本什么书?

《江南园林志》系中国建筑学家童骏所著,是一本最早全面论述和介绍中国苏、杭、沪、宁一带古典园林的难得专著。它由作者在抗日战争之前,遍访江南名园,在实地考察,测绘摄影基础上,结合多年研究心得写成,1937年初版,1984年由中国建筑工业出版社再版。新版书文字部分包括了造园、假山、沿革、现状、杂识五篇,论述了中国造园的传统特色和一般原则,介绍了江南各地著名园林的沿革、现状和艺术,并精心收图340多幅,是中国最早采用现代方法进行测绘、摄影的园林专著,为许多现已残破荒废的著名园林留下了珍贵史料。

图1.61 《江南园林志》系中国古典园林专著

第二章
生态国学的易学体系构建

一、中华易学与人类生态文明建设

中华国学的最伟大贡献之一，就是伏羲创立、历朝历代圣哲先贤丰富和发展的《易经》及其衍生的易道广大、易医不分、三教九流、文武兼备、包罗万象中华百科文化体系。中华生态国学的最大贡献，就是以易经八卦作为自己的风水学总纲，奠定了这一注重生态环境优选、保护与人居的完美和谐，不愧为被外国人尊称为"有机建筑学"的坚牢基础。

之所以能达到如此境界，原因在于《易经》本来就是务虚践实，哲理深邃，经天纬地的中华文化大百科全书，而其中最基本易理的"八卦"，更是其推演易道，牢笼万象的核心。被外国建筑学家赞为阴阳风水古建筑学、最完美而奥秘的环境学的"风水学"，正是根据博大精深的八卦易理，制定出中国古代建筑和环境规划的风水学总纲的。其通过八卦演绎的建筑要旨，为人类建筑实现生态、安居、康乐、趋吉等功能，适应利用气候生态环境而制定的选择地形、地貌、景观的生态建筑规划的生态国学的指导性原则，至今仍有其强大生命力和现实意义。

长期以来，人们把研究经学，通晓易理的学问家尊称为"经学家"或"易学家"；把治病救人，通晓易医的专家敬称为"中医师"或"中医学家"；将掌握了易经风水知识，以择居选址为业的人称为"堪舆家"或"风水师"，这本是理应如此的。因为属于生态国学及其范畴之内的风水学发展至今，实际已成为吸纳了地质学、水文学、气候学、地理学、生态学、伦理心理学、景观学、环境学、建筑学、园林学、美学、古代营造学等在内的自成系统的中国有机建筑学理论，对当前国内外的建筑的选址营建与生态化工程等产生了相当程度的深刻影响，日益为人们所重视。

然而，与伴随人们的生产实践、科学实践、社会实践而日渐彰明的经济学、政治学和医学等有所不同，伴随着人们千百年来艰辛而丰富的建筑实践而诞生、发展、成熟，与自然科学和社会科学密切相关，属于生态国学范畴

的风水学，却至今因其自身的内容庞杂，流派攻讦，因社会发展的曲折和人们认识的局限性，未能全面梳理，总结升华而被蒙上了神秘、玄奥乃至迷信、荒诞的色彩！且不说其中寄望于"坟山贯气"，荫庇子孙荣华富贵的"阴宅"风水术，除了偶尔在为纪念伟人英烈的墓址选择上或还略可参考外，大部早已因时代变迁，观念更新，葬俗改变而一无是用；就连专为现世活人建房造福的"阳宅"风水学，也因长期被一些似懂非懂，取财无道的"风水先生"曲解得破绽百出，自相矛盾，陷入无法自圆其说，似是而非的尴尬境地，引起了社会公众的不少疑虑、警惕乃至反感。这对于从上世纪五四运动以来，尤其在文化大革命横扫一切传统文化的暴风雨中，刚刚复苏正名，急需推陈出新，去腐生新的既古老而年轻的"风水学"而言，自当是一场严峻的考验和无法回避的蜕变过程。

有鉴于此，追本溯源，披繁就简，从易经的经典阐述中，如同构建道医体系、中医体系那样，去构建生态国学体系，去缕析中华风水学的总纲，去总结其为构建中国建筑文化而归纳的科学的风水学原则，就是十分必要的了。这也正是建设部中国建筑文化中心，为适应改革开放以来中国国力不断增强，人民居住需求日益增大，地产业蓬勃发展的形势，与国际易学联合会携手，汇聚国内外易经风水学者和地产界精英，继北京之后在广州举办第二届"中国建筑风水文化与健康地产国际论坛"的现实背景。

生态国学有关古代生态环境的"风水学"概念的提出，与《易经》有着密切的关系。在《易经》由易卦、卦象、卦辞、卦德、易传构筑的易学系统中，主宰或包含了大"风水"概念的"乾、坤、震、巽、坎、离、艮、兑"八大纯卦及其独特的指义、性质、作用，无疑是最基本的。正是由于它们的强健顺从，动出静附，刚柔相摩，阴阳互动，产生出错综复杂的重叠演变，才形成了生态国学的 64 卦从乾健、坤顺、屯始、小畜、大壮、既济到未济，再由乾坤交合，否去泰来，阳复阴姤，所触发的新一轮的革故鼎新的大运动大变革。

在回顾与总结千年易学史时，相传为孔子所作的《易·系辞传》指出："古者包犠氏之王天下也，仰则观象于天，俯则观法于地，观鸟兽之文与地之宜。近取诸身，远取诸物，于是始作八卦，以通神明之德，以类万物之情。"正是由圣人观天察地，参合倚仗了天地变化之数，发挥了各卦刚柔本性，将阴阳物理、社会进化、生产经验包含于卦义之中，尽览物性，穷探天理，洞悉人事，才发现了宇宙万物的生命规律，包括生态国学以建筑协和自然，卫护人类的风水规律，创作了上可弥纶天地之道，下能正确指导人类建筑实践的煌煌《易经》的。

据《易·说卦传》阐说，由阴阳交合而成的"乾坤震巽、坎离艮兑"八纯卦，具有涵盖时空、风云变幻，揭示万物本性的宇宙全息功能，分别象征了天地雷风、水火山泽等天象地理和四面八方诸方位，代表了立冬立秋、春分立夏、冬至夏至、立春秋分等节气，父母、长男长女、中男中女、少男少女等大家族成员，头腹足股、耳目手口等器官，健顺动入、陷丽止说等性质，以及马牛龙鸡、猪雉狗羊等动物和金、黑、玄黄、白、赤等诸多颜色，构成了生态国学，打通了自然科学与社会科学领域，易知有亲，易从有功，得天下之理而用，"范围天下之化而不过，曲成万物而不遗，通乎昼夜之道而知"（《易·系辞传上》），本大思精，宏制妙裁，无所不包，变幻无穷的大易世界。

这一世界，若用《易·说卦传》关于"雷以动之，风以散之；雨以润之，日以煊之；艮以止之，兑以说之；乾以君之，坤以藏之"之说来描绘，那就是一幅易理穷极变化的乾坤运行图。其生态国学的风水理念表述，则是"滚滚春雷启动了世间万千项二程计划，微微和风立即把它们散播到四面八方；绵绵细雨滋润着新建的千屋万厦，暖暖红日又悄悄晒干了它们。巍巍高山屹立阻止着寒流侵蚀，渺渺平湖烟波荡漾地欢悦万物；浩浩瀚瀚啊天道运行主宰一切，坦坦荡荡啊大地深恩藏养万物。"正是在这雷风鼓动，乾坤化合，春山万物再度萌生的壮丽图景里，中华生态国学成就了自己的生命宣言和风水建筑原则。

1. 顺天合道，天人合一的乾道生态国学原则

易经八卦中，乾为天为阳，是西北方向，表示阴阳冷暖气候之间的互相搏战。宇宙有了天地乾坤，阴阳交合，激荡孕育，然后万物降生。"乾"代表不可抑止的强健上扬的自然力量，包括人类修房盖楼，立命安身，蓬勃无穷的建设力量。《黄帝工经》中说："夫宅者，乃是阴阳之枢纽，人伦之轨模。非夫博物明贤，无能悟斯道也。"它反映了古代先贤对人类发明住宅建筑，使之发挥聚合阴阳，模范人伦，博览众物，明贤悟道等重大功能的高度重视。乾卦生态国学的旨义，就是洞察天心，化合阴阳，顺应民意，因势利导，大兴土木，按照天道运行与建筑规律，不违天时，保护生态，适应气候与自然环境，选择最佳地基、造型、格调和装修等，修建具有新时代风格特色的屋宇楼台，以满足人类日益增强的生存发展的建筑需要。

2. 风水宝地，择善而居的坤道生态国学原则

八卦之坤，为地为阴，宽厚顺从。万物靠地供养，尊地为母，故《易经》盛赞大地德善深厚，载物无疆，并有以坤为首卦的《归藏》易一度流传，反映了古人下山入原，刀耕火种，在农耕社会时期对辽阔大地的热爱与尊崇。《尚书·禹贡》，很早就以天然的山川、河流、海岸为界，将我国古代疆域划分为九州各大自然区，成为我国第一部区域划分地理专著。明代大地理学家徐霞客，探幽访胜，实地考察，在《徐霞客游记》中对中国山形地貌有精妙描摹。明末计成自撰的《园冶》，力倡"必先相地立基，然后定其间进"之说，他将建筑用地分为山林地、城市地、村庄地、郊野地、傍宅地、江湖地等六类，强调"相地合宜，构园得体"，被建筑界奉为经典。坤卦生态国学的精义，就是集古贤探地辨土之大成，根据大地荒丘平野，高低起伏之貌，土沙岩矿之质，肥瘠软硬、湿润干燥、清爽腐臭、微量元素之别，以及红黄黑白青之色等，对园林楼台等建筑物的选址和功能发挥的重要影响，做出合理的选择与决策。它既要求从自然地理的考量入手，因地制宜，择善地而居，把房屋建在幅员广阔，风景宜人，土质厚实，房基坚牢，有利身心健康之地；也要求不忘人文环境影响，如孟母那样择善邻而迁，把家安在德丰俗美之社区，以遂大众人和地利，家兴业旺的美好心愿。

3. 防雷抗震，避灾免祸的震卦生态国学原则

易经认为，万物万事都出自《震》卦，"震"代表东方与响雷。雷劈电击，地震山崩，动荡乱象，自古有之。为适应人类普遍的避祸延寿的心理和需要，震卦生态国学的建筑选址，以防震抗震，避震止震为要义，要求尽量避开多震多雷区、磁场电塔区、滑坡危险区等各类容易地震塌方，雷击辐射，泥石流倾泻的危地震区，避免正对车轮滚滚，震地发抖的大道建房，避免紧靠喧闹纷争、易爆藏险的广场闹市、衙门兵营边安家，明智选择无震抗震，温馨和谐，安稳幽静的处所修建屋宇，以利人居的安全康乐，人心的宁静平和。

4. 通风聚气，藏风养生的巽卦生态国学原则

易经之"巽"代表东南方，万物齐平风行于《巽》卦，巽顺代表周流

寰宇，无所不入的风流气流。巽卦风水学重风重气，清人范宜宾有所谓"无水则风到气散，有水则气止而风无，故风水二字为地学之最重"的说法。其要义认为风与水为气之魂，风与水要相得益彰，做到通风贯气，风生水起。其流传甚广的"藏风得水""藏风聚气"的"得气说"与"生气说"，更强调只有"生气"才能使生命健旺，力主通过探测风向气流，合理选址与规划建筑，努力使生活其间的人与动植物等，均获得源源不断，蓬蓬勃勃，欣欣向荣的生气，以避免使其郁闷患病，枯萎衰败的萧杀之气。而所有符合巽生态国学原理的堂舍楼馆，都可让人一入其中，就深感风物宜人，生气勃勃，神清气朗。

5. 坐北朝南，采光取暖的离卦生态国学原则

位列八卦之五的"离"，代表火焰和光明。万物皆靠阳光和火焰取得温暖，皆靠光明才能相见。《离》又代表南方，易经主张圣人南面而坐，聆听天下声音，面向光明治理天下。有悟于此，离卦生态国学十分注重建筑物选址营建的采光取暖的合理规划。特别是对北半球国家而言，南向建屋可以充分地利用太阳的热能和光线，避开西晒的强光和北方寒潮，而南半球国家则向反理同。此外，燃料能源的易取易存，居室的暖和舒适，厅堂窗户的通透明亮，厨房炉灶的安全方便，也是离卦建屋原则的要义。

6. 重视水情，兴利除害的坎卦生态国学原则

易经中《坎》为水，正北方，表示劳作困苦，代表万物最后归宿。水为生命之源，生气之泉，故易经重水，有"井、坎"专卦析之，强调"改邑不改井"和"井收勿幕"的深义，称道"习坎有孚"的守信水德。老子尚水，称道水以柔克刚，赞扬上善若水！三国时问世的我国第一部记述全国水系的专著《水经》，由北魏郦道元作《水经注》详解，有关河道1252条注文达30万字，真实可信，文笔优美。大鸿氏在《水龙经》序言里，根据古人在千百年观水实践中，所得出的"行到平阳莫问龙，只看水绕是真龙"的风水经验，批评"后世地理家罔识厥旨，第知山之为龙，而不知水之为龙"，重山轻水的偏颇，深刻指出"自鸿蒙开辟以来，山水为乾坤二大神器，并雄于天地之间。一阴一阳，一刚一柔，一流一峙，如天覆地载，日旦月暮，各司一职。"强调要"以山龙属之高山，以水龙属之平壤"。坎卦生态国学的妙义，正在于将水来方向视为长生之地，根据"水随山而行，山

界水而止"的风水规律访察山龙水脉,通过探河、挖井、引泉、浚流、辨水诸多功夫,辨析水量大小,水势急缓,河道走向,曲弯陡直,水质变化,色黑味苦,色碧味甘,色白味清,色淡味辛的不同,然后利用大自然水流向下之天性,做好引净水,排污水,兴水利,除水害的泄洪引水蓄水工程,使各类傍水建筑物,因水而灵,因水而富,因水而净,因水而美,成为水光潋滟,浴人清爽,卫生洁净,人见人爱的亭台楼阁、水榭庭苑或良院美宅。

7. 依山取势,稳重止乱的艮卦生态国学原则

《艮》为山,东北向,是万物走到了终点,而又从起点迈步的开始,万物都大成并起步于《艮》卦。易经里以崖危路险,人行受止为特征的"艮止"之山,却又林茂果丰,走兽飞禽,资源丰富,景色优美,是古人类采集狩猎为生,从猿到人进化的第一栖居地。对于地图上面积甚广,且为人类建筑取材选址、繁衍生息不可或缺的广袤山地,我国早在第一部古代地理百科全书《山海经》之《山经》里,就依东南西北中各方位,尽述了447座山的异状奇闻。易经重山,不仅有艮卦的山重山像,有大畜卦包天蓄海的山德壮志,甚至有以山为首的《连山》古易。艮卦风生态国学的重山大义,将主张"千尺为势,百尺为形,势来行之,是为全气"的"形势说",与"左青龙、右白虎,前朱雀、后玄武"的"四灵说"融为一炉,含精咀华,尤重择山。具体实施上,一是要善于识别与人居安全息息相关,见于各类山脉的干龙、支龙、真龙、假龙、飞龙、潜龙、闪龙之山势,利用山脉来龙,奇峰秀林,高厦群楼等,在建筑物后侧及两边,巧妙地形成卧龙、回龙、生龙、降龙、隐龙、腾龙、飞龙、领君龙、出洋龙等各类格局,阻止呼啸北风滚滚寒流对住宅的威压侵掠,形成一个局部温暖祥和的小气候,以达到适宜人居的目的。二是在一系列挖山填谷,建楼盖馆的重大建筑活动中,要注意适可而止,理乱止贪,不为已甚,明白事物不可以始终震动,建筑物尤需稳定静止,不可任意改建乱拆的道理。

8. 绕湖聚居,和睦安居的兑卦生态国学原则

易经以"兑"为泽,代表正秋,为万物欢畅喜悦的时节。根据"风乃天之气,水乃地之血"之说,水聚为湖,湖是地血气旺,烟波浩淼,生气盎然,发挥水性于极至之处,故有欢乐柔美之像。易经不仅以《坎》卦谈水之险要谨防,以《井》卦说水之美要善施,而且以《兑》卦论水之德要

精修，显示了对水与湖的极为重视。可以说，强调傍水近湖之美，力主喜悦善言的兑卦生态国学，其真义就在于主张人们要选择生活资源丰富，土肥谷丰，莺飞鱼跃的湖边坡岸，建屋安家，休养生息，与邻居推心置腹，和悦交谈，共同融入友善相处的社区美好气氛之中。

综上所述，作为人类早期择地定居知识总结的生态国学，在中华文化百科全书《易经》中得到体现和重视是必然的。古人从旧石器采集狩猎经济向农耕畜牧经济转化开始，就已在群体定居生活中，注意到居住环境的选择。这也是古人持"得气说"与"生气说"，著名风水学家郭璞持"气乘风则散，界水则止"之说，认为"天人合一"，"风水宜人"，与地脉地形有关的"生气"忌风喜水，只有"藏风得水"，生气才能旺盛，视山清水秀，风和湖美，人畜安乐的良好建筑用地与环境为"风水宝地"的由来。

总之，以易经八卦为总纲的生态国学及其分支风水学，正是应人类生存繁衍需要而产生的全息生态建筑学，其丰厚深刻的建筑理念和生命智慧，当为全世界有识之士所珍惜。坚持生态国学风水理论的现代化、科学化、大众化方向，用现代转换的通俗的建筑语言，表述由前人千百年建筑经验长期积累而成的生态国学的相地术、堪舆术和风水术精华，剔除其封建迷信糟粕，揭示其至今影响着中华建筑的规划布局、设计施工、选址定向的风水学的科学理论和实用方法，同时注意大众易德修养，防止为争夺"风水宝地"不择手段而破坏生态平衡与社会和谐，正是我们奠定民族哲学之基，营构民族生态建设宏伟工程，全面振兴中华文化的迫切需要。

二、易经八卦与生态国学风水体系

《广东建设报》曾以《风水学的继承和发扬要符合现代化科学化大众化》为通栏标题，点明了2005年笔者在"中国建筑风水文化与健康地产国际论坛"上发言的观点和希望。我在考察人类文明史并研究周易多年后，终于发现只有《易经》才是生态国学的基础，八卦才是生态国学分支风水学的总纲，阴阳和谐，天人合一，养生益众，才是生态风水学的最高境界。

我认为，生态国学所说的"风水"源于人类栖身处的优化需求，它既科学亦玄学，既古老又神秘，含精纳粹，通天识地。通过科学合理的诠释，去芜存精，就能成为博大精深的中华国学不可或缺的重要部分，古为今用，再铸辉煌。

在广西人民出版社总编辑江淳女士，以及吴长杰、黄佳梦等编辑的大力支持下，通过十余年来疏理古老风水学来为家宅选址设计所做的生态评价和

指导意见，通过吸取领导、专家审读意见，消化报刊、网络多媒体传播的大量风水史料及见解等，我逐步形成了生态国学的"现代化、科学化、大众化、养生化、易理化"的风水学五原则，力图以此阐易理，取精华，去糟粕，创新说，使中华古老易经风水学再放光辉。在这里，我要深谢古往今来那些为保护中国生态环境，建设中华生态文明的知名或不知名的风水学家们，正是他们对中华风水文化的热爱和阐析，使我扩展了眼界，增长了知识，理清了思路，我能做的只是以大易八卦为纲加以总结归纳而已。可以说，没有这些传承和推动中华风水文化的热心人，就没有为《生态国学》开路的《易经风水图鉴》的问世。以下便是与生态国学相关的易经风水内容。

（一）八卦风水体系图解

【天宫生态】

2.1 易经提示的"天行健"预示风水事业有成吗？

《易经》极为重视乾德，根据"乾下乾上——天行健"的乾卦卦象，推出了"乾元亨利贞"的重要结论，号召君子当以天行健为榜样，刻苦研究社会规律、自然规律以及融会并内涵两者精华的风水规律，从起步阶段的潜龙勿用，见龙在田；发展阶段的终日乾乾，或跃在渊；高潮阶段的飞龙在天，直到收局阶段的亢龙有悔，群龙无首，始终保持朝夕警惕。"自强不息"的"乾为天"精神，这也正是成就中华风水伟大事业的勇毅精神。

图2.1 乾卦显示自强不息的精神

2.2 易经提示的"云上于天"可以安享风水之乐吗?

《易经》重天尊乾,未雨绸缪,从"乾下坎上——云上于天"的"水天需"需卦卦象中,得出了"需有孚,光亨贞吉,利涉大川"的推断,以及君子要"以饮食宴乐"的结论。同时该卦也从风水角度提示我们,要重视和满足人们的合理需求,这是正大光明的。当云雨厚积时,在郊野沙泥之地消极等待,一味贪图享乐是危险的,会有意想不到的对己不利的"不速之客"到来,只有尊敬有德高人,保持恒心,等待时机,才会吉祥如意。

图2.2 "需"卦安享风水之乐

2.3 易经提示的"天与水违行"的原因是什么?

《易经》从"坎下乾上——天与水违行"的"天水讼"讼卦卦象中,看到了社会上为利益和观点的不同而争讼不已的危害,认为正是人们这样执于私利和偏见的权利、帮派、沉派之争,才造成了社会不和谐。这就是所谓的"讼有孚窒惕,中吉终凶。利见大人,不利涉大川"的道理。因此,"君子以作事谋始",在时世与风水事业暂不协调甚至相违背的时候,不要为风水环境的不佳或风水流派不同之类的事，而与别人一味争执不休，甚至互相攻击，这样即使受到一些言论的冒犯，只要不因为小胜而得意忘形，终究会吉祥如意，受到上级赏赐的。

图2.3 "讼"卦表示天与水违行

2.4 易经提示的"风行天上"很难下雨吗？

《易经》从"乾下巽上——风行天上"，吹走了团团云层，形成的"密云不雨，自我西郊"的小畜卦气候现象里，深刻察觉到小畜难雨的风水规律，推出"风天小畜"的君子要"以懿文德"，学以致用的道理。这也就是说风水师只要讲德守信，抓住类似一下雨就马上耕种一样的难得机遇，助邻致富，就会小畜而亨通。

图2.4 "小畜"卦风行天上而难雨

如果口说道德，却车载妇女到处贪图游乐，就有危险了。

2.5　易经提示的"天下雷行"会有灾祸吗?

　　《易经》深知天有不测风云,人有旦夕祸福的道理,以"先王以茂对时育万物"为榜样,从"震下乾上——天下雷行",给路人造成雷劈惊扰的"天雷无妄"的无妄卦象中,推出了"物与无妄"——天助智勇,惩治愚妄,"无妄:元亨利贞,其匪正有眚,不利有攸往"的道理。这就是说,不管是否懂风水,是否在风水问题上处理应用得当,有时都难免会碰上"无妄之灾"一类的事情。但只要你真正弄通风水知识和气象变化规律,不到耕种季节不种庄稼,不违背风水规律

图2.5　无妄卦预示"天下雷行"

任意妄为,就会顺利过关;即使不幸遭遇雷雨惊扰,失"牛"受累,染上无妄之疾等,都会自行化解。

2.6　易经提示的"天在山中"有利于积累养生吗?

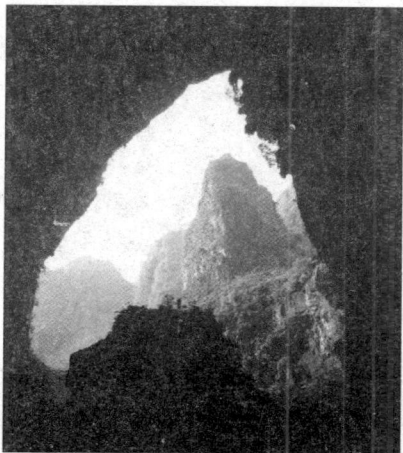

图2.6　天在山中"大畜"卦之景

　　《易经》从"乾下艮上——天在山中"的宏大气象中,推出了大畜卦所谓"天山大畜"卦象揭示的"大畜利贞,不家食吉,利涉大川"的结论,力主君子以及有为有识的风水师不要在家里吃闲饭,而要良马逐风,出门活动,开阔眼界,畜德积才,在包括哲学、社会学、科学、美学、经济学、风水学的知识储备,才学长进方面,都"以多识前言往行",吸取前人的经验教训,这样坚持努力进取,终究会利有攸往,元吉顺利的。

2.7 易经提示的"雷在天上"能逞强吗?

图2.7 大壮卦之铁汉逞强像

《易经》从"乾下震上——雷在天上",声震万里的壮伟景象里,推出了君子"雷天大壮","大壮利贞","非礼弗履"的大壮卦之结论,主张人们不要象狂傲公羊那样,逞强触藩,弄得进退两难;而要当壮则壮,壮在实处。这就正确吉祥而无悔了。从房地产业的发展角度看,实力强劲,健康进取的大壮势态是很有利的。但即使是风头正劲,财力雄厚的房地产商,也不要逞能好强,惟利是图,愚蠢蛮干,在房地产开发上违背风水规律,做那些破坏风水生态环境,楼层间距、空间布局与环境设计不合理,危害健康的荒唐事。

2.8 易经提示的"泽上于天"能飞流直下吗?

锐劲实足,冲力强猛,横扫千军,势不可挡,在《易经》看来就象是"乾下兑上——泽上于天",如湖水瀑布从天而降,直冲谷底,摧枯拉朽的"泽天夬"风水现象。结合"夬扬于王庭,孚号有厉,告自邑,不利即戎,利有攸往"的社会现象,《易经》夬卦主张君子要学会"以施禄及下,居德则忌",为除恶务尽,警惕呼号,昼夜不懈,为中国健康风水文化大行天下,特立独行,不怕风雨,不怕埋怨,勇敢前行,这样将一往顺利。

图2.8 夬卦之"泽上于天"飞流直下

【地宫生态】

2.9 易经赞美的大地胸怀宽广而厚实么？

"坤为地"的坤卦风水之象"坤下坤上——地势坤"，意味着大地厚实平坦，正直宽广，绵延伸畅，无私奉献，负载万物的崇高品德。它的卦辞"坤元亨利牝马之贞。君子有攸往，先迷后得主利。西南得朋，东北丧朋，安吉贞"的含义则奥妙丰富。一是强调了君子应如大地般"厚德载物"，柔顺辅助，孝敬慈母，正直

图2.9　坤卦之丰收大地

方大，交朋结友，有始有终的美德；二是突现了坤卦风水关于恋土爱家，风水宝地，地肥土美，腹虚中空，诸物藏财，履霜防冰，元吉永贞的深旨。

2.10 易经赞美的天地人和谐真的安泰吗？

图2.10　泰卦之天地人和谐安泰图

泰卦之象"地天泰"，是天助地利，交融谐和的大好风水格局，表现了天地人的融合无间，是以人间强弱势力的互助通气，以人类的顺从热爱自然为标志，创造出大同和谐之美的大好吉卦。它的"乾下坤上——天地交泰"的风水盛会，预示着"泰小往大来，吉亨"的美好前景，鼓励人类之"后以财成天地之道，辅相天地之宜，以左右民"的伟大事业。它也是《易经》崇尚中行，深道并依照"无平不陂，无往不复"的风水阴阳变化规律和社会发展规律，以"帝乙归妹，以祉元吉"的诚意，建设天人合一，风水优美的和谐世界的伟大目标。

2.11　易经提示的"天地不交"会阴阳失和风水不佳吗?

图2.11　"否"卦表示"天地不交"

易经否卦的结构内涵是"坤下乾上——天地不交",所造成的阴阳失和,风水不佳的危害严重的"天地否"卦象,但也意味着对反面、负面、愚蠢行为的否定,即在否定中体现了肯定,在不利中体现出有利。《易经》认为"否,否之匪人,不利君子贞,大往小来"。因此君子要"以俭德辟难,不可荣以禄",不要在风水不佳的劣质土地上耗资靡财,要坚决反对为追求个人荣达富贵去妄断抢占"风水宝地"的恶劣行为,以及各种反健康风水的负面行为,这才会有"先否后喜"的意外结果。

2.12　易经提示的"雷出地奋"时段能安逸无忧么?

易经豫卦,预示着"坤下震上——雷出地奋",山河生辉,惊蛰春萌,万象更新,万众惊喜振奋的壮观场面,它自然是"雷地豫"——"利建侯行师",也有利于健康风水事业的发展壮大的。所以"先王以作乐崇德,殷荐之上帝,以配祖考"。这是一个强调只要保持高度警惕,及时痛改前非,就可安享祖宗风水福荫的好卦,但也要提防乐不思蜀的淫逸丧志,否则就"悔迟有悔"啦。

图2.12　"豫"卦意味享受安逸生活

2.13 易经提示的"山附于地"时段要防备什么？

山体剥落，岩石尽露"山地剥"的"坤下艮上——山附于地"的剥卦风水现象，很容易给人以神志不安，内心忧虑，"剥不利有攸往"的灰暗消沉感觉。《易经》因此更强调"上以厚下安宅"，即决策者在风水不利，基础剥蚀，伤及根本的时候，更要密切注意种种破坏风水环境与自然生态的违法行为和"小人剥庐"，利令智昏，所造成的大厦将倾的危险，防患于未然，早日加固房基，改善风水，以确保住宅安全，这是很有见地的。

图2.13 "剥"卦意味侵蚀楼宇基础

2.14 易经提示的"雷在地中"的春萌现象会年复一年么？

山重水复疑无路，柳暗花明又一村。在冬至这一全年最黑暗的日子里，复卦却看到了否极泰来，一阳重生，阳长阴消的希望，认为"震下坤上——雷在地中"的"地雷复"卦象，正是天道好复，地道循环，一阳复生，三阳开泰，春萌夏长，秋收冬藏，新年辞旧，周而复始的正常风水现象，不必惊怪。所以"先王以至日闭关，商旅不行，后不省方"，诚为重视天道重光的表现。"复亨。出入无疾，朋来无咎。反复其道，七日来复，利有攸往"，结果当是元吉无悔的。从风水事业看，复卦也预示着黑暗即将过去与一个新的美好的开始。

图2.14 复卦意味阳气复生和春萌大地

2.15 易经提示的"泽上于地"是汇水聚气的好现象吗？

图2.15 萃卦之汇气水聚处

易经萃卦的"坤下兑上——泽上于地"，不仅是"泽地萃"，水汇成湖，浩浩荡荡，吞纳江河的壮观风水景象，而且还预示了"萃亨，王假有庙，利见大人，亨利贞。用大牲吉，利有攸往"的大好时机。当此之时，君子要高瞻远瞩，深明风水易理，"以除戎器，戒不虞"，准备好治水器具、材料，谨防湖水漫堤，河水泛滥，洪涝成灾，殃及民众住宅的危险。只要坚守诚信，适度聚萃大水，定能聚利为宝，握手为笑，悔亡无咎。

2.16 易经提示的"地中升木"可以任意疯长么？

易经升卦"地风升"内含的土地肥厚，巨木繁茂，迎风而立，拔地参天的"巽下坤上——地中升木"的风水之象，所引起易家联想和类比的正是"升元亨，用见大人，勿恤，南征吉"之象。《易经》认为君子包括风水家都要做到升"以顺德，积小以高大"，从一点一滴做起，持之以恒地培养远大的志向与丰厚的才学，才能允升大吉，为国效力，壮大事业，免遭志大才疏，虚邑冥升，疯长倒伏的后果。从风水家居的

图2.16 升卦之木盛遮光象

角度看，过于疯长高大的树木和矮小的住宅是不宜并存的，它容易造成巨木浓荫，遮阳阴湿，断枝砸屋，伤人毁物等种种不良后果。

【雷宫生态】

2.17 易经提示的"巨雷惊人"时段要注意什么?

"震为雷",易经震卦的
"震下震上"卦象,是"洊雷
震"声隆隆,电闪雷鸣,轰响
百里,以及地震发生,动地山
摇的风水现象,也是考验大小
建筑物的抗震防雷工程质量的
时候,其实是无须恐惧,亨通
无阻的。它正是易经所谓的
"震来虩虩,笑言哑哑,震惊百
里,不丧匕鬯"。正人君子和建
筑师们,都应当借此连环雷声

图 2.17 震卦·巨雷惊人时要注意安全

警醒自己,"以恐惧修省",以防震为首务。即既不以雷声为胆怯畏缩的借
口,索索发抖,裹足不前;也不以对雷声不以为然而自诩,置身险境而不
觉,形同呆鸟。

2.18 易经提示的"云雷屯"会涨大水么?

图 2.18 屯卦·云雷屯之海

易经屯卦"震下坎上——
云雷屯"的"水雷屯"卦象,
意味着云雨积聚天上,积极储
备实力的时候到了,这是一个
易经断为"元亨利贞,勿用有
攸往,利建侯"的好卦。它象
征着"君子以经纶"而顺利建
侯立业。也可以说,这是一个
为正义事业包括改造风水的伟
大事业囤积资财,积蓄力量的
时期。此时要注意的是"即鹿无虞"——没人带路捕鹿,盲目入林狩猎终
无功而返,对追求理想家居的人来说,则应该向懂得风水知识的有识者学
习,积极储备各种有用的风水知识和建设资财。

2.19 易经提示的"泽中有雷"能随遇而安么？

图 2.19 随卦·泽中有雷可随遇而安

"泽雷随"的随卦，是易经里"震下兑上——泽中有雷"之卦。它预示着君子要"以向晦入宴息"，按照日升日落的天象自然规律，按照自己所在地方环境的饮食风俗习惯，以及个人朝起晚睡的人体生物钟和正常作息规律等，安排好自己的工作、生活与休息，这是十分明智和必要的。卦辞所谓的"随元亨，利贞无咎"，也正是此意。如果有人故意而反其道而行之，拒绝风水理念和生理运动规律而盲干，就会"系小子，失丈夫"，丢西瓜而捡芝麻。

2.20 易经提示的"雷电噬嗑"意味矛盾激化么？

"火雷噬嗑"，撞击激化。噬嗑卦的"震下离上"结构，是一种"雷电噬嗑"，碰撞啮咬，纠缠不清的风水卦象，不仅是自然界各种物质力量的矛盾对立与斗争交合的复杂运动的表现，同时也是人类社会矛盾激化，需要"先王以明罚敕法"恢复社会合理秩序的象征。所谓"噬嗑亨，利用狱"，说的正是这一乱世用重典的道理。在这种时候借风水招摇撞骗的坏人即使遭到灭趾、噬肤、灭鼻、遇毒一类的危险，也是咎由自取的。

图 2.20 噬嗑·火雷激化时要注意危险

2.21　易经提示的"山下有雷"与灵龟养生有关么？

"山雷颐"之颐卦特有的"震下艮上——山下有雷"，轰鸣不断，是生意盎然，好运滚滚前来的风水兴旺发达现象，其实也为人们提供了"贞吉观颐，自求口实"的榜样。这时的君子和有为有德的风水大师，应该"以慎言语，节饮食"为重，学习在大自然天造地设的风水宝地里，如何自得其乐而又延年益寿的灵龟养

图2.21　颐卦注重学习灵龟养生法

生法，而不是虎视眈眈，其欲逐逐地谋求个人私利，这自然是无咎贞吉的。

2.22　易经揭示的"泽上有雷"的风水现象给人什么启示？

图2.22　雷泽归妹卦是相背不合的风水怪象

《易经》认为，"兑下震上——泽上有雷"的归妹卦，有昏昧不明，沉闷抑郁之象，是"雷泽归妹"，"征凶，无攸利"的。这是因为妹妹欺负姐姐，违反了古代婚姻礼仪制度的原因。所以君子应当知道"以永终知敝"的道理，从雷击上水润下这两者各行其道，相背不合的风水怪象中获得启示，坚决不做违反社会规律和自然规律，也不符合中华风水总纲原则的蠢事。

2.23 易经提示的"雷电交加"为何预兆丰年?

图2.23 丰卦·雷电交加兆丰年

易经丰卦"离下震上——雷电皆至"之象,是雷雨交加,天公造肥,风调雨顺的大好年景与风水现象,"雷火丰"之"丰亨,王假之勿忧,宜日中"的告诫,主要是希望君子不要见丰起意,丰年大贪,要留意"以折狱致刑"。这样做无论是遇到日中见斗,日中见沫的怪现象,都会正确应对,有庆誉吉了。从风水的角度看,雷电多发,雨量充沛,空气清新,物产丰足之地,正是理想家居的丰饶宝地。而不善风水,在林荫过于丰茂处安家,忽略采光,遮挡光线,弄得屋内黑暗阴沉,悄无声息,就大不妙了。

2.24 易经提示的"山上有雷"要防范什么?

小过卦的"艮下震上——山上有雷",是尖锐高耸之物易招雷击,家居应避免正对直屋锐角冲犯的风水现象,是山区城乡常见而又不可不防,要暂停上山行走的风水现象,同时还推出了"雷山小过","亨利贞,可小事不可大事,飞鸟遗之音,不宜上宜下,大吉"的预断。这时君子因"行过乎恭,丧过乎哀,用过乎俭"而犯些小过错是难免的。关键是要敏锐地观察峤峤者易折,山雷鸟鸣等各种物候变化规律,见微知著,防患未然,在山上有雷,飞鸟尖叫,密云不雨,自我西郊而来的时候,就避开危险,抓住机会,及时在穴中捕鸟灭凶,这就无忧了。

图2.24 "山上有雷"
时要防小过危患

【风宫生态】

2.25 易经提示的"随风巽"可以一味跟风么?

"巽下巽上·随风巽"——风劲风卷——顺风飘,是易经巽卦所揭示的随风倒,跟风转,"巽为风"的风水卦象。它从总体趋向来说,还算是"巽小亨,利有攸往,利见大人"的。这时的君子自然当"以申命行事",服从上级,雷厉风行地坚决执行上级正确命令,追随时代发展,紧跟中华健康风水文化的进步潮流为上策。但如果不明事理,妄断风水,一味墙头草,随风倒,人云亦云,变化无常,就会丧其资斧,损失惨重而遭遇各种凶险。

图 2.25 随风翩翩起舞的仙女像

2.26 易经提示的"山下有风"为何还会淤塞生蛊?

图 2.26 山下纳污生蛊的小池

易经蛊卦所揭示的"巽下艮上——山下有风"风水现象,是天时地理违合,山阻风行,风水环境发潮淤塞而易生蛊,建筑物和家具尤其容易遭到虫蛀蠹咬的"山风蛊"卦象。这时候君子如为了改造风水,而带头大胆治蛊防蠹,"以振民育德"为己任,当是"元亨,利涉大川"的。但这样做的关键是要"先甲三日,后甲三日",不打无知无把握之战,这就有可能将祖上老辈所遗留下的房屋里的"蛊"患,包括种种违反健康风水的常识错误等,彻底地一扫而光了。

2.27 易经提示的"风行地上"有利于推行教化么？

图2.27 小庙祭祀善观民风的孔子像

"风地观"，"坤下巽上——风行地上"的观卦景象，是大自然风扬万里，大社会教化风行、正确的风水观念也随之传播流行，逐渐成为社会共识的时候。这时只要虚心学习"先王以省方观民设教"的伟大榜样，做到以身作则，"观盥而不荐，有孚颙若"，保持敬心诚意的做法，就一定能走出"童观""窥观"——所见狭小不明，气流不畅的小屋子，成为有效推广中国健康风水文化，观国之光的高尚君子了。

2.28 易经提示的"雷风恒久"能否万世不变？

"巽下震上"是"雷风恒"久，社会良好秩序百世不变，风水时令按序流转，因应规律，永固常存的恒卦正常现象。《易经》因此断定此番前景还算光明，是"恒亨，无咎利贞，利有攸往"的。这时候的君子要注意"以立不易方"的执著精神，坚守美德，持之以恒，将中国健康风水文化事业发扬光大，就能免除凶险，保持正道。

图2.28 欲将帝业恒传万世的秦始皇像

2.29 易经提示的"风雷益"现象意味着什么？

"震下巽上——风雷益"
的益卦之象，是风仗雷威，
雷助风势，"五洲震荡风雷
激，四海翻腾云水怒"的增
益态势，反映到包括风水考
察与风水文化建设的社会实
践中，就是"益利有攸往，
利涉大川"的光明前景。这
时君子更要注意"以见善则
迁，有过则改"，为健康风

图2.29 益是风仗雷威雷助风势的增益态势

水文化事业添砖加瓦。同时只要是利于大有作为的事，那么即使是合法收下
如"十朋之龟"这样的厚重礼物，但只要取之于民，用之于民，也都还是
有益的。

2.30 易经提示的"天下有风"时段要警惕什么？

图2.30 姤神碑

"巽下乾上——天下有风"，这
是姤卦预示的"天风姤"，"姤女
壮，勿用取女"的时候，是天下转
凉，阴风渐起，风云将变的微妙时
期，是"后以施命诰四方"，国家
政令风行天下，直达社会底层的悄
然变化时期。这时的人们要格外提
高警惕，密切注意风水阴系潜伏物
候的动向，象紧紧套牢车闸，时刻
小心躁动不安的瘦小凶猪惹事那
样，象包好变味的蒸鱼，以免伤了
客人肠胃那样，把蛀蚀家居健康风
水的破坏因素，消除在萌芽状态
中，这才不致造成不可挽回的后果
而后悔莫及，此为上策。

2.31 易经提示的"风行水上"会涣散清波吗?

图 2.31 绿波荡漾随风涣去

"坎下巽上——风行水上",轻吹涟漪,绿波荡漾,随微风而涣散开去,正是易经涣卦所谓"风水涣","涣亨,王假有庙,利涉大川,利贞"的风水涣散时期。这时要以"先王以亨于帝,立庙"为榜样,一则要在涣散乱境中,以让人匪夷所思的团结合作与兵强马壮之阵来拯救大局,抓住时机涣散狐群狗党;二则要抓住风水环境有利于涣气散热的时机,涣散自身的臭汗淤血,彻底拔除病根,这将是元吉无错的啊。

2.32 易经提示"泽上有风"时还能筑坝养鱼么?

"风泽中孚",是"兑下巽上——泽上有风",碧水微澜,清风怡人,和煦温馨,风水绝佳之象。这正是中孚之卦所主张的有利于筑墩围湖,养鱼获利的大好时期。这时候决策者只要一方面做到《易经》所说的"君子以议狱缓死",积极化解社会矛盾,取信于民;一方面做到忠实守信,以诚待人,中直正派,不心怀二志,带头推进建墩造湖,养鱼致富的改造风水大业,那就一定可以取得"豚鱼吉,利涉大川,利贞"的胜利了。

图 2.32 墩筑鱼池游红鲤

【水宫生态】

2.33 易经提示的"水汹涌而来"意味着什么?

《易经》"坎下坎上——水
洊至"之意即"水汹涌而来",
它从水每逢雨季台风,便涌涌
漫漫,填坑漫堤而来的坎卦之
象中得到启发,称道"习坎有
孚,维心亨,行有尚"的守信
水德,主张君子要"以常德行
习教事",重视水情,了解水
性,注意陷入水窖的凶险。老
子则一贯尊水尚水,称道水能

图2.33　坎水汹涌而来

以柔克刚,赞扬上善若水!若从风水角度看,水路相通,水主财,路旺财,
水通财通,路通财来。住宅旁有吉水流过或好路绕过,对主人的健康与事业
有成,自是大有裨益的!

2.34 易经提示的"地中有水"可大胆建房么?

图2.34　地中有水的楼房

《易经》从师卦"地水师"寓意
的"坎下坤上——地中有水",有利
于发现水源,打井汲水,建房安家的
自然风水现象中,得出了君子要象地
中之水一样深藏不露,四通八达,气
量宏大,"容民畜众"的道理,认为
这样做才是正确吉祥,没有过错的。
以此类推,选择地中有地下水源,风
生水起之处安家,再注意聘用有才有
识有德之士,精心监造良宅美院,高
楼大厦,当是利民惠众的大好事。

2.35 易经提示的"地上有水"可聚族团圆么？

图2.35 地上有水的楼居

《易经》从比卦"坤下坎上——地上有水"的"水地比"卦象中，学到了先王向地水相亲一样，以亲密无间，彼此信任团结的精神，建万国，亲诸侯的榜样。并对地上有水的现象作出了"吉，原筮元永贞，无咎。不宁方来，后夫凶"的结论。这就启示我们：不要陶醉在地上有水，亲人相聚，风水尚佳，乐也融融的欢乐里，而要坚持亲比好人，时时做好准备，防止日后可能发生的洪涝干旱，水源污染，路途坎坷等"不宁方来"的凶险。

2.36 易经提示的"山上有水"路难行么？

《易经》从蹇卦"艮下坎上——山上有水"，路阻水隔，行走困难的"水山蹇"风水卦象中，得出了"蹇利西南，不利东北，利见大人，贞吉"的推断，主张君子要"反身修德"，找准出口，才能走出蹇境，见到大人。这也从风水角度提醒了我们，山上有水虽可润木生林，但也有其潜在的危险性，如容易冲

图2.36 山上有水路难行处

断山路，冲走山桥，阻断交通，给山居住民带来生活的种种不便，如不加以改良，甚至会成为山民贫困滞后的原因。

2.37 易经提示的"雷雨大作"可以一举解除旱象么?

《易经》从解卦"坎下震上——雷雨大作",一举解除旱象,万物欢腾的"雷水解"自然现象中,得出"解利西南,无所往,其来复吉,有攸往夙吉"的推断,主张君子要象大雷雨解除长期苦旱一样,酣畅淋漓,"赦过宥罪",射杀恶枭,解放民众,这才是无往不利的。而对寻求理想家居的人来说,能否有风生水起,雷雨解旱之利,也是判定风水宝地的标准之一。

图 2.37　等待雷雨大作的旱象

2.38 易经提示的"木上有水"为什么要不加井盖?

图 2.38　不加井盖的泉眼

《易经》结合井卦"巽下坎上——木上有水"的"水风井"卦象,以及"改邑不改井,无丧无得,往来井井"的社会现象,告诫君子要"劳民劝相",教导民众清井挖泥,维修井壁,不随意加盖封井,以利共享甜井之福,这是诚信元吉的。这也使人们想到精通易经的苏东坡的修井故事。当年他到杭州为官,一发现唐朝李泌先掘的6口井已被堵浊臭后,立即派僧人率众浚疏,并写了《六井记》弹劾权贵对水井的污染,介绍井对居民生活的重要性及如何保证饮水清洁的方法等,大大改善了杭州市民的饮水卫生,至今为人称道。因此,打井,修井,发挥好井的作用,对改善井区风水,关爱民生,造福百姓,是极为重要的。

【火宫生态】

2.39 易经提示的"水在火上"为什么意味着成功?

图2.39 水火既济的自然之象

《易经》在研究既济卦"离下坎上——水在火上",水润下而火燃上,上下通气相济的"水火既济"卦象中获得启示,强调君子要"思患而豫防之"的道理。这就启示我们,正象在厨房做烹饪家务时,要按照"水火既济"的规律行事,不要疏于照看,烧干空锅,烤焦食物一样,我们在营建使用住宅,享受风水文化和水火之利时,也要了解水性火害,百倍警惕水火无情,注意"亨小利贞,初吉终乱"的现象,防患于未然。

2.40 易经提示的"火在水上"为什么是反常现象?

《易经》从未济卦"坎下离上——火在水上",趋向相反,上灼下流,各不相干,相背相违的"火水未济"的反常现象中,发现这样做是违反自然规律和风水经验的,它就象小狐狸冒险过河,被濡湿了尾巴,又沉又重,拖住后腿上不了岸一样,是无攸利的。因此,君子要善于"慎辨物居方",掌握水火特性和风水知识,调整房子的方位,辨析物种的利害,尽可能趋利避害,化害为利,建造合乎风水规律的房子,这才是贞吉无悔的。

图2.40 水火未济的自然之象

2.41 易经提示的"明两作"时天象美丽无比么?

"离下离上——明两作"的离
卦"离为火"卦象,正是朝霞满
天,通红一片,蓬勃兴盛的美丽风
水气象,是"离利贞亨,畜牝牛
吉"的红火日子。这时如果"大
人以继明照于四方",减少黑灯瞎
火,鞋履杂乱错然的错误,不做一
阵突如其来,一阵焚尽死灰的狂热
冒险,鼓缶而歌,出征有获,那将
是会受到嘉奖的。而从风水角度
看,要想生活富足,就要储备充裕

图 2.41　离卦之象美景

的物资,再选好风景秀丽的良宅,不宜急功近利,否则还没看清楚正路,合
理设计,就轰轰烈烈、张张扬扬地瞎忙一阵,是红火得快,也毁灭得快的。

2.42 易经提示的"天与火共燃"意味着什么?

图 2.42　模范县火炬广场天火同人共创业之象

"离下乾上——天与火"共
燃于天底,烈焰腾空,视线清
晰,道路明确,好一幅"天火
同人"壮观瑰丽的风水气象!
这也难怪此时志士仁人会"同
人于野亨,利涉大川,利君子
贞"了。总之,《易经》同人卦
认为同人奋斗的时代,是"君
子以类族辨物"的时代。因此
只要风水学各家不"同人于
门","同人于宗",各立小山

头,各拉小圈子,而是与有志向发扬光大中华优秀文化的志士同人并肩作
战,伏戎于莽,升陵乘墉,奋力进击,那就一定能大师克敌,壮大风水伟
业,同庆无悔了。

2.43　易经描绘的"火在天上"气象万千么？

图2.43　火在天上的大有作为之象

易经大有卦描绘的"乾下离上——火在天上"——这正是"火天大有"，红日高照，寰宇通明，好一幅大有乾坤，光明普照，灿烂辉煌的风水气象！当此"大有元亨"之时，君子如"以遏恶扬善，顺天休命"为己任，大车厚载，坚贞不移，悠然前往，自会上天佑之，吉无不利，大有作为！就风水文化的繁荣看，只要目标正确，与民谋利，方法对头，天人合一，事业大有成就之时的来到，也是可以预期的。

2.44　易经提示的"明出地上"意味着喜事连连么？

易经描绘的"坤下离上——明出地上"，是晨曦初露，大地复明，风水物候流转正在向上转优的晋卦"火地晋"之象，所以有"晋康侯用锡马蕃庶，昼日三接"的喜事连连发生。当此之时，君子如"以自昭明德"为立身根本，不为个人晋升发愁，不学鼬鼠钻营，不计失得，自能往吉

图2.44　明出地面之象

无不利。从鲜为人知的美丽风景露出视野，乃至造福人类的健康风水学说升华于地面，为大众所惊叹所喜爱的事实看，这也确是引发了旅游热、房地产开发热的风水旺象。

2.45 易经提示的"明入地中"意味着日薄西山么？

"离下坤上——明入地中"，是日落西山，黄昏日暮，光黯夜黑的"地火明夷"风水危象。此时懂得"明夷利艰贞"道理的君子，如能及时调整风水格局，垂翼低飞，明哲保身，"以莅众用晦而明"，是十分明智的。这样做即使行动过急而主人有些怨言，甚至如左股受伤一样遭到挫折，都是暂时的；只要马壮勇进，就可

图2.45 辉煌的黄河夕阳图

南狩获胜。而曾经风光的风水宝地，名人故里，胜地古迹等，因自然的变迁，时代的更替而湮没无闻，也是常有的。这时的正确的做法是不事张扬，善加保护文物古迹，耐心待机，等到日月重光的一天。

2.46 易经提示的"风自火出"会旺财旺家么？

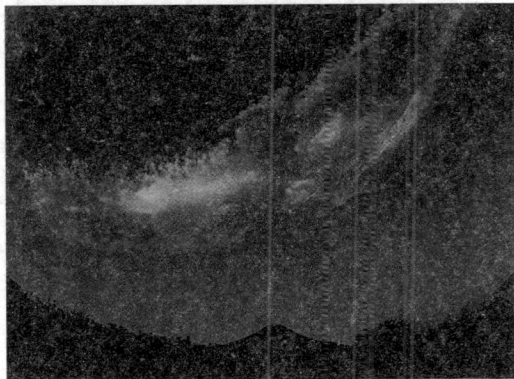

图2.46 神奇的风自火出之象

易经家人卦提示的""离下巽上——风自火出"，犹如风吹火旺，"家人利女贞"的红火和谐的家人风水卦象。这时"君子以言有物而行有恒"，为"风火家人"时期之最佳选择。只要抓好主业，闲暇时多管管家，对亲人晚辈，言辞在理，善加抚慰，耐心引导；同时注意因地制宜，措施得当，调理好全家的风水格局和家人之间的关系，不让家人整日嗝嗝，无所事事，而是找准并从事那些旺家正业，就一定能红火发达，富家大吉。

2.47 易经提示的"上火下泽"是风水怪象么?

图2.47 上火下泽之象

在人生的道路上如不巧遇上易经提示的"火泽睽"那样"兑下离上——上火下泽",湖腐生沼气,泽面突燃火,睽违不相济的睽卦风水怪象,只能是"睽小事吉",别指望有太大收获。为此,君子要"以同而异"——即求同存异为上策,从办好一件件小事做起,不要老是自寻烦恼,担心"遇主于巷"的尴尬局面发生;也不要忧心失马,因它会"勿逐自复"。这样即使遇见天劓恶人,黑豕负涂,载鬼一车,也不必害怕,反有可能有婚媾之喜哟!

2.48 易经提示的"木上有火"好煮食么?

易经提示的"巽下离上——木上有火",火势甚烈,木多火旺,五行相生,鼎烹美食,正昭示着"火风鼎"那样"鼎元吉亨"的大好风水格局。它充满了柴燃火旺,列鼎烹食,君子"以正位凝命",欢喜等待进食的吉祥气象。这时只要注意如"鼎有实","鼎耳革","雉膏不食"的各种情况,防止如"鼎颠趾","鼎折足","覆公餗"的危险,调整好全家的风水格局,就能丰衣足食,喜获妻子,让仇人无计可施,大吉无不利了。

图2.48 西汉彩绘陶负鼎鸠

【山宫生态】

2.49 易经提示的"山重山"意味着风水不妙吗？

细细审读《易经》艮卦关于"艮下艮上"——山外有山，重山叠嶂，举步维艰的"艮为山"式的风水卦象，自然会有处于"艮其背不获其身，行于庭不见其人，无咎"的陷入困境之感想。但君子以及风水师诸多人等，从此象中还要悟出，在山重路遥，健康风水建设事业遇到很大阻碍时，自己更应

图 2.49 山叠山之艮象

当以"思不出其位"，恪守职业道德为要。这样即使行动受阻，其心不快，也不会受到"列其夤，厉薰心"的痛苦折磨，由于言语有序有理，而无悔有吉了。

2.50 易经提示的"山下出泉"环境有利于出人才么？

图 2.50 山下出泉之象

"坎下艮上——山下出泉"，象易经蒙卦所提示的这样活水旺宅的"山水蒙"风水格局，是有利于建屋安居，敦聘良师，启蒙教育出人才的。但其前提是必须向老师虚心求教，坚信不移其有益教诲才能有所得。这就是"蒙亨。匪我求童蒙，童蒙求我。初筮告，再三渎，渎则不告，利贞"的卦辞深意。深悟此卦此象，君子应当"以果行育德"，大胆发蒙，说破风水利害，消除风水迷信，利用风水资源，统一认识，克服家难，走出困蒙，启发童蒙。

2.51 易经提示的"地中有山"是风水宝地么?

图2.51 地中有山之象

易经所说谦卦的"艮下坤上——地中有山"之象,不仅隐喻了"地山谦"特有的谦卑容人的谦虚君子之美德,也确是难得的风水宝地之象。它既有田园广阔肥沃,又有巍巍青山为靠,柴米无忧,衣食不缺,十分美满。故善择宝地而居之的"谦谦君子",只要做到"以裒多益寡,称物平施",继续虚心待人,公平讲理,就一定会"谦亨,君子有终",受益于地山美境,用涉大川而吉无不利的。

2.52 易经提示的"山下有火"意味着矿藏丰富吗?

"离下艮上——山下有火"的"山火贲"卦象,在易经风水学看来,极可能是山下有煤层、油矿、地热、温泉、天然气等能源矿藏,等待开采利用的极佳地形。它就象山脚下地火运行,熔岩涌动待喷,内含冲突,因而是"君子以明庶政,无敢折狱"的时候。考虑到"贲小利有攸往"的时局和特殊地势,不尚奢华,不事张扬,舍车徒步,略加修饰,送上薄礼,安享地利,还是会永贞吉而无错的。

图2.52 山下有火之象

2.53 易经提示的"天下有山"的风水处好不好？

易经提示的遯卦的"艮下乾上——天下有山"之象，是山高入云，天威难测，势大者压弱小者，不利长期居住的"天山遯"风水格局。在此类风水格局生活的人们，更宜于山居深潜，修身培德，养生远祸，以"遯亨，小利贞"为准则。换言之，当此时境，君子更应当"以远小人，不恶而严"为要务，象用黄牛皮条捆物牢不可脱一样，以牢不可破意志和的团结，暂时避开不利的地理形势，以战胜眼前的困难。

图 2.53 天下有山之象

2.54 易经提示的"山下有泽"是风水乱象么？

图 2.54 山下有泽之象

易经提示损卦的"兑下艮上——山下有泽"之象，本来是山麓清湖，风光无限的美丽景色，但如人为地大肆破坏自然生态，则可能意味着易经"山泽损"卦象预示的"损有孚元吉，无咎可贞，利有攸往；曷之用，二簋可用享"时局的到来。面对这一颠倒天道，挖泽补山，破坏生态和谐的风水乱象，君子更要深明事理，不为已甚，"以惩忿窒欲"，保持心态平和，息事宁人。这样做会将会得友损疾，有喜无咎，利有攸往。

2.55 易经提示的"山上有木"是风水佳境么？

图2.55 山上有木葱茏之象

易经渐卦提示的"艮下巽上——山上有木"，是峰圆土润，山风习习，林木繁茂，郁郁森森的风水佳境卦象，预示着"风山渐"之卦环境优美，资材充裕，人心平和，关系融洽，"渐女归，吉利贞"的美好结局。这时候君子做事要逐渐深入，循序渐进，绝不能操之过急，而应"以居贤德善俗"为好。只有这样，远方的鸿雁才会随美丽的少女一起欢快前来，安居落户于风水佳美的林旁山宅。

2.56 易经提示的"山上有火"会有大危险么？

易经旅卦提示的"艮下离上——山上有火"，是林木干燥，山火蔓延，熊熊燃烧，危及过路旅人安全的"火山旅"危险风水卦象。但只要"君子以明慎用刑，而不留狱"，平时谨慎小心，善待他人，在行旅迁居遇到危难时，能当机立断，及时带人扑灭山火，还是会资财

图2.56 山上有火烈焰腾空之象

在手，童仆相助，"旅小亨，旅贞吉"的。否则平时对人刻薄，看到山火不但不去救还幸灾乐祸的话，就会象鸟焚其巢，笑人误己了。

【泽宫生态】

2.57　易经提示的"丽泽欢悦"湖景无限美么?

《易经》兑卦认为，"兑下兑上——丽泽欢悦"，面对"兑为泽"这湖光水色，竹篱渔舟，品茗弹琴，其乐融融的美丽卦象，君子要从中获得宝贵启示，和朋友一起讲习畅谈，这是欢喜亨通，顺利正确的。但从健康与安全角度看，如屋前屋后都是水塘湖泽，水气过重，通行受阻，却似乎不太妙了。改变的法子是

图2.57　丽泽欢悦长天共山湖一色

及时填掉屋后的或拦路的一口小塘，以免家居过于潮湿低陷而染病，或小孩失足堕塘。总之，人们只要遵循和气欢悦，乐水生态的兑德原则，是会吉祥无悔的，哪怕偶尔遇到些不得安宁的小毛病，也终究会有喜庆的结局。

2.58　易经提示的"上天下泽"如入虎穴么?

图2.58　上天下泽中小心缓行的游船

《易经》履卦认为，从"兑下乾上——上天下泽"，天下有湖，湖映蓝天，船行湖面，如履薄冰的"天泽履"卦象里，君子要学会"辩上下，定民智"的学问，在选择家居地址时小心谨慎，不逆天涉险。这样哪怕遇上了随虎行，入虎穴，踩虎尾般的危险和风水劣境，也不会被猛兽咬伤，为风险所害，事情终会是顺利亨通的。这就

象道路平坦，正直的人安静贞吉，眼睛少了一只也能看，脚跛了也能走一样啊！为了正义事业勇敢而又小心谨慎，到头来终会很吉祥。

2.59　易经提示的"泽上有地"时要亲临考察吗?

图2.59　泽上有地时亲临观湖

《易经》临卦认为,"兑下坤上——泽上有地",是在地下河作用下,大泽深藏地中,需亲临考察才能识别其利弊的"地泽临"风水卦象。当此之时,君子要象地藏深泽一样,心容万物,"教思无穷,容保民无疆",才能"元亨利贞",吉祥如意。"至于八月有凶",那不过是暴雨倾盆之后,洪水经地下河猛灌入地下,再从地面汹涌喷出,一时洪水猖獗泛滥而已。只要决策人常有保民无疆之心,又经常亲临基层,实地考察,预做防范,终究会是"吉无不利"的。

2.60　易经提示的"大泽灭木"困境如何化解?

《易经》认为,从大过卦"巽下兑上——大泽灭木",树倒湖里,惨遭灭顶的卦象里,君子要预防"泽风大过"之"过涉灭顶"——水淹木没的凶险,勇于做"独立不惧,遁世无闷"的好汉子,及时纠正大过,学会以水浸木头除蠹虫,以及变"栋挠"为"栋隆",

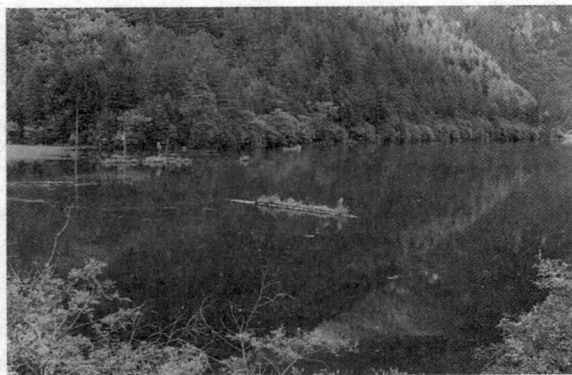

图2.60　大泽灭木之象

即将弯木拱顶朝上,以承托屋盖的本领。这就象"枯杨生稊"的老夫,得到美惠少妻一样,是无所不利的。至于象"枯杨生华"的老妇,贪得壮夫,却生育无望,那就"无咎无誉"了。

2.61 易经提示的"山上有泽"是山水相亲佳境么？

《易经》咸卦认为，从"艮下兑上——山上有泽"，山泽相亲，两情相悦的"泽山咸"卦象里，君子要明白"以虚受人"的道理，在选择山泽依偎，湖山景美，风景宜人之处，安家建宅后，可让家中的怀春少男与邻乡妙龄少女亲切交往，谈情说爱，待彼此心意相通后，再择吉日迎娶好女，旺丁生财，这是顺利正确而吉祥的。

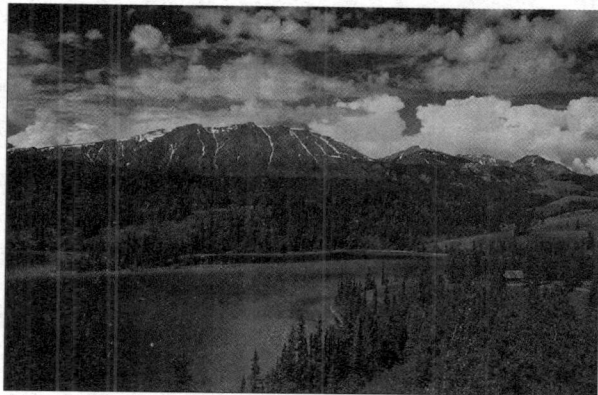

图2.61 "山上有泽"的雪山碧湖象

2.62 易经提示的困境为何"枯泽无水"？

图2.62 枯泽无水之象

《易经》困卦提示道，从"泽水困"式的"坎下兑上——枯泽无水"的不利生态环境里，君子要总结自己一度自以为是，不信健康风水或迷信虚妄风水而碰壁的教训，明白不能轻视前人的有益经验，不能忽略地理水文考察的正确结论的道理，懂得自己在困难中光说空话是没用的，别人往往会"有言不信"的道理，坚持"以致命遂志"，这样才能最终选好住宅，优化风水，摆脱困境，顺利正确的实现志向而吉祥无错。

2.63 易经提示的"泽中有火"是风水改造之象么?

图2.63 泽中有火之象

《易经》革卦认为,从"离下兑上——泽中有火",众人一心,挑灯夜战,挖泥浚湖的"泽火革"的卦象里,君子要明白"以治历明时"的道理,在作好充分的考察和准备后,象"虎变豹变"一样,鲜明地提出自己修堤浚池,造湖蓄洪,改造风水的改革主张,这将能获得民众大力支持,历经时日,几番磨难,造好美湖,终于胜利,是无须后悔的。

2.64 易经提示的"泽上有水"还要适当节制么?

据统计,建筑物通常占一个国家能源消耗的三分之一,而中国每平方米建筑物消耗的能源一般是发达国家的 2～3 倍,可见建筑物节能之重要。《易经》认为,从"兑下坎上——泽上有水",源源不断,顺流而来,水量充沛的"水泽节"风水卦象的辨析里,君子要明白江湖里的水再广再多,但水资源和一切建筑资源毕竟是有限的,浪费水资源和

图2.64 泽上有水需节制之象

资金、土地、能源等是不智的,只有适当节制才是对的,过分节制则有所不妥的道理,作到"以制数度,议德行",恰到好处地厉行节约各种建筑资源,包括建筑资金、建筑用地、建筑材料、建筑人员等,防止大兴土木,大建楼堂馆所带来的劳民伤财,天怒人怨的恶果,让人民安享包括节约用水、节约用电、节约用气、节约用地,合理建房的好处,而不受过度节约用水用电用气用屋之苦,这才是正确而无凶险的。

92

（二）易经的生态风水理念

2.65 《易经》是中华风水文化的源头吗？

《易经》成书史跨度至少5000年，可谓中华文化的思想宝库。与西方2000多年的圣经文化系统比较，东方的易经文化系统，显然要悠久而绵厚得多。而源远流长丰厚华美的中华风水文化源头，也正是古老而博大精深的《易经》。如"风水学"的形成与发展，无论是形势派还是理气派，都与《易经》密切相关。可以说，正是

图2.65 易经是中华风水文化的源头

《易经》"乾、坤、震、巽、坎、离、艮、兑"八卦及其丰富的含义和引申意义，成为中华易经风水学的总纲，构成了基本的风水理念与体系。

2.66 《易经》揭示了中华风水文化的奥秘吗？

图2.66 易经揭示了中华风水文化的奥秘

易家认为，《易经》以天地变化的规律为准则而且相一致。它仰观天空通晓天文，俯察大地明白地理，所以能知道幽暗光明的奥秘。它追索万物的原始状态再反回到万物的终结，所以知道万物死灭新生的学说。它知道精气聚集而变为物体，游魂消散而变为虚无的道理，所以它能通晓天地变化的规律，揭示中华风水文化的奥秘。

2.67 《易经》是一本什么样的书?

图2.67 易经是中华文化的百科全书和精神支柱

《易经》是中华文化的百科全书。它内容广博宏大,无所不备,既有天道规律、地道法则,也有人道准则。经数千年来大圣先贤们的精研阐述,易经文化今天已经成为内涵丰厚,精思善辨,包含东方哲学、政治学、经济学、法学、美学、军事学、伦理学、修辞学、人才学、决策学、管理学、旅游学、中医学、植物学、养生学、武术学、气功学、有机建筑学——风水学等在内的大文化系统,发展起以易理派、象数派为代表,分化成科学派、气学派、心学派、理学派等众多的学派和学说,深刻影响了中国从官方到民间的思维方式、道德心理和风俗习惯,对世界文化作出了巨大贡献,成为了解中国哲学历史和悠久丰厚的风水文化所不可或缺的精神支柱。

2.68 风水学与《易经》的密切关系在哪里?

《易经》是古代风水学的基石。其由易卦、卦象、卦辞、卦德、易传构筑的易学系统中,乾坤、震巽、坎离、艮兑四对纯卦及其独特的指义、性质、作用,无疑是主宰或包含了风水学的最基本的概念。正是由于八卦的强健顺从,动出静附,阴阳互动,刚柔相摩,产生出错综复杂的重叠演变,才形成了64卦从乾健、

图2.68 易经揭示了民族建筑的风水奥秘

坤顺、屯始、小畜、大壮、既济到未济,再由乾坤交合,否去泰来,阳复阴姤,所触发的新一轮的革故鼎新的大运动大变革,形成了因势利导,趋吉避凶,日益合理的风水学理论。

2.69　易经八卦是中华风水学的总纲吗？

其因在于，《易经》务虚践实，哲理深邃，是包罗万象的中华文化大百科全书，其八卦则是《易经》叠映卦象，牢笼万物，推演易理的核心。而被外国建筑学家称为阴阳风水古建筑学、最完美而奥秘的环境学的"风水学"，正是根据博大精深的八卦五行易理，制定出中国古代建筑和环境规划风水学总纲的。其通过八卦演绎的建筑要旨，

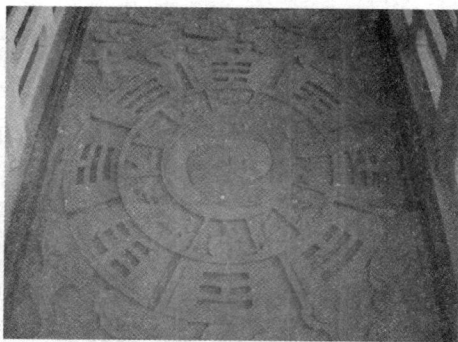

图2.69　易经八卦是中华风水学的总纲

为人类建筑实现安居、康乐、趋吉等功能，适应气候生态等环境要素而制定的选择地形、地貌、景观的建筑规划的指导性原则，至今仍有其强大生命力和现实意义。

2.70　《易经》各卦与风水文化有关系吗？

图2.70　体现豫卦风水意念的古建筑

是的。《易经》是哲学，是古代社会科学与自然科学的最高总结，它的精义凝聚在各卦阐析里。易理精妙，包罗万象，易经各卦自然无不与风水有关系。如《易经系辞传下》早就说过："'易'的演化穷尽时就会变，变就通达，通达就长久……。设立厚重大门，敲击木梆报警，以防暴徒刺客的侵犯，这取自于《豫》卦……。上古人民居住在洞穴而生活在野外，后世的圣人以宫室取代了它。宫室上面有栋梁下面有屋宇，能够遮挡风吹雨打，这取自于《大壮》卦。古代的埋葬，用柴草作死者的厚衣，葬于野外，不封棺也不树碑，守丧日期也没有准数。后世的圣人改为以棺椁装殓，这取自于《大过》卦。"由此可见，易经八卦以及《豫》、《大壮》、《大过》诸卦，确实影响了古代的阴阳二宅风水建筑学。

2.71 《易经》各卦的纲领性风水学意义是什么?

图2.71 乾坤是易经风水的入门总纲

《易经》各卦意义独特非凡,互相不可取代,对风水文化的精辟启示侧重不同。但正如孔子所说:"乾坤是《易经》的入门总纲。"抓住这个总纲,就可以知道:乾是阳刚之物,自强不息,坤是阴柔之物,厚德载物。阴阳两物合德互补,就有了刚柔合体的物象,以体现出天下的造化,以通达神明的易德。易卦的名称虽然杂多,但不超越物象,而且可以稽查物象的基本种类。《易经》彰显以往的历史教训并预察未来,显露微妙的道理并阐明它的幽秘精华。易卦的名称虽小,但所取的类别、深旨却很远大,对风水学具有纲领性指导意义。它的《卦辞》很文雅,《爻辞》曲折而中肯,所要喻指预测的事情多而且很隐蔽。它靠乾坤美德以普济人民的修养行事,以明白天下风水文化的所得所失。

2.72 易理的三个要点展示了风水要旨吗?

易代表什么?有人说"易"通"翼","易"就是飞鸟的双翼。有人说"易"通"蜴","易"就是象变色蜥蜴一样善变。其实,易经之"易"的要点有三个。一是"变易"。"易"的上面是"日"字,下面是"月"字,以日月升落、阴阳交合表现宇宙和人世的无穷变化,包括人们在不同历史时期对房屋建筑的不同功能要求和审美要求,以及使用的建筑材料的精粗造价与时代的建筑

图2.72 易理三要点展示了风水要旨

风格变化等,这就是"易变"、"变易"。二是"不易",即万物包括风水的"变易","易道"以及建筑的规律,本身是永恒不变的。三是"简易",易变与风水的道理其实并不复杂,它是简易明白的。如万物的阴阳对立,乾坤的刚健柔顺,房屋的美惠适用,健康养生等,将这一道理和规律运用于风水各个领域,就向人显示了易经风水学"变易"、"不易"、"简易"的存在。

2.73 《易经》包含的圣人之道有什么风水意义？

《易经》包含的圣人之道有四项内容：言论者崇尚它的卦辞，行动者崇尚它的变化，制器者崇尚它的卦象，卜筮者崇尚它的占卜。从风水学的角度看，前三点最为重要。这就是说，研究和谈论风水文化者，必须崇尚和遵循《易经》的卦辞爻辞所揭示的哲理，以风水文化指导行动者，要重视易理所揭示的天文地理变化及其对人类建筑的影响，制造房屋建筑之"器"者，要深究《易经》卦象所提示的风水奥秘，并把它运用到风水园林与建筑实践中去。

图2.73　易经包含的圣人之道
具有生态风水建筑意义

2.74 《易经》的哪些部分与风水的关系最密切？

图2.74　易经经文与风水文化关系密切

《易经》包括了经文和《易传》两个部分，其中经文由卦、爻、卦名、卦辞、爻辞等几个部分所组成，是《易经》的核心。《易传》、《文言》、《象传》和《象传》，是对前人研易心得的归纳总结，里面掺杂有许多后人引用孔子的话，显然是他门下研究《易经》的学生增加的；而《说卦传》、《序卦传》和《杂卦传》风格不一，前后矛盾，举例驳杂，后人多有存疑。综上所述，经文与风水的关系最为密切，《易传》、《文言》、《象传》和《象传》，凝结了孔子生前身后的许许多多的研易专家的心血，对风水学的正面影响也是深刻的。

2.75　易卦系统中最基本的风水八卦是什么?

图2.75　易卦系统中最基本的风水八卦

在由卦名、卦象、卦辞、卦序构筑的易学系统中,"乾、坤、震、巽、坎、离、艮、兑"八大纯卦及其独特的指义、性质、作用,无疑是最基本的。它们构成了宏大精构,无所不包,变幻无穷的大易世界。这一世界,若用易经风水学概念表述,则是"春雷启动了世间万千项工程计划,和风立即把它们散播四面八方;绵绵细雨滋润着新建的千屋万厦,暖暖红日又迅速晒干了它们。巍巍高山屹立阻止着寒流侵蚀,广阔平湖烟波荡漾地欢悦万物;天道运行啊浩浩瀚瀚地主宰一切,大地坦坦荡荡啊藏养万物。"正是在这风雷鼓动,乾坤化合,春山万物再度萌生的壮丽图景里,中华风水学成就了自己的建筑宣言。

2.76　什么是易经风水64卦?

《易经》共有64卦,每卦都分别由上下两卦或称内外两卦组成,并以六个具有阴阳性质的"爻"符号来表示,兼有自己独特的卦名、卦辞、爻辞、卦义、卦象和卦德等。64卦是古人高度智慧的结晶,包含了包括风水在内的宇宙全息信息,需深加体悟方能知晓一二。其中卦名是64卦各自的名称,如乾坤泰否等等。卦辞是对64卦不同含义的精练概括,爻辞是各

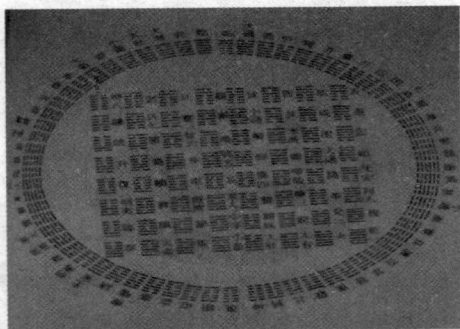

图2.76　64卦方圆图

卦六爻的解释与定义,卦象是各卦具体的意象,卦义是对卦德的揭示。易家认为,衡量事物小大的根据在于"卦",辨别吉凶的根据在于卦辞。这对中华风水学的影响是极为深刻的。本书将逐一解释易经64卦的风水含义。

2.77 风水学如何看"卦辞"和"爻辞"?

"卦辞"与"爻辞"通常都结合卦象和易理来判断吉凶、取舍利弊。易家认为,圣人见到了天下阴阳的运动,观摩意会后打通它,以推行各种基本的礼仪行为,并联系卦辞来推断吉凶,就产生了"爻辞"。所以《易经》兼取天、地、人"三才"而将它们重叠起来,以六爻画成一卦而各自成章,每卦中都包含阴爻与阳爻,重迭应用柔与刚的性质,再系上"卦辞""爻辞"而命义它们,易理的运动规律和易德也就在其中了。风水学要知晓和遵循自然与社会规律,就要深入理解《易经》阐析天下奥秘和变动的断语,这就是它评议与模拟天道变化,以促成事物发展变化的"卦辞"和"爻辞"。

图2.77 古人常根据卦爻卦象和易理来判断风水

2.78 易卦曾给古人哪些制器建房的启示?

图2.78 吸收了中华易学精华的现代建筑

易经各卦在某种意义上是人类科学实践的产物。易家说,古人编网狩猎捕鱼,取自于《离》卦。神农氏砍削树木,扭曲木头作为耒耜来耨田,并教给天下农民,取自于《益》卦。他规定中午为集市交易的时间,招徕天下的人民,聚集天下的财货,公平交易,互通有无,取自于《噬嗑》卦。黄帝、尧、舜等帝王垂下朴素的长衣裳,而天下得到很好的治理,取自于《乾》、《坤》两卦。古人发明了船只以解决交通困难,取自于《涣》卦。驯牛乘车,拖引重物,以利于天下人民,取自于《随》卦。设立大门,敲梆报警,防止侵犯,取自于《豫》卦。发明白杵舂米的便利,使人民得到好处,取自于《小过》卦。发明屋宇,遮挡风雨,取自于《大壮》卦。树碑装殓,取自于《大过》卦。可见,卦产生于人类的实践,又反过来给人的实践以深刻影响,这就是设卦学易的好处。

第三章

生态国学的儒释道文化资源

一、儒家的生态伦理与生态国学实践

创立了被称为古代社会主流儒文化的儒圣孔子，以倡导仁义，畏天命，畏大人，畏圣人之言，克己复礼，恢复周礼，天下大同为文化目标，很早就整理出以可以"多识草木虫鱼鸟兽之名"的《诗经》，进行文化启蒙与生态国学教育，在东亚儒文化圈乃至世界都有广泛的影响。但他在先秦生不逢时，志向难伸，不受各国诸侯重用，屡遭围攻，惶惶如丧家之犬，以至那些追随其教义的儒家人士，甚至遭到一贯崇道重法，奖励耕战的秦始皇的"焚书坑儒"，几乎陷入灭顶之灾。直至同样崇道好战的汉武帝听取董仲舒"罢黜百家，独尊儒术"的国策后，儒家才逐渐占据封建社会的主流文化地位，在与道家、佛家的千年驳难交融中"三教合一"，登上了理学的圣坛，奉为显学，扬威朝野。五四运动、文化大革命先后提出打倒孔家店、批林批孔后，儒家名声再度扫地，消沉让位，直至中华民族在改革开放中崛起，孔子儒学的伦理价值和治世智慧，才再度被人们重新审视。

就生态国学的角度看，孔子开创的儒家文化贡献，一个是在政治上维系了中央封建王朝的千百年统治，同化了入主中原的少数民族，延续了中华国脉和民族团结的大一统王朝政权。二是在经济上以王权组织黄种人海战术，于天下一统，莫非王土的神州大地上，全国统筹，围坝建堤，开河引流，造渠灌田，垦荒造林，繁荣了领先全球的辉煌的农业文明。三是在教育上坚持有教无类，不语怪力乱神，崇尚理性，反对迷信，大力弘扬国学，为国家培养并选拔了大量忠肝义胆，德才兼备、安邦济世，彪炳史册的杰出人才。四是在国法上延续了具有保护自然生态内容的周礼，严禁破坏自然风水环境的事件发生。五是在文化上把《易经》奉为百经之首和儒家经典，为中华百科文化巨树及其分支的儒道主干、嫁接佛学支干创造了茁壮生长的广阔空间，实现了援道入儒，援易入佛，三教合一基础之上，儒释道文化血脉交融，打造出儒释道中华文化铁三角的稳态结构，创造出伟大的中华文明，做出了可贵贡献。

具体而言，儒家的生态智慧的核心是秉持易经的"天人合一"理念，相信"观乎天文以察时变，观乎人文以化成天下"，主张"天地变化，圣人效之"，"与天地相似，故不违""知周乎万物，而道济天下，故不过"，通过观察、效仿天地万物的变化规律，将天道人伦化，人伦天道化，以仁爱之心对待自然和人类，将家庭、社会伦理原则扩展为自然伦理，体现了以人为本的价值取向和人文精神。

为肃清"西方中心论"和"文明冲突论"的谬误，中国学人汝信教授等在《儒家文明》中论述了源自黄河流域自然环境的中国上古文明和三代文明，如何向严重的自然环境挑战的业绩，描述了在先秦宗法封建制礼坏乐崩、百家争鸣背景下，孔子和儒学的产生及其《易传》、《中庸》的天道观在中国文明重建中的"决定性"结构作用，在玄学兴起后援道入儒，批判佛教，以儒学为主导，以佛道为辅翼的文化格局之形成过程，以及儒学造成国家的积贫积弱和改革失

儒家祖师孔子

败，北宋后程朱理学的官方哲学地位确立，阳明心学的思想解放作用，儒家文明对西方科学的受容，人治政治与王朝更迭的不变之道；阐述了儒家经济上的重农主义和农业文明，"制民之产"和"限民名田"、地主庄园经济和小农经济、手工业、商业、城市市民和资本主义的萌芽；国家对教育的重视和教育的普及，文学艺术的审美观念，伦理风俗、良心道德的超越性、宗教信仰上的尊天敬祖观念和坛庙祭祀制度，神化和祭祀异常人物，分析了儒家自然观和科技思想造成儒家文明晚期科技落后、儒家文明衰微，鸦片战争冲击后整合社会的失败，教育理想的失落与科举制废除的原因。

我们从中可见，儒家的对人类文化以及对世界生态文明的贡献，初看起来是汉武帝推行"罢黜百家，独尊儒术"后，占据了中华文化的主导地位造成的。其实儒家不仅在六朝先后受易老庄之"玄学"和佛学的挑战，而

且在先秦、五四、文革反孔非儒时几近湮灭，其之所以能焕发光彩并不因为它是东方固有的"最有价值的知识系统"，是国学的核心、主体与代名词，最重要的原因之一，是因为先秦思想家、教育家，儒学学派的创始人孔子，在五十岁后读易不倦，目光如炬地发现了继承了中华文化内核的《周易》的宝贵价值，对道家、佛家都各为所用、同样十分推崇的《周易》写序集传，宣教弘扬，使得绝然异于西方的矛盾尖锐对立不可调和观，坚持太极一元、两仪四象、阴阳和谐的东方易学思想，成为日后"三教合一"的理论基础，成为包括"天人合一"的生态国学在内的中华国学的基础，成为中华百科文化体系整体建构与万代传承的基础，对后世产生了难以估量极其深远的影响。正如《汉书·艺文志》说："儒家者流，盖出于司徒之官，助人君顺阴阳明教化者也。游文于六经之中，留意于仁义之际，祖叙尧舜，宪章文武，宗师仲尼，以重其言，于道为最高。"点明了儒家文化与中国之"道"一脉相承的秘密。也正是在这一意义上，儒道互补、儒佛心学等才有了共同的文化基础，出家前被公认为儒家泰斗的莲池大师也才会说："为儒者不可毁佛，为佛者独可毁儒乎哉?"《周易》中"自强不息"和"厚德载物"的精神，才会被刚柔兼济的儒道两家分别强化之后，用来表述解决生态危机、超越工业文明、建设生态文明的中华文明精神，一些西方生态学家才会提出生态伦理应该进行"东方转向"，75 位诺贝尔奖得主 1988 年集会巴黎时，才会得出"如果人类要在 21 世纪生存下去，必须回到两千五百年前去吸取孔子的智慧"的结论。

其中的原因之二，是儒学的"仁礼一体"的理念，是古代人类在自然界的威胁特别严重时，每个人都必须依赖群体的力量才能生存下去的时代产生的。它要求任何时候每个人都应自觉遵守群体共同的道德规范来约束个性，"非礼勿动，非礼勿言，非礼勿视"。由于西方绝对个性自由论的误导，造成的资源枯竭、生态危机和经济危机，以往以为只要做到象西方那样的工业文明发达，财富增多，人们就可以不要共性约束独立发展的观点，引起了深刻反思，受到应有的批判，东方儒家那"格物、致知"以物性之美规范人性之美的成长，以"崇仁重义"的爱人类，爱环境，爱后代，反对以个人私欲尽废大众公义的道德原则，以阴阳五行为框架，以"天人感应"建立新儒学的董仲舒，在《春秋繁露》中提出的生态危机将造成社会危机的严正警示，即所谓："天地之物有不常之变者，谓之异，小者谓之灾；灾常先至而异乃随之。灾者，天之谴也，异者，天之威也，谴之而不知，乃畏之以威。诗云：'畏天之威'殆此谓也。"以及宋代理学的集大成者朱熹，认为"理"是宇宙万物的本源，人欲是一切罪恶的根源的某些合理性因素，都使得儒家倡导的从西周的"敬天保民","天不变道也不变"的自然观和"以义制利"的理性道德精神，都得到了世界有识之士的重视，不仅催生发展了欧洲近代启蒙运动的自由观、平等观、民主观、人权观、博爱观、理性观等现代观念，而且成为今天人类伦理道德建设的资源，促进了促进全球生态文明建设的发展。

原因之三，是在易学阴阳和谐观影响下，一贯主张"和为贵"，富有和谐万邦的高度政治智慧的儒学文化，本质上成为一种和谐文化，它虽然一度在弱肉强食的西方列强的霸权文化面前败下阵来，却依然掩盖不住她礼仪之国、善待友邦的正义的永恒的道德之光，在百年患难国势再兴后，与公元前五百年左右的世界文化轴心时期，几乎同期发展的希腊自然文化、犹太的波斯律法文化、印度佛教的精神文化并列辉煌于世，永久闪烁出她奠基了人类核心文化模式之一的中华儒家伦理文化，再度为世界瞩目，她那"己所不欲，勿施于人"的道德光芒和生态文明准则，让那些把别国资源掠夺过来，把有害垃圾倾倒他国，以邻为壑，损人利己，最终依然难逃大自然惩罚的富国豪强们自惭形秽，幡然悔悟。它由孔子以"礼"作为作为人的内发行为和自我控制，作为人文世界的行为规范，以"道之以德，齐之以礼"，人人自觉遵守生态文明规则的道德提升，实现孟子所说的养成浩然之气："万物皆备于我矣。反身而诚，乐莫大焉"，我豁然开朗自觉自乐地与自然万物和他人和谐相处，以共享而不以独占为快乐，以实现生态文化的自觉、生态文化的自信和生态文化的自强，为人类生态文化系统的健全运作，做出中华生态文明理念的特殊贡献。

二、道家的生态哲学与生态国学价值

汉初历史学家司马谈的著名学术宏论《论六家要旨》，虽只有1000多字，却十分精要到位的评述了先秦百家争鸣时最为显赫的儒、法、墨、名、阴阳与道家的学说要旨、优长和不足，其中有近半篇幅，赞扬了道家的精髓，这是值得我们审察的。司马谈认为，正如易大传所说："天下一致而百虑，同归而殊涂。"阴阳、儒、墨、名、法、道各家的言论都是殊途同归的治国之术，只是阴阳家使人拘而多所畏，儒者博而寡要，劳而少功，墨者俭而难遵，法家严而少恩，名家瞀而善失真，只有"道家使人精神专一，动合无形，赡足万物"，能够使人精神专注，执道而行，看透万物的本质。以采纳百家之长的胸襟与格局，"因阴阳之大顺，采儒墨之善，撮名法之要，与时迁移，应物变化，立俗施事，无所不宜，指约而易操，事少而功多。"

103

其原因正在于"道家无为，又曰无不为，其实易行，其辞难知。其术以虚无为本，以因循为用。无成埶，无常形，故能究万物之情。不为物先，不为物后，故能为万物主。有法无法，因时为业；有度无度，因物与合。故曰'圣人不朽，时变是守'。虚者道之常也，因者君之纲也。"司马谈的这一见地，绝非空论，确是高妙精要的。

道祖老子对人类文明建设的最伟大贡献，就是以最高深的智慧，最简洁的语言，最深奥的内涵，以易为法，以道为纲，以人为本，生动地描画了一幅不是由人格化的造物主，而是由大自然化生万物，大象无形，大音无声，大行不殆，万物惟道是从，道法自然，无为自化的大宇宙运行图。老子相信，如果我们能够真正做到"人法地，地法天，天法道，道法自然"，自觉按照"天之道损有余而补不足"的自然恒道规律，执着坚守大道政治的伟大形象，天下人民就会归心追往而来，归往团结而不伤害他们，就能安全、平静，共享太平！

我们从中可见，老子的道家生态智慧正是一种唯道自然主义的智慧，是以尊重大自然普遍规律为最高准则，以崇尚自然、效法天地、以强扶弱作为人生行为的基本准则。强调人必须顺应自然，达到庄子那种物中有我，我中有物，物我合一，主客体相融，超越物欲的"物化"境界，这与现代环境友好的意识与生态伦理学是相合的。实际上，以老子、列子、庄子、鹖冠子、文子、关尹子、慎到、杨朱等为主要代表的道家，对中国文化的影响并非一般人认为的仅次于儒家，而是远超于包括儒家在内的诸子百家乃至于世界上同时代的所有哲学家，至今也难以有哲学家能逾越的。

从道家发展史看，秦始皇虽以法家酷刑治国，焚书坑儒，对道家的长生久视说却十分向往，多次派船寻访海外仙山，被列为中国十大崇道皇帝之首。反秦兴道的汉朝，依照因天循道、守雌用雄、君逸臣劳、清静无为、因俗简礼、休养生息、依法治国、宽刑简政、刑德并用、兼采百家的黄老之道的一系列政治主张，造就了"文景之治"的盛世，同为崇道皇帝的汉武帝却崇尚儒术，耗尽国力，促使汉末张道陵于鹤鸣山正式创立道教。不久，扯旗替天行道的五斗米教失败，魏晋南北朝的谈玄之风兴起，老庄易学得到重新阐释，再次成为大乱治国之方。此后，在唐代崇道皇帝太宗、玄宗的先后支持下，道家再兴，治国有方，开创贞观之治与开元盛世，促成了中国化佛教的禅宗之风。此后，因受陈抟老祖的太极图启示，宋儒周敦颐、程颢、朱熹以道教宇宙图式论和儒家纲常说构建了一称"道学"实为儒学的"理学"，与王阳明的"心学"相互激励，成为在西方文化的冲击下，中华传统文化的余脉。综观宋元明清之间，宋徽宗、朱元璋、康熙等都曾注解过

《道德经》，明成祖更自诩为玄天真武大帝化身，清朝则有康乾盛世。再联系到改革开放以来，道家思想因能包容西方的进步观念而再次复兴，先在1991年由董光璧先生提出了新道家的概念，接着相继有唯道论、天道自由主义、自化论、和生论、道商以及生态道学等新理论出现，有力证明了老子之"道"的蓬勃生命力、无限创新力和巨大包容力。

生态道学的贡献，在于对生态国学道生万物的宇宙图式的理论奠基，在于以恒道观、玄德观、清静观、真知观主导的"悟道论"去"格"天地万物，其意义远远超过了儒家的"格物"论。儒家的"格物致知"是以人性美的品格去"格"物，再用类似"岁寒三友"松竹梅那样的拟人化物性，来规范人格的培养教育，难免受到特定单一物性的制约，不能尽善尽美。道家的"悟道格物"却更为视野开阔，玄思妙想，精微善辨，宏大深厚。它以"恒道观"的不可言说，不可捉摸，无形无声，无头无尾，却能化生万物、主宰万物，使万物复归于一的"道"，作为天、地、人效法的大美不言的榜样；以"玄德观"的尊道贵德，作为"道"化人类的普世道德，以上善若水，无争无为，慈爱俭朴，谦卑处下的品格，顺其自然的循道而为；以"真知观"的悟道致知作为人认识世界本质，执一守真，避免堕入"多闻数穷"的失道无根的科技主义陷阱的惟一正道；以"清静观"的清心寡欲，静观涤虑，心澄物化，达到道典《清静经》里所说的"人能常清静，天地悉皆归。""常能遣其欲而心自静，澄其心而神自清。""欲既不生，即是真静。真常应物，真常得性。常应常静，常清静矣。如此清静，渐入真道"的最高境界，即黄老道家著作《淮南子》所说的："率性而为谓之道，得其天性谓之德"。可以说，这一秉持真知灼见、"清静以为天下正"理念的生态道学，为天、地、人构建了和谐共生的大格局，它告诫人类不要狡智贪念，胡作妄为，动用仟佰大器，乱杀乱养，乱烧乱埋，乱挖乱采，乱砍乱伐，不要破坏地球的大气层、水域层、岩土层、植被层。只有这样，才能治愈人类榨干自然、破坏栖身家园的狂热病，顺其自然地进入和静温馨的生态文明境界。

道家生态文明论对传统科学技术的影响，是以道为核心，贯串着天地人和谐的主线，以道、气、阴阳、风水等为基本概念的有机环境学体系。它与以逻辑学为核心的西方机械科学思想体系截然不同，与现代自组织化理论、高分子生物技术、有机建筑环境学、相对论等复杂科学体系与高深理论却有极为相似之处，至今对人类如何通过"顺应自然"、"以道驭术"、"道进乎技"等方法，认识大自然的本质，走出科技主义危境的理性思考和决策，有着重大的参考价值，受到西方有识之士如英国学者李约瑟的高度赞扬，认为"中国文化就像一棵参天大树，而这棵大树的根在道家。""道家乃是中

国的科学和技术的根本。"它使古代中国很早就成为世界最大的技术强国，建造了都江堰、苏州园林、长城、故宫那样顺应自然、美化自然，保护文明、造福人类的伟大建筑，在建筑艺术上形成了"虽由人做，宛自天开"的意境，虚实相生的审美追求，在中医学上则以"阴阳五行说"达到人以四时调摄、茶饮药养、食气等方法，与自然风水环境调和的美学境界，在世界上产生了深远的影响。

环境哲学的先驱之一 A. N. 怀特海在其著作里表达了中国道学的天道观念，环保主义者和消解现代性的后现代主义者，也都宣称从《老子》那里找到了精神养料。老子的自然无为，去伪存真，知雄守雌，知足不争，反对文明异化的理念，越来越受到原来只相信动物界争强好胜、优胜劣汰的西方人的的认同。如联合国秘书长潘基文在2012年就任时，就曾引用老子关于"天之道，利而不害；圣人之道，为而不争"的名言，来表达自己对包括地球环境保护在内的全球工作的理念。

老子像

应该说，道家影响生态国学的真知灼见和取得的成就，绝不是偶然的，而是来自于易经的深厚文化传统。从道家书籍包含有《黄帝四经》、《黄帝铭》、《黄帝君臣》、《杂黄帝》、《力牧》、《伊尹》、《太公》、《辛甲》、《鬻子》、《管子》等书看，吸收了伏羲、女娲、神农、黄帝、许由、巢父、伊尹、姜太公、辛甲、鬻子、管子等人治世思想的道家，与崇拜周礼文化的儒家不同，具有更古远的历史观。《汉书·艺文志》认为："道家者流，盖出于史官，历记成败存亡祸福古今之道，然后知秉要执本，清虚以自守，卑弱以自持，此君人南面之术也。"这是对道家思想来源更为深厚绵长的简要概括，可谓精当。当代的《中国大百科全书·哲学》把道家称为中国古代"以道为世界最后的本原"的学派。《维基百科·英文版》认为道家和道教是一种哲学和宗教传统，强调生活在和谐与"道"中，"道"是指万物的本源和无所不在的驱动力，它可以在中国哲学及其道教以外的思想和宗教中发现。

《百度》有关道家的词条，则认为道家最早见于西汉司马谈的《论六家要旨》，主要分为以大道为根、以自然为伍、以天地为师、以天性为尊，以无为为本，主张清虚自守、无为自化、万物齐同、道法自然、远离政治、逍遥自在，体现了"离用为体"等点的老庄派；以虚无为本，以因循为用，采儒墨之善，撮名法之要，主张因俗简礼、兼容并包、与时迁移、应物变化、依道生法，依法治国、删繁就简、休养生息，体现了"离体为用"特点的黄老派；以及主张全生避害、为我贵己、重视个人生命的保存，被道教全盘继承的杨朱派等三大流派，但也有将道家分为六个流派的。但无论如何分派，道家生态文明论的主导思想都应该是老子自己的主张，即以"烹小鲜"式的谨慎推行"小国寡民"、"乐俗美食"的政治，即缩小国家行政机构，减少过多人口，珍爱生命，远离战争，让人类过上慈爱、谦让、俭朴，保留各地风俗习惯、生产方式、饮食风味、服饰特点的多元文化的生活，反对庞大机构、大肆征税、大规模人口迁徙和使用大型兵器的劳民伤财、野蛮征战和强求一律、毫无个性、噪音滥色、围猎滥杀，贪欲无度，反精神文明和生态文明的生活，引导人类走入法地，法天，法道，法自然的生态文明境界。这种提倡以民为本、因俗而治的法律原则，日后被历代统治者所吸纳，对保留了少数民族的生活习惯与崇尚简平的审美观，对今天的精神文明、政治文明、经济文明、社会文明和生态文明建设，也都具有很好的启示作用。

老子有关"道大，天大，地大，人亦大"的教诲，说明人和天地万物的同等伟大，为法天、法地、法自然的人与自然和谐的生态伦理精神奠定了坚实基础。它将"道"作为是人与世界的一种内在的依存的本原关系，是人按照"天地之始"、"万物之母"、"众妙之门"的"道"处理一切生态环境问题的一切实践活动的出发点和归宿。它最终达到的不仅是自然生态的"冲气为和"的和谐统一，更是人与宇宙精神"致虚极，守静笃"的和谐统一，是生命主体和自然客体实现"天人合一"的生态美学的统一，为人遵循自然法则"见素抱朴"，"返朴归真"指明了生态文明之道。

它说明，观天察地，济世为民的道教，不仅是有神仙崇拜与信仰，有宗教仪式，追求成仙的宗教，根据道教起于盘古开天辟地之际，创于黄帝崆峒问道之时，以黄帝为纪元的道经传说，至今已有道历4700多年的历史，对佛教、伊斯兰教的苏菲派的"清真道士"等均有影响的著名宗教，而且是以老子《道德经》阐明的"道生一，一生二，二生三，三生万物"之说为创世理论，以尊道贵德、天人合一、贵生济世为传经化众，解难排忧，辅政安国的基本教义；以《易经》为东方科学智慧之源，以"无极、道、太一、炁"为教义核心，以阴阳为"两仪"，以精、气、神为"三宝"，以道医、丹药、方术促进中华科技文化的发展，以容载有哲学、政治、军事、经济、教育、文学、历史、艺术、医学、化学、天文、地理、数学、技术等丰富内容的《道藏》为古代大百科全书，以天人同构，阴阳协调，形神共养，统筹兼顾作为丹道修真，服药炼气，积德行善，建功立业，与天同寿的养生原理和成仙途径，依照"人法地，地法天，天法道，道法自然"积德行事的生态文明准则。

谨遵老子教诲，以自然生态文明之"道"为最高信仰的道教，是以华夏民族古代原始宗教为血脉，以民族精英的国魂崇拜与民间信仰为神仙谱系和精神力量的源泉，以遍布神州大地的五岳江湖、洞天福地的人文景观展示中华生态文明的和谐自然的魅力，以替天行道的社会正义旗帜传播于世，沿着鹤鸣山一鸣惊人、一路走来的中国土生宗教，被誉为中国的根蒂、全球最尊重生命和女性的宗教。道教无中生有、道生万物的宇宙本体论和阴阳转化、规律运动的辩证思维法，是古代被普遍接受的传统世界观和方法论。道教以各种追求突破生命极限的方术实践推动了古代的化学、矿物学、植物学、药物学、光学、磁学、声学、天文学等科学技术的发展，其天人合一、道法自然的思想，也带给环保主义者很大的启示和思考。

尽管如此，成为中国人精神生活的家园，对中国的学术思想、科学技术、国民性格、伦理道德等方面都产生了深远的影响的，主要并非宗教层面的道教，而是思想学术层面的道家。没有道教的组织，道家的地位固然会有所削弱，反过来，若没有道家以尊道贵德普遍的自然理性为准则，主张无为而治，缘道生法，确立起人世通行的损少益多的人道之法，必须以损多益少的法天有道之法为最高的立法准则，也就没有道教的道德基础和行事方向，就不可能对往往站在有利于统治者利益的立场，不顾人民利益，大兴土木，以强凌弱，以人治礼法治国的儒家，所造成的"法令滋彰，盗贼多有"，劳民伤财，破坏水土环境的怪现状，予以有力的拨正。老子和道家坚信民间会自发形成以民生和天道为基础的自然法规范，无须统治者煞费苦心去设计法律，就能达到无为而治的太平世界，这与现代市场经济相信"无形的手"的自然调控论一样，是很明智的，对道教顺其自然、留须蓄发、清净无为，因时循道，与天时、地利、人文生态环境和谐相处的生活方式，也深有影响。

道教秉持道家的道化万物、开天辟地的义理，一方面以辛苦探寻发现和开发的"洞天福地"，作为凡人四时修仙得道的最佳场所，客观上保护了神州五岳和各地道教名山的人文生态环境，为中国生态文明建设做出了天人合一的表率；一方面结合中国古代天文学的冥想与宇宙演化图，以元始天尊象征"天地未形，万物未生"，造化天地的无极状态，以灵宝天尊象征"混沌始判，阴阳初分"，度化万物的"太极"状态，以道德天尊象征"冲气为和，万物化生"，教化世人的"冲和"状态，将这玉清、上清、太清三位天尊合称为"虚无自然大罗三清三境三宝天尊"，作为"道"的化身，将统御万天的上天玉皇大帝、统御万地的下地后土娘娘、统御万类的东极太乙天尊、统御万雷的西极勾陈大帝、统御万灵的南极长生大帝、统御万星的北极紫微大帝合称为六御，掌管六合宇宙那广袤无限的空间。

同时，道教还在这茫茫星海的浩瀚宇宙中，寻出天枢、天璇、天玑、天权、玉衡、开阳、瑶光诸星，依次封以贪狼星君、巨门星君、禄存星君、文曲星君、廉贞星君、武曲星君、破军星君的"北斗七星君"之官职，与司命星君、司禄星君、延寿星君、益算星君、度厄星君、上生星君等"南斗六星君"相配伍，同时以角、亢、氐、房、心、尾、箕等星为"东方七宿"；奎、娄、胃、昴、毕、觜、参等星为"西方七宿"，井、鬼、柳、星、张、翼、轸等星为"南方七宿"；斗、牛、女、虚、危、室、壁等星为"北方七宿"，各由东青龙，西白虎，南朱雀，北玄武等"四方之神"掌管，构建起道教诸神与大自然众星对立，富有中华文化和宗教文化色彩，对中国天象气候观察，对神州风水环境约定位、开发与保护，都具有特殊意义的中华星象学体系，这在世界著名宗教中是独一无二的。

北斗七星四象图

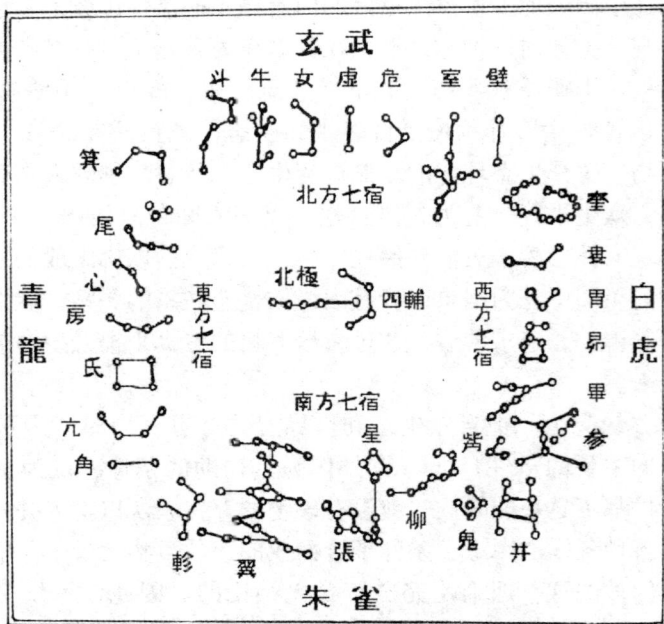

三、佛家与"三教九流"的生态国学观

(一)佛教的生命观与生态观念

佛教是中国人历尽千辛万苦,从喜马拉雅山山麓之下、雅鲁藏布江为支流之一的恒河流域的印度,吸纳引进再加以中国化之后,使之在易学之根上嫁接成活,避免了在原产地湮灭的命运,创新为汉传佛教为主、并保持了藏传佛教与南传佛教特色的宗教文化,在中国千百年的历史上发挥了当代一些学者根据民间口头评论,所概括出来的"治世道,乱世佛,由治入乱是儒家"的精神洗礼作用,为中国生态文明做出了重要贡献。

公元前6世纪时在古印度产生的佛教,是世界三大宗教中历史最悠久的,其创始人名悉达多·乔达摩被尊称为"佛祖"。佛教吸收了中华风水文化的精华,在神州态风景绝佳处留下了灿烂辉煌的佛教建筑文化遗产,大多已成为我国各地生态风景轮廓线的文明标志,红墙绿瓦、宝塔琼阁,大殿广厦,掩映在深山中江河畔的郁郁葱葱之中,为万里锦绣江山平添了无限春色,以"天下名山僧占多"与众多的道教宫观媲美,享誉世界。

尤其是在中国大地上发挥了重要的向善作用的汉传佛教,坚信一种同体同悲的生命观,把任何一种生命的存在,都视为其它生命存在的休戚与共的必要条件之一,不得任意毁伤,更不能肆意杀害,故以"不杀生"为"五戒"之首,以"放生"作为恢复自然生物生态平衡的重要手段,显示出其独有关爱万物、关爱生态环境的生命观与生态大智慧。佛教大乘教义的核心是大慈大悲,众生平等,愿为普渡众生,出离人间苦海而竭尽全力。为此,佛教不仅肯定人性之善,更倡导佛性之悟,主张人们以佛眼般的智慧,看透万物在生命的轮回中互为因果,皆有因缘的普遍联系的关系,启发人类在爱护万物中修养善心,追求解脱,通过参悟万物的本真来提升生命的价值,创造美好的未来。

佛教的"缘起论"把自然生态和世界上的万事万物的"因"作为它们发生、发展的主要的条件,把"缘"作为其辅助的条件,认为主要的条件和辅助的条件都不具备的时候,就没有事物的存在;所以世界并不是神创造的,而是由各种各样的因缘、条件聚合而成的,从事物具备了足够的条件才能出现看,佛教的这一理论是完全符合无神论的。因此,不仅马克思曾于1861年5月10日,评价弗里德里希·科本所著的《佛陀》是一部很重要的著作;恩格斯也曾在在《自然辩证法》一书中谈到:"辩证思维——正因为

它是以概念自身的性质的研究为前提——只有对于人才是可能的，并且只对于相对高级发展阶段上的人（佛教徒和希腊人）才是可能的。"肯定了佛教徒是具有辩证思维的"相对高级发展阶段上的人"，这是符合以思辨见长的佛教特点的。

佛教本不尊偶像，不迷信，从不讲上帝创世说，认为世界是由地火水风这"四大"所构成的，因而万物在佛性看来是众生平等的，万物皆有生存的权利，而人类没有天生享有任意处决各类生物的生命的权利，故以佛教的生命观而论，大至巨象雄鹰，小至蚊蝇蝼蚁，都不可任意杀戮践踏，而要保持其生命的尊严和生存的权利，甚至不惜为此而牺牲自己乃至献出生命，并在佛教经义的话本里留下了诸如"舍身喂蚊"乃至"舍身饲虎"的故事。这对人们形象理解《涅盘经》有关："一切众生悉有佛性，如来常住无有变异"的教义，认同一切生命既是其自身，又包含他物，善待他物即是善待自身的佛理，是极具震撼力的。如台湾的佛光山，就是佛家同体同悲生态文化的样板。它使得佛教信徒并影响周边的人们，从善待万物的立场出发，培养珍爱生命的生态伦理。将佛教的慈悲向善作为修炼内容，以爱护万物的生态实践作为觉悟成佛的手段与途径，为在人与自然的关系上表现出来的慈悲为怀的中国式的生态伦理精神，注入了正信的宗教信仰的力量，客观上有助于国人通过利他主义来实现自身价值，走向生态文明建设的正确方向。

中国传统文化有"三教九流"之说。驾驶三套马车并肩驱驶的儒佛道三教，在老子所说的"和光同尘"——"三教合一"的文化互补轨道上，包容融合，以其各具特色的学术内涵、人生境界、生态道德，合成了中华民族古代社会的主流文化史，其以儒教最高称"圣"，佛教最高称"佛"，道教最高称"仙"，实际上皆由人修身养性、循道而为修成的"圣、佛、仙"，不是天生如此，而要靠自身努力，无人可替，这对中华生态文明建设而言也是颇有积极意义的。

从儒、道、佛"三教"的关系史看，确实如学者所说，经历了一个由魏晋南北朝的彼此独立，各传其教的初始阶段，到唐宋时期的彼此融通，相互借鉴，但还是各树一帜的中间阶段，到元明清实现了"三教合一"，整合升华的高级阶段。在这一漫长的历史阶段中，最大限度地关爱生命的佛家理论，得到反战爱民的道家，关爱民生的儒家的认同，强化了儒、释、道的宗教化和合流化进程。如北宋由儒入道，精通佛理的道士陈抟的《无极图》，以及从该图获得启示，以儒为主，兼熔释、道文化于一炉，用易理和道家术语阐述宇宙生成论的理学，其开创者周敦颐的《太极图说》，就来自道佛两

111

家的传承。道教全真道创立者王重阳的"三教合一"思想，数百年间传承不断，从文化认同心理，思想、理论、实践上打破了千百年来儒释道狭隘的门户之见。受三教合一影响的唐代诗人白居易与宋代大文豪苏轼，都是儒道释相融，青壮年得意时似儒家用世，修建西湖白堤苏堤，流芳百世；中年后失意时超脱似道家，逍遥自在，摆脱政坛斗争之险恶，晚年人去楼空时，虚空忘情似释家。兼具儒家之忧，老庄之玄，佛祖之空，诚为儒释道文化融合史上的士大夫范例。

佛教在三教互补中，依赖易学阴阳和谐的理论，得以在中华文化土壤上扎根、生芽、开花、结果的中国化中，升华为政府支持、民间认同的"人间佛教"，发挥着维系中华文脉、促进国家统一，建设生态文明的越来越明显的作用，被世人视为宗教对话的一个典范，一个在援易入佛后，接受易经变易学的启示，面对环境变化，不断适应大众文化心理需求，展现内在发展活力与人生智慧的伟大宗教；一种在当今的世界处于物质财富飞速发展的时代辅政而为，善于将科学技术创造的物质文明，由一种唯物至上的贪恋物欲的畸形文明，将人类向善本性潜隐遁形的文明，转化为净化人类本性，追求和不断积累精神财富的文明，帮助人们和谐相处的社会文明，建设人类生态文明的正信的宗教文化。

从生态文明建设的意义看，佛教是导人向善，给人信心，给人希望，给人欢喜的宗教，它历史上既反对杀生，更倡导护生，从来不反对科学。唐代的天文学家僧一行，与他人共同制造了观测天象的浑天铜仪、黄道游仪，是世界上第一位测量子午线的人。作为崇尚自然，反对肆意妄为，现存的中国宗教中唯一的本土宗教道教，早期曾经在自己的戒律中，吸收了佛教五戒中不杀生的重要思想。而以名教纲常为着眼点，提倡存天理，倡良知，尊老爱幼、怜贫恤孤、济世利人、端方正直，舍己利国、先人后己，助人为乐，抑恶扬善、积德向善、仁义礼智，孝悌廉耻，谦恭礼让、正大光明等美德的儒家，所提倡的虽比西方达尔文的"进化论"这一生物界的"硬件"规律要高明得多，被誉为符合人类本身善良本性的高级"软件"的完善有序的程序，但也只是以自我为中心的人类异于动物的文明标志。只有把仁爱善良、慈悲喜舍、大彻大悟、智慧圆满作为追求的目标的佛教，才是在赵朴初这样的大德引领下，最有希望在东西方文化融合融化的新世纪中，继续以往中国儒释道三教文化融化合一的轨迹，继续弘扬博大精深的中华生态传统文化，为人类新的生态文明做出应有的贡献的伟大宗教之一。

（二）诸子百家的生态国学理念

在生态国学的视野下，追溯诸子百家的生态国学的思想源流，绕不开春秋战国这一中国先秦思想界百家争鸣的立说分派时期，以及这一时期所产生，为后来中国学术史上称之为"三教九流"的绝大多数的学派。这就是儒释道"三教"中的儒道两教，以及儒家、法家、名家、杂家、农家、阴阳家、墨家、纵横家等合称"九流"的所有流派。这其中只有佛教，才是东汉后才进入中国的"三教"之一，是这一先秦影响中国古代生态文明最为深远，学派林立的伟大时代的外来户。

从"三教九流"中考察与生态国学关系较大的学派，最主要的自然是"三教"。即前边重点介绍过的兼采百家，尊道贵德的道家；祖述尧舜，宪章文武的儒家，以及强调素食、因果与轮回说，反对杀生的佛家。其次是崇尚神农这位传说中的农业和医药的发明者，反映农业生产和农民思想，主张劝耕桑以足衣食的农家；兼爱尚鬼的墨家、主张驳杂不一的杂家，善于观察星象，制定历法的阴阳家。再其次才是力主耕战的法家、主张连横或合纵的纵横家等学派。从学术渊源上，从黄老道家派生出来的法家学派，非常重视道的规律性，他们重点阐述的所谓"法术势"，也与黄老道家的"人君南面之术"相通。但法家没有黄老道家主张兼采百家的胸怀，反而主张禁绝百家，故在暴秦灭亡之后，很快被汉朝的新政权用黄老思想取而代之。

杂家的主张与兼收并蓄诸子百家的黄老道家也很相似，有一种斑驳芜杂的思想文化特色，如战国末年（公元前221年前后）由秦国丞相吕不韦组织自己的门客们集体编纂，观念驳杂，同样含有儒、道、墨、法、兵、农、纵横、阴阳家等各家思想，有"天下乃天下人之天下"等名言，又名《吕览》的《吕氏春秋》；以及《淮南子》和《晏子春秋》等书。在这一意义上，全心弘扬国粹的胡适先生在《中国中古思想史长编》中关于"杂家是道家的前身，道家是杂家的新名。汉以前的道家可叫做杂家，秦以后的杂家应叫做道家。"的观点不无道理，但如将道家与杂家完全混为一谈，则还可以商榷。

因为天下总道术在古代的学术萌芽期，诚如庄子所言，实为一家，后来才裂分百家。而这时就各有学说，各具面目，不可再简单归为混沌期的古道家了。如学术界一般都其归为杂家，主要著作大约成书于公元前475—前221年的秦汉时期，内容十分庞杂的《管子》，其中就既有法家、儒家、道家、阴阳家、名家思想，也有兵家和农家的观点，不可简单将其归为道家。

考察一个学派是否归于道家或杂家，不应主要以时间早晚为分界线，而应主要以其对"道"的认识和坚守为旨归。凡是将各家学说归拢一起，并列阐析如《管子》的，可归于杂家，凡是明确"道"为学术一统的，如《淮南子》等，则可归于广义的道家。

与道家关系同样密切的名家、墨家也一样。一方面，被归于杂家却有黄老道家思想的《管子》、《恒先》、《吕氏春秋》、《淮南子》等，都包含了大量的名墨思想，而黄老道家也确从名墨家吸取了不少有价值的思想，庄子的学术思想就是在与名家代表人物惠施的长期论战中形成的，此外还有传说认为老子的弟子文子也曾问学于墨子。另一方面，《墨经》中也包含有老子的一些思想片段，名墨两家的一些观点和著作，也都有赖于道家与道教的著作的引述才得以保存。其中都多少含有生态国学的理念，值得认真梳理。

墨家是一个有领袖、有学说、有组织的学派，其人物多来自社会下层，为了"兴天下之利，除天下之害"，宁可"赴汤蹈刃，死不旋踵"。他们理论联系实践，在生活上也倡导吃苦耐劳、严于律己，清贫俭朴、茅居薄葬，甘愿"摩顶放踵，利天下为之"，反对儒家强调的社会等级观念，以"兼相爱，交相利"，顺民心，忠爱民，修饥谨，救灾荒，尚贤、尚同、节用、节葬作为治国方法；以上本之于古者圣王之事，下原察百姓耳目之实，废以为刑政，观其中国家百姓人民之利，作为政治实践的结果是否符合国家和人民的利益的依据，这对我们检验今天生态文明的实践是否有利于家国，也是很有启示的。

以邹衍为代表的阴阳家，是吸收易经的阴阳说与道家的道德说，结合古代的天象、数术、阴阳与五行说，建构解说自然现象与变化法则宇宙图式；以土德、木德、金德、水德、火德的相继替代现象，作为天道运行，人世变迁，王朝兴衰的"五德转移"的结果，为当时社会变革的合理性进行论证，建立阐释宇宙演变和人类社会的王朝更替与历史兴衰的"五德终始"说，先秦诸家中唯一专精于天文历算，掌握了刘歆在《七略·术数略》中，所归纳的方士的六种术数，即天文、历谱、五行、蓍龟、杂占，以及包含了看相术和"风水术"的"形法"的一家的重要流派，曾被太史公司马谈在《六家旨归》中列为"六家之首"，对传承古代有关人是宇宙的产物，因此人的住宅和葬地必须与自然即风水相协调的风水思想，对后世生态国学观的形成，都有相当的影响。

在《管子》一书展现自我的农家主张，一是主张增产救灾，防范和减少水灾、旱灾、风雾雪霜、疾病、虫灾等"五害"给国家和民众带来的巨大损失。二是主张"农本商末",认定只有农业才是一切财富的基础和来源,是百姓生存的基本手段。百姓以谷为命,军队作为国家稳定的根本保障,也需要充足的军粮;只有农业才是和道德教化即今天精神文明建设的前提和保证,可使百姓民风淳朴,举止持重,不随意迁徙,避免商业投机行为,保证政令的推行,减少社会不安定因素;只有利用好阳光、雨水、土地等自然生态条件的农业生产才能收获,这就需要维护好"天—地—人"结合的三维结构,这对国人奠定古代生态文明的"天人合一"思想是很有意义的。

参考文献:

[1] 胡适. 中国中古思想史长编. 大家经典书系之一 [M]. 合肥:安徽教育出版社,2006.

[2] 马振铎. 儒家文明. 中国社会科学院世界文明比较研究中心. 世界文明大系之一. 儒家文明分册 [M]. 福州. 福建教育出版社,2008.

[3] 中国推动佛教与科学展开对话以共建和谐社会 [DB/OL]. 新华网. http://news. xinhuanet. com/newscenter/2009 – 03/29/content_ 11095824_ 1. htm/2013 – 12 – 5.

[4] 王志远. 般若三经的社会文化价值. [N] 人民日报海外版,2013. 6. 18.

[5] 成彦. 一部受到马克思重视的佛学专著. 佛陀的宗教 [DB/OL]. 中国佛教协会官方网. http://wuxizazhi. cnki. ne/Magazine/FJWH199303. html/2013 – 11 – 29.

[6] 为了永久的不悔 恩师季羡林先生的文学情缘 [DB/OL]. 中国网 http://www. 360doc. com/content/11/0206/22/2854289_ 91059837. shtml. 2013 – 12 – 5

[7] 佛法与科学 [DB/OL]. 百度文库. http://wenku. baidu. com/link? url = U3xrXL1J2jmLI5Thn58JcupKsaOxs8cl8bm0340POE – eHrYOGkfdcgICh – AuaISotKJDoTGh0t4BpJr – Sw1ZkTgSsFBI5JkwBi6xMTL3Z4e/2013 – 11 – 29.

[9] 马奔腾. 佛教与古代士大夫的生活 [DB/OL]. 人民网. http://theory. people. com. cn/n/2013/0911/c40531 – 22887325. html. 2013 – 09 – 20.

[10] 潘宗光. 佛教与科学 [DB/OL]. 智悲佛网. http://www. zhibeifw. com/fjgc/fjykx_ list. php? id = 10520. 2009

四、儒释道三教的生态风水文化图解

（一）儒家的生态国学观念

3.1 儒家"天人合一"的生态理念还有现实意义吗？

《易经》倡导，儒释道均尊崇的"天人合一"观，是中国古代体现最高价值与人生智慧的生态哲学，具有这一朴素观念的古人，狩猎时往往会"网开一面"，有意放一部分野兽逃生，捕鸟时也决不射杀春天里正在做窝哺雏的母鸟，具有《论语·述而》里倡导的那种"子钓而不纲，戈不射宿"的与万物和谐共处，豁达纯朴的生态观念。而今天常见的则是许多人"一网打尽""竭泽而渔"，卖祖宗地，吃子孙饭，不留余地，惟利是图，贪婪掠夺的心态，以及凡事喜走极端，把人类与万物绝对对立起来，不惜大砍雨林、围湖造田、毁草挖坡……使石屎森林厂房公路日益扩大而土地和物种急剧减少，陷万物和自身于困境中。由此可见，人类只有重新接受易经的"天人合一"观念，注重生物物种的生态保护与发展，能源和可再生能源的合理利用与开发，确立生态农业耕种和仁爱万物的精神，才能与万物和谐相处，永存于世。

图 3.1 "天人合一"生态理念至今具有现实意义

3.2　怎样认识古代建筑风水典籍的现代价值？

图3.2　体现风水理念的故宫大殿皇帝宝座

古代风水典籍要为今人所用，就要认真研读和梳理。因为属于中国传统文化领域的古代建筑风水学，产生于人类科学还没有专业系统化之前，由于历史局限，必然有着许多虚幻甚至荒诞不经的成份。取其精华，去其糟粕，用当代语言与科学理念去阐释传统思想，以更好地服务于社会，是从事中国传统文化与现代建筑学的专家学者共同面临的一个重大任务。首先，要跳出传统风水学的玄言怪圈，用浅显易晓的现代语言，让更多的人了解风水古籍精义及现代价值。其次，应善于以最新的科技成果去点化传统风水学，在新的历史条件下将传统风水学的精华发扬光大。最后，要适应当代城市建设、房地产开发的高速发展，研究面临的各种新的问题，将传统风水精华有机地融入当代建筑学之中。

3.3　读《易经》对研究儒释道生态风水有什么好处？

《易经》对研究儒释道生态风水具有指导意义。孔子说："《易经》，那是圣人用来推崇道德推广事业的啊。仰慕崇高的要仿效天，成就美德天性的必能久存，它是天道地义的大门。"在孔子看来，积累了相当的社会经验和书本知识后，君子静居而安读的，是《易》的卦序；所乐于玩味的，是卦的爻辞。所以君子安居读书时，就观察物象而玩味它的卦辞；行动时就观察物象的变易，而玩味事先占卜的结果，所以"上天保佑

图3.3　易经是成就美德和伟大事业的大门

他，吉祥而无往不利"。对当今企图以风水术去指导人们如何选择住宅和坟墓的君子来说，读易不应是学些皮毛的方法论，更是人生观和道德观的修养，它决定了风水师的为人、识见、业务水平高低和社会奉献大小。

117

3.4 生态国学的风水文化为什么要以《易经》为圭臬？

易家认为，从伏羲到黄帝、孔子，古人三番五次地考察卦象变化，穷极易卦象数，于是写成了天地大文章《易经》。它的易理是需要极深钻研才能探察其微妙处的宝藏，它深奥而能通达天下的志向，微妙而能成就天下的事务，神奇能不疾迫而迅速，不行动而到达。它创立卦象以说尽原意，设立卦爻以说尽事情真伪，撰写系辞以说尽变

图3.4　以易经风水指导修建的皇家园林

化，会通各卦以说尽利害，将天下风水信息与奥秘保存于卦象及卦辞爻辞中，将万物化生裁制保存于卦变中。所以，当今风水建筑学要以《易经》为圭臬，才能深明易理，使风水文化为人民建筑事业做出贡献。

3.5 学易能解开儒释道风水文化之谜吗？

图3.5　学易有助于解开中国风水文化之谜

儒释道文化在中国的发展传承，离不开中华易文化的滋养与启发。学易可以懂得如何修养易德，懂得儒释道高人大德对中华生态风水的真知卓见，有人生指南、心理咨询和风水理论基础之用；但它不能取代科学，不能解决当代风水文化建筑领域涉及的所有问题。《易经》积累了古人的丰富人生智慧与风水智慧，具有人类源头文化特有的无所遮蔽的澄明洞达，但还要在易学风水学基础上，吸收各门类科学知识，包括地球物理学、水文地质学、环境景观学、生态建筑学、气候气象学、宇宙星体学、磁向方位学、人体生命信息学、人居环境学、考古学、历史地理学等，才能对症下药，因势利导，解开古代儒释道的风水建筑之谜。

3.6 中华风水学对世界生态文明有重要影响吗？

图 3.6 中华风水学对世界文明有重要影响

风水学是易学的重要分支，是我国劳动人民长期社会实践中的智慧结晶，是我国建筑科学宝库中的灿烂明珠，对世界文明有重要的影响和贡献。如西方建筑学家就极力称赞我国风水学是中国古建筑学，完美而神秘的环境学，十分重视与推崇。就连美国前总统、高级官员、银行家、钢铁巨头、著名影星等，在购买房屋时，也都先请风水师考察后再买。哈佛大学等多家美国大学还设立了风水专业课。总之，风水学是应人类建筑文化需要而产生的，其丰厚深刻的建筑理念和生命智慧，当为全球有识之二所珍惜。

3.7 中国生态风水文化"申遗"谁能领先？

就在中国有识之士正计划为中国风水申请世界文化遗产之时，据称韩国已由其政府国情咨询机构之一的地理风水学会牵头，召开了"首届国际堪舆文化学术讨论会"，确定了韩国新国都的地址——前有明堂，后有靠山，风水上佳的燕歧公州，并计划完成"风水申遗"工作。这说明，文化影响无国界，以中国卦象为国旗的韩国，历史上长期受益于汉文化，其

图 3.7 中国风水文化申遗
在杨筠松家乡江西省兴国县启动

风水"申遗"不会改变风水文化源自中国的事实，却可能将风水文化亮相于世界，推进中国人对自己风水文化的重视和反思以及"申遗"进程。

3.8　中华风水学的伟大使命与现代意义是什么？

中华风水学担负着继承古代建筑学、星象学、堪舆学、营造学、园林学、人体生命信息学的精华，不断积累和参照今人丰富的建筑实践经验，吸收现代地质学、地理学、气象学、生态学、景观学、建筑学等多种学科的相关知识，融汇古今中外哲学、美学、伦理学、社会学、文化学以及宗教学、民俗学的智慧，构建内涵丰富、体系完善，将自然科学、社会科学和人文科学合为一体的有机建筑学的伟大使命。这对打破长期以来只从个别学科和单一功能去设计建筑物，很少考虑建筑物与自然环境和谐社会关

图3.8　中华风水建筑文化是一座宝库

系的西方建筑理念的束缚，形成符合民族审美习惯与天人合一和谐生活需要的人类建筑新风格，将具有重大而积极的现代意义。

3.9　中华生态国学注重生态和谐吗？

图3.9　中华大地处处有注重生态和谐的建筑群落

是的。必须看到，宇宙亿年演化，人类赖以生存的地球，由于近代以来世界工业对林业资源、水利资源、土地资源、矿产资源的滥采开发，生产时释放的过量有害气体，已经造成了森林毁灭，草原沙化，黄河断流，长江裹泥，水土流失，水质恶化，水源枯竭，鸟鱼绝迹，生态失衡，大气污染、气候变暖、冰川融化、海水升高、臭氧层空洞……等等严重后果。人们越来越清楚地意识到环境恶化对人类生存的严重威胁。获得数十个国家支持和签署的《京都协定书》，确定了六种温室气体要加以切实监控，这是一个进步。但这仅仅是生态文明的一个方面，只有将千百年来保护了中国生态文明的风水学发扬光大，并在吸收了现代科学精华的基础上加以正确运用，才能真正实现保护人类生存环境的宗旨。

3.10　中华生态风水学有心灵抚慰作用吗?

图3.10　寓意吉祥的风水布局具有抚慰人心的作用

中华风水学通过对人类建筑物的内部环境和外部环境包括生气、方位、吉日、摆设、位置、风流、水气、阴阳等各类明显或潜藏的因素的优选、调试,力图达到"天人合一",藏风聚气,家庭和睦,身体健康,身心和谐的目的以及住宅功能的最优化。这些借助了传统文化生命智慧并尽力融入当代建筑文化精华的生态预防与补救措施,虽然不一定都能马上见效,但却可能在一定程度上起到某种心灵抚慰作用,它能使现代人躁动不安,迷惑不解的心灵焦虑得到缓解,客观上有利于人们的身心健康,这也是风水学的现代价值之一。

3.11　《易经》只是儒家的治国经典吗?

现在通称的《易经》,包括了经文和易传两个部分。《易经》的卦辞据说是周文王在囚居羑里时所写的,而"爻辞"据说是周公写的。至于《易传》,包括彖传、象传、文言、系辞等"十翼",司马迁认为是由孔子所写。从《易传》本身的各篇内容看,在卦序排列,卦义阐析方面,互相矛盾处很多,文风也很不一致。这一点早已经为历代许多学者指出。可见《易经》绝非一人所作。从《易经》的精深广

图3.11　体现儒家忠勇精神的解州关帝庙

博思想看,它虽被儒家尊为五经之首,却绝非只是代表儒家治国思想的经典,而是涵盖百家,对道家、墨家、法家、兵家、名家、阴阳家、杂家、医家以及风水家等都产生了深刻影响的中华文化思想源头,所以精通《易经》者不宜一概称为"儒家",而应称为兼通道、法、儒、医、相以及风水的"易家"当是。

3.12 儒家对中华风水学的健康发展有影响吗?

《周易》的象传、象传、文言、系辞等，相传是由儒家祖师孔子或他的弟子所写。由于《易经》博大精深，被儒家尊为群经之首，得到了数千年封建社会主流文化的肯定，这对于以易经为哲学指导思想的中华风水文化的发展，自然会产生深远的影响，形成了重视人伦亲疏，尊卑秩序和中正对称，细部雕琢，富丽堂皇，华贵威仪的儒家建筑风格。如以故宫、天坛、地坛、皇陵、祖庙、孔府、祠堂、

图 3.12　儒家对中华风水学的健康发展有深刻影响·北京孔庙

牌坊等为代表的中华古建筑所蕴涵的尊卑观、天地观、阴阳观、伦理观、家族观等，都体现了儒家的礼仪伦理精神。同时，儒家不语怪力乱神的文化见解，对去除风水迷信中的糟粕，也有积极的批判作用。

3.13 "位"在易理和风水中代表什么?

图 3.13　错位次第排列的楼宇

"位"是易理和风水的重要概念，每个卦的六个爻由下而上，代表了"初、二、三、四、五、上"共六个"位"。至于"爻位"的具体含义，可谓众说纷纭。一般认为，下卦即内卦的前三位分别代表天地人三才，上卦即外卦的后三位分别代表臣君和退位尊者。以发展的眼光看，初位是发端、二位是进展、三位是转折、四位是延续、五位是成功、上位是结束并转变。"位"的伦理意义与进化意义对中国风水建筑的伦理规范有深刻影响。如对居尊者位置、朝向、层级和住所的强化突出，以形成对卑下者的统领和威严等。

122

3.14 居中与适中的易理与风水有关系吗?

图 3.14 故宫中轴线上的宫殿

位居一卦中位的二、五爻叫"居中"。居中的各爻一般居于决策的主动地位，故只要做到当位、中正、无偏，都会取得较好的成绩。居中的易理由儒学发展为中庸之道，由风水学发展为适中的原则，在风水建筑实践上具有重要的意义。所谓"适中"，在风水意义上首先是居中，以便于控制和影响周边地区。中国历代的都城之所以大都选择在国家之中心，就是这个道理。《太平御览》卷说："王者命创始建国，立都必居中土，所以控天下之和，据阴阳之正，均统四方，以制万国者。"洛阳之所以成为九朝故都，原因在于它位居天下之中。级差地租价就是根据居中的程度而定的。银行和商场也只因设在闹市中心而获得最大的效益。

3.15 乾卦的风水关键词是什么?

乾卦的风水关键词是"天"，以及与天空，气象，天象，天文相关的一切；它在时间、物象、节气和方向上代表白天，龙，隆起，冰，立冬，西北等；在五行和色彩上代表金，大赤；在易理性质上代表强健，主动，顺天应人，阳气，生气，头部，以及家中严父等；在风水建筑上代表了生气蓬勃，天花，

图 3.15 乾纲独断的皇宫

屋顶，上房，书房等。这些都是风水乾卦总纲的要义所在。

3.16　故宫是按照离卦风水观修建的吗?

北京故宫原是明清两代皇宫的紫禁城。它坐北朝南，格局宏大，严谨有度，是按照皇帝居中，惟我独尊，万方来朝的风水观修建的。天坛的那座斋宫坐西朝东，与故宫的坐北朝南很不一样。则是因为当时的风水建筑师认为，皇帝到天坛祭天，尊苍天为父亲，皇帝只是天子，所以儿子在父亲面前自然不能坐北朝南，自居尊位，否则就违背了敬天的礼制。而明代永

图3.16　按离卦风水观修建的故宫

乐年间修的奉天殿、华盖殿、谨身殿的三殿基座呈一"土"字形，则体现了五行之中，土居中央的风水思想。

3.17　"八卦"各自都代表了什么家族风水理念?

图3.17　八卦家族图

乾、坤、震、巽、离、坎、艮、兑诸卦，分别代表天、地、雷、风、火、水、山、泽等八大自然现象，也可以比附人的头、腹、足、股、耳、目、手、口等器官，或大家庭里的父、母、长男、长女、中男、中女、少男、少女等八种成员，以及动物中的马、牛、龙、鸡、豕、雉、狗、羊等等。此外，它们还分别象征了金木水火土五行和四面八方诸方位，代表了立冬、立秋、春分、立夏、冬至、夏至、立春、秋分等节气，分别具有健、顺、动、入、陷、丽、止、说（悦）等性质，和金、黑、玄黄、白、赤等诸多颜色。"八卦"所代表的卦象是易理思维的基础，明白八卦的内涵、性质和所指，有利于了解卦辞和爻辞的含义，并与风水学的有关概念有机结合起来，达到因地制宜，因势利导，屋吉人安的目的。

3.18 八卦在大易风水世界起到什么作用？

图3.18 易经九五之尊说与皇帝宝座

"卦"有悬挂展示的意思，与"挂"通而与"卜"有关。"卦"作为《易经》系统的基本组成单位，有8经卦和64重卦之分，是易理变化的基础，也是根据卦象卦意，理解易经风水学的关键。据《易经》阐说，由阴阳交合而成的八纯卦，"范围天下之化而不过，曲成万物而不遗，通乎昼夜之道而知"（《易·系辞传上》），具有涵盖时空、风云变幻，揭示万物本性的宇宙全息功能，构成了打通自然科学与社会科学领域，易知有亲，易从有功，得天下之理而用，体大思精，宏制妙裁，无所不包，变幻无穷的大易世界，是揭开风水现象奥秘的宝鉴。用《说卦传》的话说，那就是："八卦排成阵列，各种卦象就在其中了；把它们重叠组合起来，386爻就在其中了。刚爻柔爻互相推演，易理变化就在其中了。"

3.19 为什么"天坛"占地比故宫还大？

风水认同天人感应，皇帝自信"受命于天"。自明至清，历代皇帝都把天坛作为祭天圣地，其占地面积也超过故宫，以示天子尊天之意。天坛主要建筑有祈年殿、圜丘、皇穹宇和斋宫等。皇帝祭天时仪式庄严，场面浩大，数千人队伍绵延数里，百官午门跪拜送迎。圜丘坛和祈谷坛之间的大道高4米，下有券洞，故名丹陛桥，北行时步步登高，如临天庭。祈

图3.19 北京天坛的雄姿

年殿用于正月祈谷，殿内28根金丝楠木大柱寓意深长：内圈四根寓意春夏秋冬四季，中圈12根寓意12个月，外圈12根寓意12时辰以及周天星宿。殿外的燔柴炉是祀天时燔烧牛犊以迎天神处。皇穹宇是供奉祀天大典所供神版的殿宇，木拱结构，蓝瓦金顶，精巧庄重。

3.20　明朝后来为什么要建都北京？

朱元璋登基后从中国龙脉与帝都风水学的观点看，早就有意建都北京。但当时大臣们大都认为，元朝建都北京，一败涂地，说明地气已尽；何况古人说建设国都"在德不在险"，南京是兴王本基，皇家宫殿已经建成，何必改建它都？加上战事还未最后结束，不必耗费国库钱财，轻易移都北京。朱元璋只好暂时放弃移都打算。

图 3.20　北京天安门

但北京依山凭眺，俯视中原，"近可接陕西中部延续尧舜周朝之文脉，远能控长城关隘树立御边拒敌之武威"，毕竟比明初国都金陵城更显帝都雄风，所以后来明朝统治者最终还是把都城移到北京了。

3.21　为什么中国古建筑大都是因地制宜的楷模？

图 3.21　因地制宜的九华山佛寺古建筑

中国现存许多古建筑大都是因地制宜的楷模。这是因为中国是个相信风水的国家，而因地制宜正是中国建筑风水思想的精华。它主张根据地理地势的实际情况，采取因势取形的建筑方法和民族样式，使人居建筑回归自然，配合地形，反朴归真，天人合一，这也正是风水学的真谛所在。如湖北武当山作为道教名胜建筑之地，明成祖朱棣当初派三十万人上山修道观庙宇时，就命令不许劈山改建，只许随地势的高下砌造墙垣和宝殿。这也正是中国许多著名佛道胜地的共同特点。

3.22 什么是生态建筑审美标准的"适中说"？

图3.22 图为适中大气，符合适中审美标准的古建筑

根据坤卦《象传》提出的"黄裳元吉，文在中也"的重要易理，所推出的风水学的"适中说"，讲究房子高低、藏露、幽静、大小、雅俗的恰到好处，不偏不倚，不大不小，不高不低，择良优化，以"适中"为至善至美。用《管氏地理指蒙》的话来说，那就是"欲其高而不危，欲其低而不没，欲其显而不彰扬暴露，欲其静而不幽因哑噎，欲其奇而不怪，欲其巧而不劣。"这就形成了一种以适中为美的中华风水美学，影响了儒道释各家的建筑风格。

3.23 什么是帝都风水的"居中说"？

帝都王城择地的"居中说"，对关系国计民生的一国之都的选址是极为重视的。它主张国都择地应该在通览全国地理形势的前提下，遵循"居中"一统辖制天下的原则。《太平御览》所说的"王者命创始建国，立都必居中土，所以控天下之和，据阴阳之正，均统四方，以制万国者。"说的正是其中的道理。考察中国历代的都城，一般都是当时一国一朝的居中之地。如洛阳之所以成为九朝故都，原因在于它位居当时王者心目的天下之中。

图3.23 故宫中轴线上的端门

3.24　什么是生态国学开埠立城的"居中说"？

生态国学的开埠立城，择地建市的"居中说"，主张大小城市都应该尽量成为所管辖地域的中心城市，以更好地发挥其经济文化的辐射作用和政治中心作用。广东省城为什么不选择南部香港、北部韶关、东部潮州、西部雷州一带而选择粤中核心地带的广州，江苏省城为

图 3.24　根据居中说建城的西安

什么建在南京而不选扬州或上海一带？云南省城为什么选择昆明而不是大理？都是因为其它城市的地点处在一省边缘，而广州、南京、昆明的所在处于全省中心，有利发挥中心城市功能的作用的缘故。

3.25　什么是城市建设的"中轴说"？

图 3.25　广州新中轴线建筑群

城市建设的"中轴说"，是城市"居中说""适中说"原则的合理演绎。它要求设立城市中轴线并突出全城的政治经济文化中心。具体要求是在全城的风水景观规划中，设立一条与地球的经线平行的中轴线。其北端最好是绵延高耸的山脉，其南端最好有开阔宽敞的平地，蜿蜒的河流，以形成丁字型组合的"四象"格局。中轴线上布建的城市中心标志性建筑物，要由城中心向南北两端延伸，中轴线两旁的城区布局要相对整齐，附加设施要紧紧簇拥轴心线向外扩展。这正是西安、北京、广州等许多古城的共同特点。随着城市的扩建，在原有城区基础上也可能产生新的中轴线，以适应城市面积与功能扩大的需要。

3.26 楚昭王豪夺风水宝地说明什么?

图3.26 道教看护风水宝山的神灵

湖北省武昌城外的龙泉山峻峭高耸,风水极佳,被封为楚昭王的朱元璋第六子朱帧自然想挤占一块好地。但他好不容易派风水师在龙泉山寻得一块宝地,却不料汉高祖早将这块地赐给樊哙了。后来,有个风水先生为讨好朱帧,偷偷在樊哙墓前埋下石碑,刻上"此处本是昭王地,暂借樊哙千余年,今日时至期已满,樊哙迁移到东边"的碑文,然后欺哄众人挖出石碑,逼得樊哙后代无话可说,只好东移棺椁,让朱帧葬在原樊哙墓地。但这块风水宝地其实正宣告了阴宅庇佑子孙说的破产。试问如果宝地有灵,樊哙又哪能被朱帧挤走呢?

3.27 明朝建都金陵作了那些风水改造?

明朝开国皇帝朱元璋在建都金陵(南京)时,着实为都城的风水和选址花了不少精力。传说他发现金陵城外的山峰,大都面向城内,有伏首朝拱之意。只是牛首山和太平门外的花山,却总是背对城垣时,竟然命令刑部带着刑具,将牛首山痛打了一百棍,又在山头牛首处凿开岩石数孔,用铁索穿过锁洞,使山头形势转

图3.27 人造风水瀑布

向内。还让人在花山大肆采樵砍伐,不让山上有翠微生色。以今人的眼光看,如果真有这样的事,当然是徒劳无益的。因为它既无法做到让高山真正转向,又破坏了山林风水,只是一种惟我独尊的心理安慰而已。

3.28　岳阳楼是如何为洞庭湖增光添彩的?

湖可以为名楼添色,人可以为湖景增光。两者交融生辉时,可谓各臻其美。如洞庭湖畔,衔远山,吞长江,浩浩汤汤,横无际涯,朝晖夕阴,气象万千的岳阳楼大观,更是其中佳例。据宋代郑民瞻所撰《重建岳阳楼记》记载:由滕子京主持修建的宏丽岳阳楼,就以一代名相范仲淹浓墨重彩,情深意长,文思高远,字字珠

图3.28　洞庭湖畔岳阳楼

玑,生动精妙的"范记",苏舜钦清瘦劲健的"苏书"石碑,冲素处士邵 悚别具一格的"篆额",与岳阳楼号共为奇观,令岳阳楼"天下四绝"名 传遐迩,与洞庭湖景相得益彰,辉映千秋了。

3.29　西湖为何要兴建"苏堤"?

图3.29　西湖堤坝秋景

流芳百世的"苏堤",因杭州人民纪念苏东坡主持完成了这项著名民心工程而得名。这项治理西湖的工程启动于1090年4月,耗时半年,一共调动了20余万工,挖了25万丈土,并在挖出的湖泥葑草堆积的长堤上,夹种花柳,以固堤坝,以美湖容。其修建原因,正如当年地方主政者苏东坡应杭州居民恳请,在给皇帝上书的《杭州乞度牒开西湖状》中所说,是因为西湖有

水产、饮用、农田灌溉、内河航运、酿酒等五项重大作用,决不可废之故。

3.30 杭州人为什么怀念修"白堤"的白居易？

图 3.30 西湖翠绿湖景

西湖有一条与苏堤齐名的长堤，堤上曾经绿杨成荫，远望其最东端的一座著名的断桥边，可看见碑亭和水榭"云水光中"。它建在断桥路口边，有敞开式的面水轩，四面设座，人声鼎沸，境界优美，可以南望雷峰，北观保俶，观月赏景，将西湖风光一览无遗。而由唐代诗人白居易当年整治西湖时，所修造的这一白沙堤，正是他出于对民生的考虑所建。所以他离开杭州时还深情地对送别的州民说："唯留一湖水，与汝度荒年。"这也正是千年过去，白堤仍然保留为西湖美景之一，白居易还至今为杭州人民所深深怀念的缘由!

3.31 儒商风格的客厅如何才有所谓"靠山"？

艮卦风水纲要认为客厅的财位最为重要，事关全家的财运、事业、声誉等，所以需要找好财位的靠山，让财位的背后依托坚固的如山之墙，这才是有所谓的靠山可倚，后顾无忧，藏风聚气的象征。如果反其道而行之，让财位背后留置透明的玻璃窗，或干脆空置，则会泄气漏财，难聚财富。如财位恰处通道，无墙可倚，则可放置山水屏风为靠山，也可形成财位靠山之象。

图 3.31 儒商客厅的靠山

3.32 儒商大门设计与所谓财位有关系吗?

风水术认为,大门与财位的关系非同一般。财位一般设立在中门的两侧,或在边门的对角线上。也有主张座北朝南的财位在东北,座东朝西的财位在西北,座西朝东的财位在南方,财位处不可空缺的。其理由是,大门如果正对的窗口太大,门窗间形成直接的空气对流,就会泄漏财气,对家居不利,所以要以窗帘或屏风、组合博古柜、展示柜等来阻隔。此外,所谓财位还忌压、忌空、忌冲、忌水、忌火、忌污、忌暗,喜生

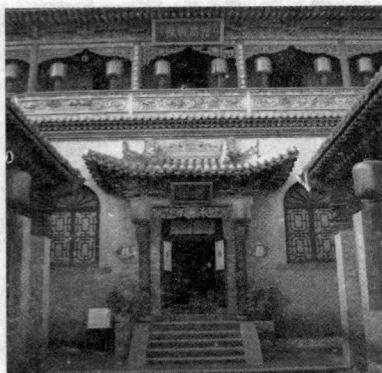

图 3.32　重视财位的乔家大院门

旺,因此要清除财位周围或压在财位上面的杂物,还要防止财位正对尖锐物,或摆在鱼缸边、厨房边、厕所边、餐桌边,靠在不坚固的墙边与黑暗角落里;要时常保持大门边和财位上植物的生旺气,去除枯枝败叶。

3.33 中国古代美学对当代园林风水有影响吗?

图 3.33　现代小区内的苏式古典园林

从中国典范性园林风水建筑看,所受易家美学、儒家美学、道家美学与佛家美学的影响是极为深刻的。特别是一些著名的诗人画家也兼工造园,将其美学理念融入到园林文化中,体现出深厚的民族美学的渊源与传统,且受中国山水诗、山水画的美学思想影响甚深。如以画入诗而知名的盛唐诗人王维,独力监工修建的辋川别业规模大,景致多,

受到同代诗人裴迪的赋诗赞咏。再如中唐诗人白居易建庐山草堂,以返璞归真,与大自然融合为美,正与其平易淡雅的诗风相合。此外,象北宋修建济州东皋园的晁无咎,南宋堆造有园林假山百余峰的俞氏园的俞徵,元代的倪云林、顾阿瑛、曹知白等,也都是美术家而兼园林设计知名的。

3.34 皇家园林的"三山五园"格局是如何形成的？

图 3.34 皇城园林山景远眺

北京皇家园林是中国园林艺术的最高典范。清代对北京城建的最大贡献，就是建成了香山、玉泉山、万寿山以及畅春园、圆明园、静明园、静宜园和颐和园等"三山五园"的格局。其中最早修建的畅春园地处北大、清华一带，现仅存恩佑寺山门和恩慕寺山门等建筑。圆明园倾国之力，经 151 年建成，人称万园之园，毁于帝国主义侵略战火。颐和园被英法联军破坏后又重建，是慈禧、光绪 20 多年间居住、处理朝政的清政府的政治中心，主要由万寿山和昆明湖组成，集中了全国园林艺术的精华，构思巧妙，以 728 米长廊将园内景点有机地联系起来，烘托出园林湖光山色，交相辉映的整体之美。

3.35 为什么说拙政园名冠江南？

拙政园位于苏州古城区。明正德四年初建时有 13 公顷，浚沼成池，竹树野郁，山水弥漫。其特点一是因地制宜，以水见长，池广林茂；二是疏朗典雅，天然野趣，景色自然；三是庭院错落，曲折变化，疏朗开阔；四是园林景观，花木为胜：春茶如火，玉兰如雪，夏荷亭亭，秋蓉锦帐，冬梅偃仰，独傲冰

图 3.35 拙政园一景

霜，有泛红轩、至梅亭、竹香廊、竹邮、紫藤坞、夺花漳涧等景观，至今仍以荷花、山茶、杜鹃等著名的三大特色花卉，保持着以植物景观取胜的传统。显示出拙政园高妙自然的园林艺术以及江南私家园林的历史成就，在中国造园史上占有的重要地位。

3.36　为什么说留园"园中有园"?

"留园"取"长留天地间"之意，始建于明代，至 1953 年政府拨款抢修而重放异彩。全园入口虚实变幻，收放自如、明暗交替，欲扬先抑，幽蔽曲廊，古木交柯，漏窗绿荫，豁然开朗。中部以山池为中心，环以楼阁，明洁清幽，枫林满山。假山造法精妙，石峰耸拔，古木茂盛，北陡南缓，迂回曲折，极富层次。兼以山石瘦皱，纹理纵横，奇伟秀

图 3.36　留园"园中有园"

丽。建筑以华美称胜，紧临水面，布局得当，雕梁画栋，富丽堂皇，精细雅致，实为古典厅堂建筑精品。植物造景更有"奇石尽合千古秀，桂花香动万山秋"之美，画意盎然，返璞归真，青枫银杏，红叶似锦，黄叶金灿，秋色醉人。全园以廊为脉，风亭月榭，奇石清流，佳木异卉，随处可见，确不愧为园中有园，景中有景的江南名园。

3.37　为什么说清晖园匠心独运?

图 3.37　清晖园美景

清晖园位于广东顺德大良，园内银杏千秋，百龄龙眼，玉棠春湍，沙柳飘扬，假山叠石，金鲤戏波，庭院深幽，步移景换，格局壮观，曲径回廊，妙联佳句，工艺精品，灰塑木雕，装饰性玻璃陶瓷等，随处可见，意趣盎然，真可谓集明清文化，岭南风情，江南园林，珠江水乡诸多特色于一体，如诗如画，匠心

独运的岭南四大名园之一，在国内也被列为中国十大名园之一。

134

3.38 为什么说粤晖园是新岭南古典园林？

图 3.38 粤晖园一角

广东省东莞市粤晖园建有仿明皇宫风格和采用岭南建筑符号的"东正门"，和造型优美，桥分印月、无香两湖的"归水桥"，可容千人的歌剧院"南韵馆"，寓意步步登高的"五元坊"，以及繁文馆、百蝠晖春砖雕壁画等。因园内集岭南古典建筑、戏曲艺术、园林艺术、民俗风情于一身，远近闻名，游人如织，荡舟其内，看庭院建筑古朴典雅，生闲情逸志意趣盎然，而被称为岭南文化新古典园林的旅游胜地。

（二）道家的生态国学观念

3.39 道家对中华风水学的创立有贡献吗？

道家始祖老子所说的"道"，至大至微，至精至妙，涵盖万物，通达神明，自然影响了中华风水之道。老子推崇的"道法自然"、"长生久视"和"上善若水"，尊重自然规律，重视生态和谐，保持身心健康，追求延年益寿，将无所不入无坚不摧的生命之水，提到了哲学高度，对人修身养生的启悟，风水生气的妙用，均有深刻的影响。从魏晋以来退隐文人的园林建筑讲究依山傍水，野芳秀木，床亭静阁，

图 3.39 道家对中华风水学的创立有重要贡献·老子升仙台

气韵生动，虚实相生的灵活布局，以及由道家派生的道教在全国各地风景绝佳处，建立的三清五岳宫观以及"七十二洞天三十六福地"看，也都显示出崇尚自然，清幽柔静，质朴高妙，天人合一的道家建筑风水文化精华。鲁迅认为，中国文化的根柢在道教。可以说，不了解道家建筑风水的深弘内涵与丰富象征意义，就不了解中国风水文化的悠久传统和神奇奥秘。

3.40　植物五行可优化园林风水吗?

中华风水注重金、木、水、火、土间的相生相克,主张利用植物五行来改变园林生态风水,做到风生水起。具体做法是将植物区分成金、木、水、火、土五大类,依据屋主命相五行来选栽相生非克的植物。具体分类可以参照如下:

图3.40　五颜六色的五行植物

金:黄色花卉,以发财树、万两金、金钱树、水仙、黄橘最佳。

木:绿色植物,以木本种子植物为主,喻"发"之意为好。

水:水栽植物,以蓝色或透明玻璃花瓶,插放福寿竹、万年青等为上。

火:开花结果的植物,选红色花瓶,种火鹤花、蝴蝶兰、凤仙花为妙。

土:室内耐阴植物,用黑色花盆,种绿宝石、仙人掌、龟背竹等为高。

3.41　生态风水学主张重风重植物园林吗?

图3.41　疏落有致的园林植物群落

清人范宜宾所谓风水为地学之最重的说法,其要义就是强调风水要做到风生水起。而巽卦风水学则一贯主张藏风聚气、重视植物园林,强调因地制宜,观天顺变,通过探测风向气流,合理选址与规划建筑,努力使生活其间的人与动植物等,均获得源源不断,蓬蓬勃勃,欣欣向荣的生气,以摆脱和避开使其郁闷患病,枯萎衰败的萧杀之气。可以说,凡依照巽卦风水学原理修建的堂舍楼馆,花木园林,大都可让人一入其中,就深感风物宜人,生气勃勃,神清气朗。

3.42 《六十花甲纳音歌》可推出所谓五行命属吗?

图3.42 道教元辰宝殿里的六十甲子神

天干与五行的对应关系,可以见于《六十花甲纳音歌》。其为甲子编年法所制定的五行相配口诀是:"甲子乙丑海中金,丙寅丁卯炉中火,戊辰己巳大林木,庚午辛未路旁土,壬申癸酉剑锋金。甲戌乙亥山头火,丙子丁丑涧下水,戊寅己卯城头土,庚辰辛巳白蜡金,人物癸未杨柳木。甲申乙酉泉中水,丙戌丁亥屋上土,戊子乙丑霹雳火,庚寅辛卯松柏木,壬辰癸巳长流水。甲午乙未沙中金,丙申丁酉山下火,戊戌乙亥平地木,庚子辛丑壁上土,壬寅癸卯金箔金。甲辰乙巳覆灯火,丙午丁未天河水,戊申己酉大泽土,庚戌辛酉钗钏金,壬子癸丑桑拓木。甲寅乙卯大溪水,丙辰丁巳沙中土,戊午己未天上火,庚申辛酉石榴木,壬戌癸亥大海水。"根据歌诀再结合12生肖属相,可以看出该人的命相。

3.43 怎样看所谓的"在太岁头上动土"?

根据五行相克原理,木方能克土。所以古人认为,五星里的木星,而不是土星,掌管着人们"动土"的命运。实际上,浩瀚宇宙里,木星是太阳系里最大的行星,每12年绕太阳公转一周,这也就形成了以木星的每12年的公转为一个周期的12生肖轮回观。由于木星能量巨大,被尊为岁星,对风水环境中的建筑物而言,木又与土木工程有关,只有木才能把地上零散的土石,支撑结合成房屋宫室,建筑往往又被称为土木工程

图3.43 正在动土施工的工程机械

或大兴土木,所以形成了人们对掌管年岁和克土之木的岁星的崇敬。这样一来,在岁星即"太岁"当头的时候,做所谓"在太岁头上动土"的蠢事,自然是凶祸难当了。在科学昌明的今天,我们固然不可固守陈说,自缚手脚,但也不可轻易看轻其中的天象运转奥妙和建筑工程的慎重性,尽量避开可能产生种种险阻的不利的时机去赶建住宅。那些不绝于耳的桥塔楼倒的惨剧发生,除了贪污腐败造成偷工减料的质量问题外,不少都往往是人们违背了工程建筑稳妥进行的工序工期要求,一味赶工超期所造成的。

3.44 怎样看 12 生肖和所谓的五行命相?

传统风水很注重生肖五行与环境的和谐,追求人心理上对环境的认同。根据 12 生肖判断五行命相很简单,只要看你出生的农历生肖是什么,再结合《六十花甲纳音歌》里每年的五行属性就可以知道了。统计起来,其中属于金命的有:甲子金鼠,乙丑金牛,壬寅金虎,癸卯金兔,庚辰金龙,辛巳金蛇,甲午金马,乙未金羊,壬申金猴,癸酉金鸡,庚戌金狗,辛亥金猪。属于

图 3.44　道观供奉的 12 生肖像

水命的有:丙子水鼠,丁丑水牛,甲寅水虎,乙卯水兔,壬辰水龙,癸巳水蛇,丙午水马,丁未水羊,甲申水猴,乙酉水鸡,壬戌水狗,癸亥水猪。属于木命的有:壬子木鼠,癸丑木牛,庚寅木虎,辛卯木兔,戊辰木龙,己巳木蛇,壬午木马,癸未木羊,庚申木猴,辛酉木鸡,戊戌木狗,己亥木猪。属于火命的有:戊子火鼠,己丑火牛,丙寅火虎,丁卯火兔,甲辰火龙,乙巳火蛇,戊午火马,己未火羊,丙申火猴,丁酉火鸡,甲戌火狗,乙亥火猪。属于土命的有:庚子土鼠,丁丑土牛,戊寅土虎,己卯土兔,丙辰土龙,丁巳土蛇,庚午土马,辛未土羊,戊申土猴,己酉土鸡,丙戌土狗,丁亥土猪。

3.45 八卦与风水方位的关系如何?

图 3.45　道宫穹顶的八卦图

八卦与风水学的方位可以一一对应,其中有两种基本的方法。相传由伏羲发明的表示方位的方法是:乾为南,坤为北,震为东北,巽为西南,离为东,坎为西,艮为西北,因时间在前,被称为"先天八卦"。另一种更常用的八卦方位法相传由周文王发明,它以周国所在的西北为尊,判立四方,因时间在后而被称为"后天八卦"。其方位的具体排列是:离为南,坎为北,震为东,巽为东南,兑为西,艮为东北,乾为西北,坤为西南。八卦与方位的结合,为风水方位论打下了坚实基础,并在风水实践中形成了一整套日趋完善的方位择吉理论。

3.46 易道所描绘的大易宇宙是怎样的一幅图景？

图 3.46 易道宇宙风水观演绎出雄伟的古建筑群

易道所描绘的大易宇宙是这样的一幅演变生成图景：《易》有太极，产生天地两仪，两仪生出春夏秋冬四象，四象生出天地雷风、水火山泽等八卦。而正是因八卦的组合、畅通，因应天地四象四时的变化，造成了日月高悬，照明一切，万象更新的大易宇宙图景。天下没有比日月更大更明的了，事理没有比大易更深奥更明白的了。所以观察大易宇宙的变化，准备知识和器物加以推广应用，就可以探究风水的奥秘，达到远大的目标，成就天下的伟大事业了。

3.47 卦真能为道教推断所谓风水吉凶吗？

易家认为，法则现象没有比天地更大的，变化畅通没有比天地四时更大的，创立成熟的思想以为天下锐利武器，没有比圣人更伟大的。探究万物奥秘追索隐密的道理，钩校深邃的道坦以达到远大的目标，判定天下事物发展的吉凶趋势，能成就天下的伟大事业的，没有比易理更博大的了。圣人根据天道制定易理法则，用易卦来仿效它，用卦象揭示它，用系辞告诉人们如何处世行事。

图 3.47 易经卦义有助于道教推断所谓风水吉凶

卦和卦辞揭示了趋吉避凶的易德规律，对风水文化也有根本的指导，所以能下判断，推演断定风水吉凶，产生伟大业绩。

139

3.48 什么是生态风水学的"相地如相人"?

朴素浅显而又奥妙神奇的"相地如相人"的古代风水学建筑理论，根据将大地与人体相比来考虑各种因素，主张择地建设的理想居所，必须在山脉流布的"结点"——"穴"位上，即对应人体的各部位所确定的最佳的建房处。具体来说，其分布在山地平原龙脉的"龙穴"好地，一是在头部，二是在脐眼，三是在阴部。比如说山的高处是头，那么"上聚之穴"

图3.48 丹霞仙女卧锦江

的位置就如孩儿头部的微窝处，即山顶穴；"中聚之穴"的位置就在山的中部，即人的脐眼处，两旁伸出"两手"即龙虎两山；"下聚之穴"就在山的下部，即人的阴囊处，旁边类似两足的即青龙白虎二山。

3.49 中国道教为什么尊崇"五岳"?

图3.49 西岳华山巍然雄姿

"五岳"由东岳泰山，西岳华山、南岳衡山，北岳恒山和中岳嵩山组成。泰山如坐，位于山东泰安市，是五岳之首，中国历代曾有72个皇帝到泰山封禅；华山如立，位于陕西华阴市，"自古华山一条路"，以险峻著称；南岳如飞，风景独秀，位于湖南衡山县；恒山如行，供奉北岳大帝，位于山西浑源县；嵩山如卧，山下附近有少林寺、嵩阳书院等胜地，位于河南登封市。五岳以泰山之雄，华山之险，恒山之幽，嵩山之峻，衡山之秀闻名于世，大气磅礴，享有"五岳归来不看山"的赞誉，因此被道教尊为山神和道教名山，是中国远古山神崇拜、五行观念和帝王巡猎封禅相结合的产物。

3.50　道观选址怎样从山云林木中辨别生气？

图 3.50　选址北岳恒山的道观

明代的风水大师廖希雍，曾经在《望气篇》里很有见地的指出，要通过观察山上云气、石泉和草木的色泽、气味和生机来辨识"生气"，"凡山紫气如盖，苍烟若浮，云蒸蔼蔼，四时弥留，皮无崩蚀，色泽油油，草木繁茂，流泉甘测，土香而腻，石润而明，如是者，气方钟而来休。"而"云气不腾，色泽暗淡，崩摧破裂，石枯土燥，草木雕零，水泉干涸，如是者，非山冈之断绝于掘凿，则生气之行乎他方。"可见，凡瑞云缭绕，山形完美，林草葱郁，流泉甘甜，土香石润的地方，"生气"就足就旺。而那些水干石枯，草黄林疏，山形破坏之地，则定是一些生态失衡，生机难寻，毫无"生气"的荒芜之地。道观的选址一般都遵循这一原则。

141

3.51　南京玄武湖在历史上有哪些作用？

玄武湖因湖面居北而在刘宋时又传说湖中出现"黑龙"而得名，是燕山造山运动形成的构造湖、古名桑泊。值得人民庆幸的是，曾因宋代王安石奏请废湖为田，元元仅剩一塘的玄武湖，终于再度疏浚为湖，从六朝古都封建帝王专有的游乐、阅兵、演武场所，变成了如今碧波荡漾，湖浮绿洲，蓊郁林间，楼阁隐露，亭廊灵秀，游船摇荡，堤桥相连，大众共享的南京胜景。放舟湖中，看湖西古墙逶迤，湖东

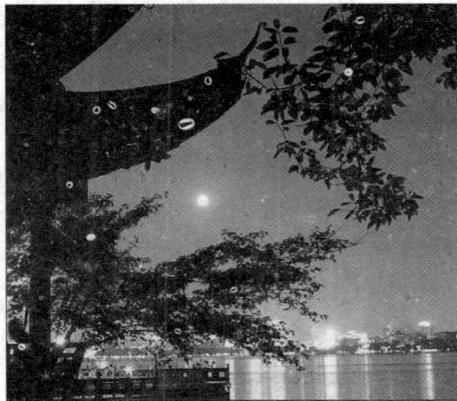

图 3.51　玄武湖湖景

钟山雄峙，湖南三藏塔屹立九华山头，苍茫中绿水青山天然浑成，画幅壮丽，北山余脉，波浪起伏，绰约多姿，真个是余韵不尽，意境无穷。

3.52 与五行相合的"五色"与人体健康有关吗?

白,赤,青,黄,黑等"五色"是五行的外在表现和功能体现,是注重养生和风水的家居设计所不可忽视的要素。所以《内经》认为"五色"与人体健康密切相关。它可分别外化于人的五脏上,即"生于心,如以缟裹朱;生于肺,如以缟裹红;生于肝,

图 3.52　生态风水的五色选择影响人体健康

如以缟裹绀;生于脾,如以缟裹栝楼实;生于肾,如以缟裹紫"。由此中医还根据体质的是否健康,形成了所谓的"五色之见死者"——"青如草兹者死,黄如枳实者死,黑如焰者死,赤如坏血者死,白如枯骨者死";所谓的"五色之见生者"——"青如翠羽者生,赤如鸡冠者生,黄如蟹腹者生,白如豕膏者生,黑如鸟羽者生";以及所谓的"色味当五藏"——白当肺,赤当心,青当肝,黄当脾,黑当肾;白当皮,赤当脉,青当筋,黄当肉,黑当骨;等等。

3.53 道医协调五色、五音可增进健康吗?

图 3.53　五行和音乐与健康相关

古人根据五行发明的五色五音生命原理,除了作为我们早期发现身体器质的病变的根据外,也完全可以运用于地理风水和房间色彩的选择上,那就是要挑选青如翠羽,赤如鸡冠,黄如蟹腹,白如猪油,黑如鸟羽的色彩,作为居住地和家居设计的健康色彩,避免居住在青如败草,黄如枳果,黑如煤烟,赤如脓血,白如枯骨的地方,也不要用这些恶心色彩来设计家居,以通过方位色彩的选用,四季音乐的和谐,坐卧行立视的协调,增进自己的健康。下面就是五行音色保健图:

五行音色保健图

心火	夏天	徵音喜声	南方出云	色赤喜青	久视劳心伤血
肺金	秋天	商音悲声	西方为气	色白喜黑	久卧阻肺伤气
肝木	春天	角音怒声	东方鸣雷	色青喜黄	久行劳肝伤筋
脾土	长夏	宫音和声	中央生风	色黄喜赤	久坐损脾伤肉
肾水	冬天	羽音恐声	北方行雨	色黑喜白	久立伤肾伤骨

3.54 道教的"洞天福地"是什么意思？

道教的"洞天"，主要指山中有洞室通达天界，贯通诸山的胜地；道教的"福地"，意思是指修道得禄之地，居住于此能够受福度世、修成地仙。道教的洞天福地共有十大洞天、三十六洞天和七十二福地。道家喜欢在这些名山大川中吸取天地灵气，认为它是修炼得道的绝佳场所。

图3.54　道教洞天福地之一的罗浮山

3.55 道教的发源地在哪里？

道教的发源地有黄帝问道广成子的甘肃崆峒山，老子传道的陕西的周至楼观台，江苏的茅山，张道陵正式创立道教的四川省大邑县的鹤鸣山。

图 3.55　道教的发源地之一的大邑鹤鸣山

3.56　道教的四大名山在哪里?

　　道教的四大名山分别是四川的青城山，湖北的武当山，安徽的齐云山，江西的龙虎山。青城山有老子传说，武当山有著名的武当拳传世，龙虎山道观很多，齐云山是张三丰的升仙之地，有其墓为证。

3.56　道教四大名山之一的安徽的齐云山

3.57　道教在神州各地的名山有哪些?

图3.57　安徽皖山上雄伟的天柱山顶峰

道教的东北名山有黑龙江的松峰山,辽宁的千山、铁刹山;华北名山有北京的圣莲山、妙峰山、丫髻山,山西的绵山、北武当山,河北的张果老山、古武当山;西北名山有陕西的终南山,白云山,甘肃的崆峒山,新疆的天山,青海的昆仑山;华东名山有苏州的穹窿山,杭州的玉皇山,山东的崂山、昆嵛山,江西的庐山,上饶三清山,安徽的黄山、天柱山,八公山,浙江台州的天台山,绍兴的会稽山,温州的雁荡山,福建的武夷山,泉州清源山;中南名山有河南的王屋山,洛阳老君山,南阳五朵山,襄阳真武山,咸宁九宫山,长阳中武当山,英山南武当山,湖南的五雷山,广东的罗浮山,南海西樵山,海南的文笔峰;西南名山有四川成都的新津老君山,湖北的宜宾真武山,云南的大理巍宝山,腾冲的云峰山等。

145

(三)　佛家的生态国学观念

3.58　生态农禅的选址如何让山地气脉生气勃郁?

地的生气旺盛与否,直接影响到人的心理健康和生理舒适。住宅选址要使山地气脉生气勃郁,需要有机整合地域的自然地理条件与生态系统。根据每一地域特定的岩性、构造、气候、土质、植被及水文状况,将其要素的长处加以协调互补,短处加以消除改良,形成一个良好的自然生活环境,这才会使农禅的整个生态环境内的生气顺畅活泼,充满活力,造就理想的"风水宝地"。

图3.58　生气勃郁的山地梯田

3.59　佛家对风水学的创立有贡献吗?

佛家文化源自印度，但在千百年的流传中早已圆融儒道，触发禅机，在思想和建筑文化等各个领域，扎根神州，硕果累累。入于国中，不仅闹市中时常可见佛家名刹古寺，雍容大度，拈花而笑，而且它们还散布于祖国青山绿水间。从"天下名山僧占多"这一流传甚广的俗语中，可知佛家的寺庙建筑，大都选择名山胜水之间，那依山而建，法度森严的寺院，那庄严宏伟，气象不凡的大雄宝殿，那层叠劲拔，巍峨高耸的佛塔，如肇庆鼎湖山庆云寺，杭州钱塘江六合塔

图 3.59　佛家对风水学的
创立有突出贡献·九华山佛寺

等，无不具有鲜明的中华民族建筑风格，它们与脚下的翠山碧水融为一体，表现了佛家建筑庄严平和，空灵悠远，藏而不露的风水意识。

3.60　坐北向南的寺庙有什么好处吗?

图 3.60　寺庙坐北向南利于养生健康

中华易经风水离卦的南向原则，是根据面南仰观天象绘制的中国天文星图，面南俯视地理绘制的中国九州地图，以及坐北朝南，利用东、西、北部环山抵挡寒冷冬风，迎纳暖湿夏风的中国风水环境的基本格局拟订的。它形成的中国古代方位观念是前南后北，左东右西，与源自西方的南北方位观念恰好相反。

3.61 什么是儒道释通行的"坐北朝南"的生态风水原则?

图 3.61 悬崖之上的悬空寺

离卦"坐北朝南"的健康风水原则,一是以"离"代表太阳与光明,深信万物皆靠太阳与光明才能相见而日益繁荣。二是以"离"代表南方,视其为北半球住宅获得日光普照的最佳方位。所以中国圣人与皇帝都喜欢坐北称尊,面向南方,以寓意眼明心亮,光明正大地治理天下,让事业如日中天,而普通老百姓也以坐北朝南的吉屋为理想家园。

3.62 坚持坐北朝南的养生健康风水设计原则有好处吗?

坚持坐北朝南的风水家居设计原则,可充分发挥中国处于地球北半球的地理环境的优势,尽情享用阳光恩赐,节约能源,好处很多。其一可取暖升温,南向的屋子可比北向的屋子的温度高出 1 ~ 2℃;其二可利用阳光紫外线杀菌,净化屋内空气,射杀阳台晾晒的衣被上的细菌病毒,减少由呼吸系统、皮肤接触传播的各类疾病;其三可利用阳光浴合成人体维生素 D,增强人体免疫力,预防佝偻病等。因此,无论是从科学角度还是从风水角度看,它都是对自然现象的正确认识与合理利用,可谓聚山川灵气,受日月光华,顺应天道,颐养身心,孕育人杰。

图 3.62 根据养生风水理念设计的楼阁

3.63 寺庙怎样看待屋门"气口说"?

风水学家居设计的"生气说"强调"气口"的重要性,认为"八门缺,八风吹",因而把房屋的大门作为最重要的"气口",大门的气口位置恰当,可藏风纳气,还有助于门外的暖阳射入,水曲而至。这就叫做"得气",它便于空气交流清新,得到有益的生命信息。但如果大门设置不当,如开在口气闭塞或阴气容易侵入的一方,则谓之"不得气"。这一屋门"气口说"是有一定科学道理的。因为清新空气通过气口入屋,顺利流通,与污浊空气混入家中,对人身心健康的影响是截然不同的。因此,只有气口适当,生气盎然的房子,才是风水理想家居。

图 3.63 安徽百岁宫正门气口

3.64 怎样从寺庙风水学角度去理解卦辞爻辞?

图 3.64 从寺庙风水角度可以看出易学应用之妙

通过研究易理的有关解释,把握卦辞、爻辞中易德的深刻含义,结合风水学的理论和实践,就能理解卦辞、爻辞的普遍意义,以《易经》正确地指导人生,认识社会和风水自然规律了。这是因为,卦辞、爻辞除说明一般的哲学意义外,还都有吉凶悔吝等断语。它们分别表示某一行为包括风水选择等将会产生的良好、凶险、后悔、困顿的后果,是产生于《易经》卦爻的运动结果,是古人设卦立德的教科书。"吉凶悔吝"并不是必然的,宿命的,而是能够变通的,可以趋向合适的时机和良好后果,因此注意贞正决策就可以趋吉避凶。

3.65　京都寺庙怎样根据地势来选地？

图3.65　京都寺庙善于依据
地势和山水来选址

《内经》认为，一州之内的地气，也会有助生、化生、长寿、夭折的不同，它的奥秘是由于地势高下的地理位置造成的。所谓"崇高则阴气治之，污下则阳气治之，阳胜者先天，阴胜者后天，此地理之常，生化之道也"，就是说地势崇高处往往由阴气治理，地势低洼处往往由阳气治理，阳气胜出是先天的条件，阴气胜出的是后天造化，这些都是地理的常见现象，是万物生化的规律。它的一个直观效果就是，地势高的地气好人长寿，地势低的地气污而人寿短，这些又都与地域的大小而有所不同，地域小的差异小，地域大的差异大。所以治病、生态和家居设计的人，都必须明白天道与地理，明白阴阳相互更胜，生气的先天后发，人生命的长寿与夭折，以及万物的生化周期规律等，这样才可以知道人的形态和生气体质的变化。

3.66　传统的生态建筑为何要利用屏风玄关挡风藏风？

传统的生态建筑的家居设计，往往大门、大厅与落地玻璃门阳台连成直线，这就需要用屏风、玄关、垂帘等加以隔开。因为如果大厅前后通透，一无遮挡，站在门口就可以一眼看透大门与阳台，容易让穿堂风呼呼灌入，邪气大行，令人得病。谚云："前通后通，人财两空。"说的就是这个道理。

传统风水学认为，大门正对台阶或楼梯，是"犯冲"，这实际上是对不利于藏风住宅格局的批评罢了。为了让住宅成为聚气养生之所，在不可能改变如今电梯、楼梯直对大门，宅内之"生气"容易在大门开关时

图3.66　严严实实的大屏风

被其"尽数吸去"或被"邪风侵入"的情况下，补救的办法，是在大门进门处，用屏风或玄关加以巧妙隔开，形成一个室内藏风聚气的新格局。

149

3.67 儒释道文化建筑具有民族风格吗？

建筑来源并体现一种民族文化。中华风水建筑的大众化，在某种意义上就是中华建筑的民族化。它意味着中华建筑文化的全面复兴。但这一复兴不是以封闭僵化的模式去一统天下，唯我独尊，而是根据中国东西南北地形、地貌、水土、气候的不同，选择最佳的民族建筑样式和风格。它在建筑理念上保留了中华风水文

图 3.67 中华风水学应体现民族建筑风格

化顺天宜地协和万物的精华，更保持了易经"与时偕行"，追赶时代潮流的变革精神。因此它不但不排除西方的先进、合理的建筑理念，而且顺应全球建筑文化追求"环境、空间、文化、效益"目标的潮流，描绘中西建筑方化融合创新的蓝图，为复兴中国建筑新文化注入鲜活血液，再现中国影响世界建筑的汉唐盛世。

3.68 现代如何传承出中国建筑生态文化？

图 3.68 富含中华风水文化的圆明园精美模型

我们当今虽有世界最大的建筑规模，却未有足以影响世界，丰富多彩的生态建筑文化样板。其原因一是文化断层的冲击；二是城市化的速度太快；三是西方建筑带来的冲击；四是社会各层面缺少对生态建筑文化的共识，因此中国的生态建筑文化要振兴，就要在中华易经风水理论指导下利用中国规模巨大的建筑高潮所提供的绝佳良机、宏大载体和物质基础，通过中国自己的建筑师们的一代又一代的创新努力，展现盛世中华伟大生态建筑的文化风采！

3.69 中国现代生态建筑风水文化能振兴吗?

图3.69 古老风水文化在现代获得新生

中国现代生态建筑风水文化的振兴,是全面实现科学发展观,建设物质文明、精神文明、生态文明与小康和谐社会的需要。改革开放30年以来,建筑家居文化日益成为关乎国计民生的大事。然而,一些缺少文化素质的楼盘商,长期以来只知道追逐市场利益最大化,一味克隆西方的建筑竟成了廉价的时尚,中华建筑文化的创新力大为萎缩。有鉴于此,有识之士倡导的民族建筑文化复兴,正日益为人们所关注。如何既讲究住宅建筑的现代功能、形状与材料,又讲究其文化内涵和民族精神,已引发了广大建筑业界人士和亿万住户的深思和强烈兴趣。数千年来中国引为骄傲的民族建筑文化,在经受西方建筑文化冲击与自我失落的难堪阵痛后,正迎来真正辉煌的伟大复兴!

3.70 广东名刹飞来寺的飞来横祸说明了什么?

1997年5月8日,因遭受千年不遇的特大暴雨袭击,位于广东清远市飞霞山北江河畔,距当时已有1480多年历史的飞来寺被突发而来的山洪泥石流冲毁,主要建筑和大批珍贵文物等都在瞬间被卷走。时隔七年,总投资2000多万元,采用花岗岩石料,坚固古朴,气势恢宏的宝刹举行重建落成庆典,重新巍然耸立在峡江北岸,建筑总面积达4000平方米。为了防止山洪泥石流再度来袭,寺庙后山特地修建了一个挡水坝,一个分洪隧洞,彻底解决了山洪威

图3.70 山区要注意防洪抗险

胁。千年古刹的被毁与重建,说明即使是佛祖保佑,万众膜拜的圣庙,也同样不能忽视防洪抗灾的坎卦风水原则,更何况一般的民宅家居了。

3.71 佛家设置"玄关"有什么作用？

玄关被佛家称为"入道之门"。在中国传统建筑文化里，玄关也指居室或寺院的外门。在继承了传统风水文化观的现代建筑里，作为住宅重要组成部分的"玄关"，特指主人和外人进出房屋所必经的首扇外门，包括在玄关对门处安放的摆放镇宅神兽的高台。"玄关"作为人们进入住宅后的第一道关口，对住宅风水有重要的意义和作用，一是安置它可以化解屋外直冲大门的煞气，二是可防止住宅内旺气的外泄，提升住宅的吉祥生气。

图 3.71　玄关是古建筑的第一道关口

第四章

生态国学的风水体系构建

一、生态国学与中华风水生态文明进程

生态国学范畴内的风水学，诞生于中华文明古国，凝聚了古代先哲的与自然万物和谐共生，维护地球生物圈生命可持续发展的高度智慧，是中国古代生态景观与建筑环境规划有关的一门学问。它总结人类早期的择地定居经验，旨在对选择地形、地貌、景观、气候、生态等各环境要素进行综合评价，提出建筑规划和设计的一些指导性意见，说明哪些是应该追求的、哪些是应该禁忌的一般原则，闪射出历久弥新的不可磨灭的生态文明之光。这是因为，中华古老生态文明的风水保护与当代生态文明的趋势是一致的，中国历朝历代都有生态保护的相关律令。如《逸周书》上说："禹之禁，春三月，山林不登斧斤。"因为春天树木刚刚复苏生。至于砍伐的最佳时机，《周礼》上则明文规定："草木零落，然后入山林。"此外，在人类生活的社会环境里，也要避免生态污染。比如"殷之法，弃灰于公道者，断其手。"这种谁把灰尘废物抛弃在街上，就要被斩手，以及严禁破环村落、陵园等地的风水林的刑罚制度虽似严苛，但并非统治者的个人意志和残忍，而是中华文明系统的生态伦理思想，对环境保护高度重视的表现，并且在儒道释的道德文化教化中持续传承了下来，至今仍有其生命价值。

然而社会或学界一说到"风水"，却历来见仁见智，或褒或贬，莫衷一是。疑之者不明其奥，难窥其真容真义；恨之者说它是封建迷信，力主彻底铲除横扫；爱之者视若国宝，或借其选址谋生，或深研其理造福人类。其实这三种态度看似不同，却也有一致处，就是对它的定义定论是否合理而辩，而对这"风水"本身，又称为地理、堪舆、青乌、形法的所研究的对象，却无法不认同其存在，并且那还是生态国学所研究的专门学问——"风水学"！否则先贤就不会说："卜筮不精，条于一事，医药不精，害于一人，地理不精，倾家灭族。"事实上，如果谁真的不把生态国学的风水及其学问当一回事，盲闯蛮干，毁林断水，乱盖乱建，任意胡为，那等待他的，只能

是违反了生态学的"三定律",包括即"多效应原理"即我们的任何行动都不是孤立的,对自然界的任何侵犯都具有无数的不可预料的效应、"相互联系原理"即每一事物无不与其他事物相互联系和交融、"勿干扰原理"即我们所生产的任何物质均不应对自然的生物地球化学循环有任何干扰,以及自然规律和社会规律之后所遭到的严厉惩罚。

这也是我们主张正视生态国学的"风水",以天、地、雷、风、水、火、山、泽等"八卦"作为中华易经风水学的总纲,深入研究它的宝贵智慧、无穷奥秘和巨大威力,通过著书立说,配图阐义,将其"中华易经养生风水"的要义加以发扬光大的原因。那么,既然"风水"是关系人类倾家灭族,长寿延命的大事和中华国学的专门学问,与只为一人一事一身的占卜、问事、看病相比,更显重要,那人们为什么对它又会有如此尖锐的对立意见呢?这主要是因为生态国学的"风水说"源于人类与生俱来的对自己栖身地的优选优化需求,它古老而神秘,精粹而芜杂,既有科学的合理的因素,也有玄学的乃至不可思议的神秘解释,鱼龙混杂之故。

就中华生态国学的"风水"所涉及的范围论,它在地理上通常指空气在山丛地面的流动,江河湖泊水流的分布和去向,以及整个地球的生态环境;在天文方面包括星相、天空大气层与地球气流水流的相互影响,以及宇宙星际辐射、天体磁场效应的影响;在建筑学及家居设计方面,则涉及到外部生态环境与室内生命微粒子运动和人体生命磁场的相互作用,及其对人身心健康的微妙影响等。

从玄学的神秘主义角度看,生态国学的风水就是在承认天、地、时、人、屋、坟互动合一的前提下,对决定了人的现状、未来乃至子孙后代前途的时空环境以及阴宅和阳宅的优选和改善。这里面有一些问题,如阴宅已经由历史证实为纯粹属于谬误与迷信,现已大不合时宜,有的则是人类的可解之象或未解之谜,可加审验。

从科学的理性主义角度看,中华生态国学的风水知识体系总体上是古人留下的丰富的生命文化结晶,虽然还有不少论断,尚待科学和实践的检验,但其中不少还是可作现代科学的合理解释,或至少含有某些心灵抚慰作用而有益居者心安舒畅,以及和谐自然与和谐社会的有益作用的。这也是我们为什么要重视中华风水学,确立其基本原则和和谐人居标准的原因。

从数千年人类文明史看,生态国学的风水学已发展成为中国古代与建筑环境规划有关的一门学问。追溯其源头,可以说,早在旧石器、新石器时代之交,农牧经济逐渐替代狩猎采集经济后,人们就开始注意选择优良的居住环境了。如根据裴李岗、半坡遗址等原始村落建筑的考察,新石器时代人们的建筑选址，就已经积累了丰富经验。此后，风水择居经验在先秦发展为相地术、堪舆术，并逐步发展为风水术与风水学，深刻影响了中国民间乃至宫殿建筑的规划布局、设计施工、位置朝向，以及营造时机等，终于形成了至今犹存富有民族气派弥足珍贵的中华建筑传统文化。这是值得我们认真总结和继续发扬光大的。

改革开放以来，在党和各级政府的关怀下，我国生态国学的风水学正在向现代化、科学化、养生化、易理化、大众化的方向迈进，为创意建筑和文化经济服务，做出了很大的贡献。通过在国家建设部有关部门连续四届主办的"中国建筑风水文化与健康地产国际论坛"集思广益的讨论，大家已经逐步认识到：生态国学的风水学是中国古代关于建筑文化的学说。其发展宗旨是审慎周密地考察、了解和顺应自然环境，有节有制地合理利用和改造自然，创造良好的居住与生存环境，创造天时地利人和的"天人合一"的和谐至善境界，解决人类在何处何时以及怎样建理想的房子，实现安居乐业的大问题。

1."现代化"原则

就是对生态国学的古老风水学来一场话语现代化的变革，运用多媒体先进传播手段，让更多的人了解风水学真谛及现代价值，就是在爬梳整理古代风水典籍，进行现代话语转换的同时，取其精华，去其糟粕，敢于创新，用当代理念去阐释传统思想，尽快促进风水学的现代化，将其精华融入当代建筑学之中，以更好地服务于社会。

我们为什么要确立生态国学的风水体系的"现代化"原则？因为风水学古籍已经老而又老，思想观念、思维方式和表达方式都与今天有很大区别。古老的风水学要为今所用，重新焕发学术青春光彩，就要来一场话语现代化的变革，运用多媒体先进传揑手段，让更多的人了解风水学真谛及现代价值。这是因为，风水学属于中医传统文化领域，必然保留许多过时无用，虚幻不实的成份，其所针对的古代封建社会乃至天象地貌等，今天也都发生了深刻的巨大变化。所以要适应当代城乡建设的高速发展和低碳经济，就要研究各种新问题，在爬梳整理古代风水典籍，进行现代话语转换的同时，取其精华，去其糟粕，敢于创新，用当代科学理念去阐释传统思想，尽快促进风水学的现代化，将其精华融入当代建筑学之中，以更好地服务于社会，这是从事中国传统文化与现代建筑学的专家学者所共同面临的一个重大任务。因此，中华风水学的现代化，就是根据"百家争鸣"，"百花齐放"，"古为今用"的文化方针，挖掘和提升中国风水文化价值，通过多媒体先进传播手段，让更多的人了解风水学真谛及现代意义，以将其精华融入当代建筑学之中，更好地为社会服务，这是从事中国传统文化与现代建筑学的专家学者所共同面临的一个重大任务。

2."科学化"原则

就是不断适应新科技发展，善于将高新科技成果变成"点金石"，去点化和开掘传统生态国学的风水文化资源，使其内在的光辉思想大放光芒，旧有的学说流派脱胎换骨，在新的历史条件下将其精华发扬光大。既要防止急功近利，牵强附会，借"科学"解说风水的倾向；也要防止以"伪科学"为大棒，肆意贬低抹杀传统风水学的精华，毁灭风水独特话语体系的倾向。

我们为什么要确立生态国学的风水体系的"科学化"原则？因为风水文化的科学化不是简单的古籍翻译介绍，而应有一个消化、归纳、升华的过程，并不断适应当代科学技术的发展，善于将高新科技成果变成"点金石"，去点化和开掘传统风水文化资源，使其内在的光辉思想大放光芒，旧有的学说流派格局脱胎换骨，在新的历史条件下将其精华发扬光大。比如说，当今的建筑业已经进入了高新科技、信息经济、文化创意、低碳环保的时代，所用建筑材料和建筑理念都不可与古代同日而语。因此，要跟上时代步伐，适应当代高新科学技术的发展，就要重视古典建筑的风水格局的通盘研究和民间非物质文化遗产保护，以高新科技展示传统风水学精华，这也是对风水学能否蜕变新生的严峻考验。当然，风水学向"科学化"方向发展，不等于把风水学变成一门机械僵化的科学学科。正如"中医"不是一门单一的学科，而是有深厚中国传统文化根基的医疗养生之道一样，生态国学领域的"风水学"也不是一门单一的学科，而是融合了自然科学与社会科学，以及人文国学、自然国学与生态学的综合学科，有天人合一哲学理念和深厚中国传统文化根基的建筑养生之道。因此，既要防止急功近利，牵强附会，借"科学"解说风水，将风水学脱离生态国学简单化地降低为一门纯科学的倾向；也要防止以"伪科学"为大棒，肆意贬低抹杀传统风水学的精华，不惜破坏生态平衡与社会和谐，毁灭风水深奥独特的话语体系的倾向。可以说，预防这两种倾向，是风水学科学化成功与否的关键。

3. "养生化" 原则

就是要把遵循生态国学原理，将易经主张的"天人合一"的中医理论和风水理论结合起来，将人体生命系统与自然风水系统整合为一，将人的经脉、呼吸、脏腑、营卫、养生、诊病，与天地山川，四海九州，四季寒暑，五行八卦，家居设计等一一对应，参照《黄帝内经》等"中医经典"，形成在中医养生理论指导下，重视自然、社会与人和精神的合一，主张顺应天时地理，追求阴阳和谐，重视养生，预防为先，主张人身心健康，德高长寿的的中华风水养生学理论，为当代人类身心健康服务。

我们为什么要确立生态国学的风水体系的养生化原则？因为当今中华易经风水不再是书斋里只为少数贵族富豪服务的奢侈品，而是为广大人民福祉安康服务的指路灯。这是关系到生态国学的风水学发展的进步导向与存废断续的根本问题。因此，要研究大众的养生需求和我国建筑风水文化面临的各种新的问题，勇于创意，善于创新，尽快地促进风水学的养生化，将传统风水养生学中的精华有机地融入当代大众建筑事业之中去。

4. "大众化" 原则

就是要将生态国学及其分支的中华养生健康风水学，当成广大人民福祉安康服务的指路灯，而不是只供少数贵族巨贾把玩独享的老古董。这是关系到风水学的进步导向与存废的根本问题，关系到中华建筑民族化和中华文化复兴的重大问题。它在建筑理念上保留了中华风水文化适天宜地协和万物的精华，顺应了全球建筑文化追求"环境、空间、文化、效益"目标的潮流，描绘出中西建筑方化融合创新的蓝图。

5. "易理化" 原则

就是在风水流派林立的今天，切实把风水学研究作为振兴生态国学复兴中华的重要任务，切实以《易经》作为凝结中华民族智慧的百科全书和"宇宙代数学""科学皇冠上的明珠"，作为养生风水学的总纲，阐扬易德易理，扬弃旧风水谬说糟粕，继承传统风水学精华，使中华易经养生风水学与时俱进，升华完善，增强其科学性、养生性、系统性，真正对人类建筑家居

文化产生积极影响，使《易经》这一"群经之首"，为风水学建构服务，从而更好地为关系国计民生的房地产业、家居设计业参谋决策，在当代人文科学，自然科学与社会科学等领域中找到自己的立足发展之地。

我们为什么要确立生态国学的风水易理化原则？首先因为建筑来源并体现一种民族文化。中华风水建筑的大众化，在某种意义上就是中华建筑的民族化。它意味着中华建筑文化的复兴。但这一复兴不是以封闭僵化的模式去一统天下，唯我独尊，而是根据中国东西南北地形、地貌、水土、气候的不同，选择最佳的民族建筑样式和风格。它在建筑理念上保留了中华风水文化顺天宜地协和万物的精华，更保持了易经"与时偕行"，追赶时代潮流的变革精神。因此它不但不排除西方的先进、合理的生态建筑理念，而且顺应全球建筑文化追求"环境、空间、文化、效益"目标的潮流，描绘中西生态建筑方化融合创新的蓝图，为复兴中国生态建筑新文化注入鲜活血液，再现中国影响世界建筑的汉唐盛世风采。

其次，我们要确立生态国学的风水易理化原则，还因为《易经》是我国最古老，最有权威，最著名的一部经典著作，被比喻为一座藏有万象天机的信息贮存库。其《易传》指出："乾健也，坤顺也"。它们是天地的象征，自强不息，厚德载物。人类要想持续发展，强大有为，就必须以乾坤和谐与"天人合一"的思想观念，顺天行事，不违自然，降低目前地球温室效应正以每20年增高0.1℃的速度，减少其所造成的对大气层的严重破坏，注重生物物种的保护与发展，适应天时地利的生态农业耕种，以及能源和可再生资源的合理利用与开发等。要而言之，人类建筑文化的人本主义思想、伦理思想，可持续发展的建设战略等，都要与顺天循道，仁人爱物，为人类谋福利，改善人类生存环境，主张天人合一的风水易理之道相合，这才能与宇宙万物和谐相处，步入大同。

其三，只有坚持生态国学的风水易理化原则，我们才知道乾坤变化是风水变化的根本，乾坤之道是风水无穷变化的秘密，易理正是风水学入门的金钥匙。如风水"理气"的奥秘所在，正是易学以气为万物本源的宇宙观。故风水学认为，只有乘生气的住宅才是理想住宅，"气"成了风水学的核心理念。其全部理论和方法，都是围绕着如何"理气"，寻找"生气"，以"聚气"和"纳气"这个问题展开的。而认识了"气"，也就理解了风水的精髓，明白风水术为什么在某种意义上也可以说是"理气术"，明白所谓"理气"，是一个需要借助风水阴阳五行八卦知识进行综合分析、判断、推理的复杂过程，它主要是通过实地考察，综合推断，来寻得家宅"旺象"

"生气"，以避开其死气、邪气、衰气等。

再如风水学的"望气"，也同样是一种以观察"气"的衰旺来判断吉凶的风水术。它可以参照宋黄妙应在《博山篇》里提出的理论，重点是要认识什么是好的"明堂"，懂得如何识别它的好"堂气"。其标准为："一白好，五黄好，六白好，八白好，九紫好，此为五吉。"同时要学会防忌"四凶"，这就是"二黑宜忌，三碧宜忌，四绿宜忌，七赤宜忌。"这种吉凶划分，将"气"的颜色和排序加以组合附会，得出吉祥或凶险的依据。

从科学角度看，地理环境的独特性对古代世界四大文明的深刻影响，已为众所周知。但"望气"与"理气"能否决定人的命运沉浮，如单凭风水师考察的主观印象，尚难断定。至于其佼佼者在长期地理考察实践中，所积累的对地形地貌生态指数与人的健康关系的判断标准与丰富经验，还是很有参考意义的。如明代缪希雍大师根据一般山峰有无紫气苍烟浮动弥留，山峦表皮有无崩塌剥蚀，草木是否繁茂，流泉、土质、石质是否甘香滋润等客观存在的自然现象，来判断某地有无"生气"，正是千百年来古代生态国学的风水观所总结的"望气"和"理气"规律之一。它企图通过对地理环境优劣的认定，证明地气盛衰与住宅建筑和人的家业兴衰有所关联，是不无道理的。

此外，根据易理思维方式，我们还可以知道，精研中华生态国学的风水师借助古代天象学的观察和结论，很早就将太阳、月亮及28星宿及金木水土火五大行星的运行规律，与地球昼夜节令变化和灾情间的关系，与建筑的方位、选址、格局的时空安排等联系起来思考了。在古人看来，天地有五星五岳，人体亦有五官五脏。天分成十天干，表示地球绕太阳转一圈，地分为十二地支，表示一年月亮绕地球十二圈。人的经络系统也随着天地年、月、日、时辰的变化，周期性地气血流注，这一切都说明了宇宙的生命与风水格局是相合的，人体之气与宇宙的风水之气是永远密切交流的，从而建立起自己的天象体系和建筑哲学。

综上所述，当代生态国学的风水文化发展的总趋势和基本原则，一是现代化，二是科学化，三是养生化，四是大众化，五是易理化。风水学的现代化是提升中国传统文化价值的前提，也完全符合中国"百家争鸣""百花齐放""古为今用"的文化政策。风水学的科学化是其创新求存的必要保证，它可以扬弃糟粕保留精华，科学地而又有中国特色地令人信服地解释风水奥秘，"推陈"而"出新"。风水学的大众化以满足人民对养生建筑文化的需

求为宗旨，其养生化、易理化则是提升中华传统文化价值与软实力，进而实现其宗旨的基础。

总之，对中华生态国学的风水学而言，只有逐步科学化才能现代化，只有现代化才能大众化、养生化；只有养生化、现代化、易理化才能永葆生命力。五者相辅相成，缺一不可。同时，我们当前还必须把这"五化"与中国发展道路上的一大飞跃，大大提高了中国的国际地位的社会主义生态文明建设，与努力实现人与自然的和谐的"生态和谐人居"的三大标准结合起来，才能将"原则"落实于"标准"之中，五化三标，推陈出新，创新求存。这正如中华五行，相生、相辅、相成，缺一不可，完全符合中国"百家争鸣""百花齐放""古为今用"的民族文化复兴政策，是我们目前从事中华传统文化研究的专家学者们，所面临的一项重大任务。

中华风水学的"和谐人居"建设，对消除当今改革开放、经济增长、阶层位移、分配不公、社会急剧变化所带来的地区差异、城乡鸿沟、收入失衡、心理冲突、人际紧张、社会不稳等现象，均有积极的改良作用和重要实践意义，是全面建设和谐社会的必然要求。它在内容上包括了和谐美德、和谐家庭、和谐社区三个层次，同时也构成了"和谐人居"的三个基本标准。包括了社会环境、自然生态环境和理想居室等要素。

1. 和谐社区是和谐人居的外部保证和第一项标准

和谐社区属于社会环境的范畴。社会环境有宏观、中观与微观之别。宏观指全国、全省的大环境；中观指全市或全县，微观指住宅小区和邻里关系，三者涵盖了物质文明与精神文明等领域。适合人类居住的和谐社区，是以人为本的环境，它要满足人的风水安居需要，就要满足人的社会生产、社会职能和社会交往需要，就要具备良好的交通网络、能源供应（水电煤气）、商业网络、社区建设（教育、文化、体育、医卫、娱乐、治安）、人群素质、人际关系等要素。这才能满足人作为社会的主体的基本需要。

老子很早就提出过"小国寡民"的政治理想，设计过一个没有争斗、和谐相处、甘其食、美其服，有居民自己自主独立活动空间的理想社会。如果把他的"小国"作为一个适中的"和谐社区"看，那是很有启发的。首先是这个社区不能太大，人口不宜太多，以至于居民难以交往、相识，互助。其次是社区要有居民自己认同、赞赏、乐此不疲的政治文化、经济文化、饮食文化、民俗文化，生态文化形成一个稳定、安详、互助、同乐、和谐的生态圈。

2. 生态和谐是和谐人居的生命保证和第二项标准

从科学的风水角度看，所谓"旺盘"要成为和谐人居，不但要有最适合人类居住的人文环境要素，还要有上佳的自然环境要素，即最优化的整个地域的自然地理条件与生态系统为标准。这是因为，任何地域都有它特定的人文环境和地理环境。只有当该区域各种综合自然地理要素与人文环境要素相互协调、彼此补益时，才会使整个区域内的"生气"充满生机活力，从而成为理想的"风水旺盘"。对于中国常见的背山面水的城乡社区而言，本身就是一个旺盘应有的生态学意义的典型环境。其背后的靠山，有利于抵挡冬季寒风；面朝流水，便于接纳夏日凉风，得到良好的日照；周边植被葱郁，既可保持水土，又能调节小气候。这类富有生态意象、充满勃勃生气的地方，正是所谓"旺盘"所在。

而根据和谐人居的这一标准，最适合人类居住的自然环境，当属于生态文明低碳生活的范畴，应是天空、阳光、温度、湿度、空气、土地、水源、植物等各项要素的达标和优化组合。它具体的表现应该是，或者山清水秀，或者平坦开阔，或者湖美林幽，花草繁茂，空气清新，没有山崩地震、火山泥石流，水涝干旱，土薄地瘦，草木不生，阴暗潮湿，恶臭浑浊，肮脏污染等不利人体健康和生命安全的威胁。在当今的地球村时代，自然已经成为人化的自然，生态文明已经越来越离不开以人为中心的社会环境。

3. 和谐家庭是和谐人居的基本内容和第三项标准

这首先要求居者要有和谐美德，组成自觉维护生态环境的和谐家庭，才可能构建和谐人居。这是因为，"人居"是人之所居，某种意义上也是人心之所居，是人安身立命、修养身心、谐和自然与社会之处。人的道德建设的内在高度，人的全面发展的程度，决定了人的心理和谐、道德和谐的深度，深刻影响了人对自己生存方式的满意度和幸福感指数，成为实现和谐人居的重要前提和基本内容。一些时论将"法"与"德"对立起来，笼统的反对"以德治国"是错误的。事实上，如果离开了精神文明建设，离开了德，就难以做到古人所说的"修身、齐家、治国、平天下"。只有在为民谋利办实事的同时，以品德培育、心理咨询、心理健康、和谐心态作为建设和谐人居的要务，培养具有和谐美德的一代新居民，才能建成和谐人居。

因此，作为和谐美德的载体和家庭成员纽带，和谐家庭是和谐人居造福生态和谐社会的细胞。和谐的心灵、和谐的居民绝大多数是以家庭为单位、以血缘关系为纽带组合起来的。"家和万事兴"，我们应学好中华国学，弘扬中华传统美德，总结和扬弃过去评选"五好家庭"的经验，吸收中华民族美德精华，制定符合和谐社会、和谐广东、和谐社区的新的"和谐家庭"的标准，如家庭成员和谐互助、父慈子孝、夫妻和美、婆媳和睦、邻里关系和谐相处等等，掀起建设千百万"和谐家庭"的热潮，这才能把和谐人居建筑在和谐家庭的坚固基础上。

此外，和谐人居要成为最适合人类居住的理想居所，除了按照前两项标准要求，把和谐人居建立在一个好的社会环境与优美的自然环境之中，三者要尽可能有机统一起来外，从科学的角度看，家居自身所需要注意的基本要素还有：（1）向阳通风，光线充足，空气清新；（2）建筑质量好，无有害物辐射；（3）房间面积、布局合理，功能齐全，包括起居休憩，会客交流，餐饮卫浴，工作学习，储藏展示等。（4）家具配套，电器用具齐全，低碳经济，有美观实用的装修风格；（5）造价合理，房高适度，性价比高。只有这样，才能使主人能有一个安全、方便，有利于身心健康，适合自己的社会交往和社会价值实现的理想家居。

总之，"和谐人居"是一个由内在的和谐心灵、外在的和谐社会与生态和谐居住环境等共同构成的完整的和谐系统。"和谐人居"概念的提出，和谐标准的完善，与我国和谐社会的营造密不可分。它的重要意义，必将在和谐人居文化的构建中，日益清晰地显示出来！

二、生态国学的科学化与风水文化图鉴

（一）生态国学的五项基本原则

4.1　什么是生态国学视野下的"风水"？

先贤云：卜筮不精，条于一事，医药不精，害于一人，地理不精，倾家灭族。可见对生态国学来说，风水（又称地理、堪舆、青乌、形法）是极

端重要的。从玄学神秘主义的角度看，风水就是在承认天、地、人、屋、坟互动合一的前提下，对决定了人的现状、未来乃至子孙后代前途的环境以及阴宅和阳宅的优选和改善。从科学角度看，风水是古人留下的丰富的生命文化，有一些尚待科学和实践的检验，有的属于谬误与迷信，已经不合时宜；但也有相当部分可加以合理和现代科学的

图4.1　山清水秀的养生风水佳境

解释，含有心灵抚慰与和谐自然生态和社会的有益作用。从地理角度看，"风水"通常指空气在山丛地面的流动，江河湖泊水流的分布和去向，以及生态环境等。从天文的角度看，风水还包括星相、天空大气层与地球气流水流的相互影响，以及宇宙辐射、天体磁场效应的影响；从生态建筑工程学看，风水更涉及到外部生态环境与室内生命微粒子运动和人体生命磁场的相互作用，对人身心健康的明显或潜在的影响，等等。

4.2　现代养生风水生态学研究的宗旨是什么？

图4.2　江西兴国县召开的全球易学
名人峰会暨风水文化申遗仪式

改革开放以来，在党和各级政府的关怀下，我国的养生风水生态学正在向现代化、科学化、大众化的方向迈进，为建筑文化经济服务，做出了很大的贡献。通过集思广益的讨论，大家已经逐步认识到：风水学是中国古代关于建筑文化的学说。其现代研究与运用的宗旨是审慎周密地考察、了解和顺应自然环境，有节有制地合理利用和保护自然生态，创造良好的居住与生存环境，赢得最佳的天时地利与人和，达到天人合一的至善境界，解决人类"衣食住行"中至关紧要的"住"的问题。也就是解决在何处建房子，在何时建房子，以及怎样建一座理想的房子，让居住者安居乐业的大问题。

4.3 当代风水文化发展的国学总趋势是什么？

图4.3 象征现代建筑新趋势的
香港疾进船楼

当代风水学和风水文化的发展的国学总趋势和基本原则，一是现代化，二是科学化，三是大众化。风水学的现代化是提升中国传统文化价值的前提，也完全符合中国"百家争鸣""百花齐放""古为今用"的文化政策。风水学的科学化是其创新求存的必要保证，它可以扬弃糟粕保留精华，科学地令人信服地解释风水奥秘，"推陈"而"出新"。风水学的大众化是其方向，宗旨为满足人民对健康建筑文化的需求。总之，对风水学而言，只有逐步科学化才能现代化，只有完成现代化才能大众化，只有大众化才能永葆生命力。三者相辅相成，缺一不可。

4.4 中华风水生态学的"现代化"原则是什么？

风水学古籍已经老而又老，思想观念、思维方式和表达方式都与今天有很大区别。古老的风水学要为今所用，重新焕发学术青春光彩，就要来一场话语现代化的变革，运用多媒体先进传播手段，让更多的人了解风水学真谛及现代价值。这是因为，风水学属于中国传统文化领域，必然保留许多过时无用，虚幻不实的成份，其所针对的古代封建社会乃至天象地貌等，今天也都发生了深刻的巨大变化。所以要适应当代城乡建设的高速发展，就要研究

图4.4 具有中华风水现代化
建筑风格的别墅群

各种新问题，在爬梳整理古代风水典籍，进行现代话语转换的同时，取其精华，去其糟粕，敢于创新，用当代科学理念去阐释传统思想，尽快促进风水学的现代化，将其精华融入当代建筑学之中，以更好地服务于社会，这是从事中国传统文化与现代建筑学的专家学者所共同面临的一个重大任务。

4.5 中华风水生态学的"科学化"原则是什么？

风水文化的科学化不是简单的古籍翻译介绍，而应有一个消化、归纳、升华的过程，并不断适应当代科学技术的发展，善于将高新科技成果变成"点金石"，去点化和开掘传统风水文化资源，使其内在的光辉思想大放光芒，旧有的学说流派格局脱胎换骨，在新的历史条件下将其精华发扬光大。比如说，当今的建筑业已经进入了高新科

图4.5　以高新科技展现风水文化神韵

技、信息经济、文化经济的时代，所用建筑材料和建筑理念都不可与古代同日而语。因此，要跟上时代步伐，适应当代高新科学技术的发展，就要重视古典建筑的风水格局的通盘研究和民间非物质文化遗产保护，以高新科技展示传统风水学精华，这也是对风水学能否蜕变新生的严峻考验。

4.6 中华风水生态学的"科学化"要防止什么倾向？

图4.6　风水文化科学化不能僵化与盲从

风水学向"科学化"方向发展，不等于把生态风水学变成一门机械僵化的科学学科。正如"中医"不是一门单一的学科，而是有深厚中国传统文化根基的医疗养生之道一样，"生态风水学"也不是一门单一的学科，而是融合了自然科学与社会科学的综合学科，有天人合一哲学理念和深厚中国传统文化根基的建筑养生之道。因此，既要防止急功近利，牵强附会，借"科学"解说风水，将风水学简单化地降低为一门纯科学的倾向；也要防止以"伪科学"为大棒，肆意贬低抹杀传统风水学的精华，不惜破坏生态平衡与社会和谐，毁灭风水深奥独特的话语体系的倾向。可以说，预防这两种倾向，是生态风水学科学化成功与否的关键。

4.7　中华风水生态学的"大众化"原则是什么？

图 4.7　风水学大众化必须为民造福

当今中华易经风水学不是关在书斋里供少数人把玩研究的老古董，也不是只为少数贵族巨贾服务的奢侈品，而是为广大人民福祉安康服务的指路灯。这是关系到风水学发展的进步导向与存废断续的根本问题。因此，要适应当代城市建设、新农村建设、房地产开发及建筑业的高速发展，研究大众的需求和我国建筑风水文化面临的各种新的问题，勇于创意，善于创新，尽快地促进生态风水学的现代化、科学化和大众化，将传统风水学中的精华有机地融入当代大众建筑事业之中去。

4.8　现代生态风水学如何复兴中华民族文化？

被誉为"群经之首"的《易经》，是中华民族聪明才智的光辉结晶。在人类文明飞速发展，全球处处闪烁着高科技之光的今天，如何使《易经》无愧"宇宙代数学""科学皇冠上的明珠"的美称，如何从古人留下的诸多易学著作中，寻求正确的风水学理论的历史重任，已经摆在我们面前。只有扬弃以往的不实虚妄之言，完

图 4.8　现代风水学要大力复兴中华民族文化

善历代风水书的缺憾，填补健康风水文化的空白，使易经风水学与时俱进，增强其现代科学性、整体系统性，预见准确性，才能对人类生态建筑文化产生积极影响，为关系国计民生的生态文明建设当好决策参谋，在当代人文科学，自然科学与社会科学等领域中占有自己的重要地位。

4.9　为什么要重视中华易经风水学？

生态风水学是中国古代与生态建筑环境规划有关的一门学问。它远源于人类早期的择地定居，主要内容是为选择地形、地貌、景观、气候、生态等各环境要素而进行综合评价，提出建筑规划和设计的一些指导性意见，说明哪些是应该追求的、哪些是应该禁忌的一般原则。

图4.9　陈列中华文化精品的博物馆建筑

这一点，我们可以从旧石器、新石器时代之交，农牧经济逐渐替代狩猎采集经济后，人们就开始注意选择优良的居住环境的事实上看出来。如根据裴李岗、半坡遗址等原始村落建筑的考察，新石器时代人们的选址，就已经长期积累了丰富经验。此后，其经验在先秦发展为相地术、堪舆术，并逐步发展为风水术与风水学，深刻影响了中国民间乃至宫殿建筑的规划布局、设计施工，位置朝向，以及营造时间等，形成了至今犹存的中国气派的弥足珍贵的建筑文化传统。这是值得我们认真总结和继续发扬光大的。

4.10　我国已整理出版了哪些生态风水学古籍？

图4.10　内地近年出版的部分普及型风水书籍

虽然生态风水学是从《易经》分支出来，对中国建筑文化影响深远的"国学"，我国又是"风水文化"的故乡，但由于历史上遗留下来的风水学门派众多，鱼龙混杂，良莠不齐，所以共和国成立以来，一直没有认真整理出版过有价值的风水古籍。目前一些地下出版物存在的问题更是极为严重，不但不能把以往风水各门派之精华应用于社会，反而埋下了违反科学，宣扬迷信的隐患。即以《玄空学》、《八宅法》，乃至被一些人赞为易学、易记、易掌握，规律条理清楚，应用方便，断事准而快的《过路阴阳》等风水古籍而论，固然积累了不少风水经验，但确有一个重新整理爬梳，去伪存真，去粗取精，古为今用的问题。

4.11　如何升华易经生态风水文化?

图4.11　升华风水文化要解读风水奥秘

易家认为,《易经》的卦理与天地暗合,所以不会违背天的变化规律;它知道如何周济万物而不会有过错,行动自如而不流入歧途,乐于接受天道规律而知道万物命运;它安于乡土而敦行仁义,所以能广爱大众,包含天地的变化而不过分,精细成就万物而不遗漏任何一种,通晓昼夜更替的道理而知道其中奥秘,懂得阴阳神奇却没有具体的变化方法,易卦微妙也没有固定僵化的体例。这就是以《易经》总揽升华风水文化的做法。

4.12　易理对学生态风水有作用吗?

易家说,古人将万物的精义化入神奇的易理,这是为了学以致用。利用易理来择地选址,建房栖居,安身立命,以尊崇易德,顺应天道。通过易卦明白易理,以往的日子以及未来的事情,都或许能知道它。所以说,今人穷尽了神奇的易理并知道事物的变化,就可以掌握包括生态风水知识在内的科学文化,建设美好幸福的和谐家园,进入发扬光大易德的盛世。

图4.12　学会易理才能在风水学上登堂入室

168

4.13 《易经》能促进当代生态风水文化事业吗?

易家认为,一阴一阳,相生相灭,相辅相成叫做"天道",能继承天道行事的就是"善",能成就阴阳变化的就是"天性";丰富万有的叫做"伟大事业",天天自新上进的叫做"盛大美德",化生生命叫做变易,形成卦象的叫做"乾",仿效天法的叫做"坤",穷极象数预知未来的叫做"占",通晓变易道理的叫做"事",阴阳变化难以测定的叫做"神";易德被仁义者称为"仁德",易理被智慧的人称之为"知识"。《易经》主张要设法显示出易卦的仁义美德,鼓动催生万

图4.13 阴阳对称的现代化雄伟楼宇

物而不要消极等待,与圣人一同去发扬盛大美德,这伟大的事业也就至善至美了。所以说,《易经》是促进当代生态风水文化事业的宝书。

4.14 易变道理对当今生态风水建筑意味着什么?

图4.14 易理对当今建筑
意味着在变化中前进

《系辞传上》上说,天尊贵地卑贱,决定了乾坤的地位。天下万物以卑贱高贵之分陈列开来,就排定了尊贵低贱的位置。动与静是有常规的,刚强与柔弱决定了事物的运动状态。每个系统的事物都按照各自的种类来聚拢结合,天下万物也都按照各自的族群来划分,吉祥凶灾也就在万物的矛盾运动中产生了。它在天上形成各种卦象,在地上化成各种爻形与风水现象,万物的变化运动就可以看见了。所以刚与柔互相摩擦,八卦之间互相激荡。它以雷霆鼓舞这种摩擦,以风雨滋润这种激荡。日月在天空运行,造成了地上一寒一暑的交替。乾道化成了太阳与暖流,坤道化成了月亮与阴风。乾强健知道如何创始伟大的事业,坤柔顺配合作成了天下万物。知道"变易"、"不易"和"简易"的易理,就可以懂得天下的道理,与时俱进,不断创新,成就当代风水伟业了!

169

4.15 现代城乡建设要重视传统生态风水文化吗?

图4.15 城乡建设离不开风水创意文化设计

建筑是城乡建设文化的丰碑。中国建筑已经进入文化创意时代。是抛弃文化,盲目模仿欧式风格,还是发扬光大中国传统建筑天人合一,亲近自然的理想风格?它体现一个地区倡导什么文化,它取决于它的使用者、开发者、建设者和设计者,是以中国传统建筑文化为主,吸纳西方建筑文化的精华,还是单纯追求眼前的市场最大利益?没有眼光的城乡建设克隆西方建筑,欠缺规划,密杂乏味,毫无美感,使建筑这一人类的安身立命之所,缺失了宝贵的文化品位。因此,有识之士呼吁:城乡建筑不光要讲究功能,形状,用料,还要讲究情怀,讲究民族精神,讲究生态文明,讲究和谐社会。这就需要了解和重视风水文化。

4.16 中华生态风水学如何才能体现其现代价值?

中华风水学要体现其现代价值,就要来一场革故鼎新的现代化变革。因为在人类科学还没有专业化之前,由于历史的局限,它必然会有许多虚幻不实的成份。取其精华,去其糟粕,用当代语言与科学理念去阐释传统风水学,以更好地服务于社会,是中国建筑风水学的研究者与实践者面临的重大任务。首先,要跳出传统风水学"玄之又玄"的语

**图4.16 中华生态风水的
现代价值在于创新改造精神**

言怪圈,使用浅显易晓的现代表达手段,以让更多的人了解风水学的精义及现代价值。其次,应适应社会发展,善于以最新的科技成果的"试金石",去检验传统风水学,使其脱胎换骨,发扬光大。第三,要适应当代城市建设、房地产开发的高速发展,研究面临的各种新问题,敢于创新,尽快促进风水学的现代化,将传统风水学中精华有机地融入当代建筑学之中。

4.17 中国生态建筑文化应如何传承?

任何文化的发生之初都是有地域性的,建筑文化也不例外。汉族的房子南北差异就很大,与藏族地区住的石砌防寒颜色鲜艳的房子的差别就更大。日本建筑的房子一般比较精致,席地而睡,更多的保留了中国古代建筑的风格,与欧美建筑的差别很明显。中国建筑文化的传承,一是要与地方环境和风水布局相适应,与本地域历史遗留的民族建筑保持比较一致的特色,不盲目抄袭国外的建筑格式;二是适应现代潮流的生活方式,满足现代人对房子多功能的合理需要,形成新的地方建筑文化特色。

图4.17 古代建筑传承了
丰富深刻的中华风水理念

4.18 生态国学如何才能让中西建筑文化精华合璧?

图4.18 中西建筑文化结合的
典范圆明园生肖喷水池缩影

东西方文化融合是全球化的趋势。被帝国主义强盗焚毁的圆明园,很早就进行过将西方建筑的优势和中国传统建筑美融汇一炉的尝试。它启示我们,这两者优势和审美功能的融合,可推动生态建筑艺术的创新。但这并非千篇一律的一概将高层化、密集化视为现代化,而要以生态环境为主题进行完美设计,尽量将现代化生活和中国传统单元布局结合在一起,在外形上添加更多的创新的生态建筑语言,在现代建筑中展示传统的生态建筑文化。而要解决这一至关重要的问题,就要寓传统于现代,以现代手法回归传统生活方式,按照空间的门、堂、廊三种形式,在造型上延伸中国门廊的悠久历史,以神似而非形似的方式实现中西建筑文化的结合。

4.19　生态建筑风水学要求人类住宅体现哪些基本功能?

图4.19　功能比较齐全的现代化住宅楼群一角

近年来，不管是100平方米以上的大型住宅，70、80平方米的中型住宅还是40、50平方米的小型住宅，其新户型、新配套、新概念等各项指标，年年都在发生变化，但为了满足现代人需要，一般都必须具备会客、休憩、书案、烹饪、用餐、洁卫、储物、晾晒等八大功能。若缺少某些功能，又不善于综合开发利用，如客厅兼做餐厅，储物柜藏入墙内，书房卧室合一，阳台与客厅、厨房打通兼容等，房子就难以体现价值，适销对路了。

4.20　什么是体现生态工程学的智能屋?

智能屋是以现代信息技术装备的智能住宅。它拥有一个与高速因特网连接的无线网络，可以实现电子设备与智能住宅楼的互联和集中控制，并且配备了智能型工作间，具有发生故障时迅速自动进行修理的自我修复功能。它的舒适与使用方便联系在一起，简单到就像使用鼠标一样。它通过一间智能住宅网络、一部手机或一台掌上电脑，就可以控制电视摄像镜头、所有照明、窗帘以及室内各种设备和空调等。它的这些技术设备、线路系统或控制布局，不会破坏住宅楼的整体美观和楼内外的风水环境，体现了现代生态工程学的文化精神。

图4.20　以现代信息技术装备智能住宅

4.21　未来的智能屋将使用什么生态建筑材料？

专家认为，未来的智能住宅外观与当今的住宅楼不会有太大的变化，但一些建筑材料将有所改变。它将尽可能减少砖瓦的用量甚至不用，较多地采用可以大量利用太阳能取暖和制冷的光纤维电缆照明新材料，使客房外的光线可以入内，而阳光直射时所产生的热量却大都被拒之窗外。

图4.21　未来符合生态文化的建筑材料很重要

它还将通过一台计算机，对太阳能系统、住宅温度与湿度监控系统进行自动控制，做好采光、取能、节能、防火、存储信息等许多工作，保障屋内冬暖夏凉的良好生物气候。这就使房屋处于一种自然优化的风水环境之中。

4.22　振兴中国生态建筑文化必须授予中国建筑师"三权"吗？

图4.22　中国建筑师设计的厦门华侨博物馆

有人呼吁，要想振兴中国生态建筑文化，必须授予中国建筑师话语权、决策权和引领权，简称"三权"。确实，中国建筑师是生态建筑文化的创意先锋，在振兴中国生态建筑文化的历史进程中，担负着引进西方先进生态建筑理念，结合中国国情和民情，为中国建筑文化激活风水基因的历史重任，其要求拥有话语权和引领权，自然是不言而喻的。但是，就谁掌建筑业最终拍板的决策权而言，却应慎重。它既不应排除建筑师也不应由其独占。中华建筑文化复兴的话语权、决策权和引领权，应由城市规划局、地产商和社区买家分享，应由其设计者、受益者、规划者、保护者共享。也只有这样，杰出建筑师的创造力才会得到更好的保护和支持。

4.23　懂得生态学才能成为真正的风水师吗?

图4.23　懂得易经才是真正的中华风水师

人们一般把研究经学，通晓易理的大家尊称为"经学家"或"易学家"，把治病救人，通晓易医的专家敬称为"中医学家"或"中医师"，将掌握了易经风水学问，以择居选址为业的人称为"风水师"或"风水学家"，这确是名副其实的。而风水学理论发展至今，大致已成为包含了地质学、水文学、气候学、地理学、生态学、伦理心理学、景观学、环境学、建筑学、园林学、美学、古代营造学在内的中国建筑学的系统理论，因此，只有不断吸收新的生态科学文化，并尽可能掌握了其知识的人，才是当代真正的风水师。从中华风水事业今后的健康发展需要看，其培训和资格认证，都将由国家风水建筑行业认可的权威部门来进行。

4.24　生态风水学目前受到政府的重视吗?

众所周知，生态风水学根据八卦阴阳易理，制定出中国古代建筑和环境规划的风水学原则，为人类建筑实现安居、康乐、趋吉等功能，适应气候生态等环境要素而制定的选择地形、地貌、景观的建筑规划的指导性原则，至今仍有其强大生命力和现实意义，并对当前国内外的建筑选址营建都产生了不同程度的深刻影响，日益为人们所重视。党的十六大、十七大都对弘扬中华

图4.24　风水园林被列为政府重点保护文物

民族优秀文化做了重要指示。前年国家民政部批复国际易学联合会正式成立，与建设部的中国建筑文化中心联手推进了风水文化研究。在易经倡导的自强不息、厚德载物的中华民族精神指引下，为灿烂悠久的民族文化做出不朽贡献的风水学，已经日益引起东西方建筑业的高度重视和热烈赞誉，并必将继续为中华民族建筑文化的振兴和世界建筑文化的创新提供珍贵启示。

4.25　生态风水学目前在我国的景况如何？

与伴随人们的生产实践、社会实践和科学实践而日渐彰明的政治学、经济学和医学等有所不同，伴随着人们千百年来艰辛而丰富的建筑实践而诞生、发展、成熟的风水学，至今因人们认识的局限性，被蒙上了神秘、玄奥乃至迷信、荒诞的色彩！且不说其中寄望于"坟山贯气"，荫庇子孙荣华富贵的"阴宅"风水术，除了在阳宅选址或为纪念伟人英烈的墓址和公墓的选择上还略可参考外，大部早已因时代变迁，观念更新，

图 4.25　生态风水学目前
在我国急需推陈出新

葬俗改变而一无是用；就连专为现世活人建房造福的"阳宅"风水学，也长期被一些似懂非懂，取财无道的"风水先生"弄得破绽百出，自相矛盾，陷入难圆其说，似是而非的尴尬境地，不能不引起了社会公众的疑虑、警惕乃至反感。这对于从 20 世纪五四运动、文化大革命横扫一切传统文化的暴风雨中刚刚复苏，急需推陈出新，去腐更生的既古老又年轻的"风水学"而言，自当是一场严峻的考验和无法回避的蜕变过程。有鉴于此，追本溯源，缕析中华易经风水学总纲，明确中国建筑风水文化的根本原则，就是十分必要的了。

4.26　"中国建筑风水文化与健康地产国际论坛"的背景是什么？

图 4.26　中国建筑风水文化
与健康地产国际论坛会场

第一届"中国建筑风水文化与健康地产国际论坛"于 2004 年在北京人民大会堂召开。第二、三、四届"中国建筑风水文化与健康地产国际论坛"连续三年分别于广州、武汉和深圳召开。它说明，易经风水文化南北中呼应，已经从幕后走向台前。追本溯源地缕析中华易经风水学的总纲，总结其为繁荣中国建筑文化而订立的科学的风水学原则，已经刻不容缓。这也正是建设部中国建筑文化中心，为适应中国改革开放以来国力不断增强，人民居住需求日益增大，我国地产业的健康蓬勃发展的形势，与国际易学联合会携手，汇聚国内外易经风水学者和地产界精英，在京穗连续举办了二届中国建筑风水文化与健康地产国际论坛的背景。

（二）生态国学的五行观念

4.27　怎样根据土质色彩来选好地？

图4.27　从土色里可以分辨土质

《内经·脉要精微论》在谈到根据人的脸色来判断疾病时说："夫精明五色者，气之华也，赤欲如白裹朱，不欲如赭；白欲如白羽，不欲如盐；青欲如苍璧之泽，不欲如蓝；黄欲如罗裹雄黄，不欲如黄土；黑欲如重漆色，不欲如地苍。"这就是说，善于辨色者可以在近似的颜色里，分辨出"气之华"与"气之衰"的不同：如红色要象白绸裹朱砂那样明润，不要象赭石那样枯槁；白色要象白色鸟羽，不要象盐碱地那样惨白；青色要象璧玉一样光泽，不要象青靛那样发蓝；黄色要象罗缎包裹雄黄，不要象枯槁的黄土；黑色要象重漆般闪亮，不要象地炭般枯槁。

4.28　生气旺盛的住宅有什么基本条件？

《黄帝宅经》中说："夫宅者，乃是阴阳之枢纽，人伦之轨模。非夫博物明贤，无能悟斯道也。"它反映了古代先贤对人类赖以繁衍的理想住宅建设的基本要求。一是生态平衡，藏风聚气，阴阳协调，环境位置好，建设格局好；二是符合严父慈母，兄弟情深，姐妹和睦，敬老爱幼，模范人伦的家庭美德。也就是说，生气旺盛的住宅要内外

图4.28　生气旺盛的住宅

兼修，境美人和，人宅同旺。而要做到这两点，就必须要有博览众物，顺天应地的风水科学知识，明贤悟道，修身齐家的道德修养功夫。

4.29　生态环境为什么要多种植绿植物?

从科学的角度看,植物可以吸收二氧化碳,通过光合作用产生氧气,改善生态环境,有益健康。从生态风水学看,水生木、木生财。注意在庭院、房内与厅里适当种植一些生机勃勃的绿色植物是美观而有益的。家人时常活动与平日待客的大厅内,可摆放富贵竹,发财树等,一来象征生机勃勃,二来还可靠制造氧气,对居室主人的生活有益。除了日

图4.29　家居宅院宜摆放常绿植物

常摆一些万年青、福寿竹、龟背竹之类的荫生常绿植物外,有时候也可以将阳台的花木搬进客厅里来放一段时间,但不必强求四季鲜花,只是保持常绿常青就行了,如有枯枝败叶,则需打理常换,令居室更具活力。

4.30　生态家居摆放什么植物为好?

图4.30　适合家居摆设的各种花卉

卧室宜追求雅洁、宁静舒适的气氛,家居设计注意在卧室内部放置有益植物,有助于提升休息与睡眠的质量。由于卧室放床后余下面积往往有限,所以要精心考虑大小合适的盆花植物摆放。在宽敞的卧室里,可选用站立式的大型盆栽;小一点的卧室,则可选择吊挂式的盆栽,或将植物套上精美的套盆后摆放在窗台或化妆台上。茉莉花、封信子或夜来香等能散发香甜气味的植物,可令人在自然的芬芳气息中酣然入睡。而摆放君子兰、黄金葛、文竹等植物,则具有柔软感,能松弛神经。卧室里植物的植株培养基可用水苔取代土壤,以减少虫蚁,保持室内清洁。

4.31 生态家居如何注意"八方来风"?

古人为养生抗病需要,根据四季气候变化的不同方位来风的风向,把八面来风分为立夏时节的东南弱风,夏至的南方大弱风,立秋的西南谋风,春分的东方婴儿风,秋分的西方刚风,立春的东北凶风,冬至的北方大刚风,立冬的西北折风等。除了中央宫招摇风(龙卷风)外,它们分别来自风源所在的明洛宫、上天宫、玄委宫、仓门宫、仓果宫、天留宫、叶蛰宫、新洛宫,这反映出古人对风向影响人类健康和风水建筑的深刻认识。下面就是根据《内经·九宫八风》绘制,内含易学数理,家居设计所要注意的九宫季候风向图。

图 4.31 选址需注意风向

九宫季候风向图

立夏(四)东南弱风 明洛宫	夏至(九)南方大弱风 上天宫	立秋(二)西南谋风 玄委宫
春分(三)东方婴儿风 仓门宫	中央(五)招摇 中央宫,北极星	秋分(七)西方刚风 仓果宫
立春(八)东北凶风 天留宫	冬至(一)北方大刚风 叶蛰宫	立冬(六)西北折风 新洛宫

4.32　生态家居为什么防风如防贼？

《内经·宣明五气篇》根据"五藏所恶，心恶热，肺恶寒，肝恶风，脾恶湿，肾恶燥，是谓五恶"的生命原理，把风视为"百病之始"和"百病之长"。它把从四面八方所刮来，人体五藏所厌恶的热风、寒风、邪风、湿风、燥风等"五风"，作为导致人体致病的"五恶"，并在《素问第六卷·玉机真藏论》里明确指出其致病原因是："今风寒客于人，使人毫毛毕直，皮肤闭而为热。"同时，《内经·素问第一卷·生气通天论》还针对性地提出了防范恶风伤人的办法："清静则肉腠闭拒，虽有大风苛毒，弗之能害，此因时之序也。"这也就是说，我们只要根据不同季节的不同方向的来风风势与气温变化，注意家居设计的防风措施，注意穿衣戴帽，强身健体，清静以待，增强抵御邪风侵害的能力，那即使是再阴毒的恶风，也将无奈我何了。

图 4.32　民宅挡风聚气的屏风

4.33 生态国学认为"八方来风"都会使人致病吗?

古人认为，只要我们立于中宫位置，就迟早会感受到八面来风的存在，这就是风水学所要探讨的"八风"。而我们要想说明八风对人体产生微妙影响，便不可不提《内经》对"八风"玄机的揭示，这就是："风从南方来，名曰大弱风，其伤人也，内舍于心，外在于脉，气主热。风从西南方来，名曰谋风，其伤人也，内舍于脾，外在于肌，其气主为弱。风从西方来，名曰刚风，其伤人也，内舍于肺，外在于皮肤，其气主为燥。风从西北方来，名曰折风，其伤人也，内舍于小肠，外在于手太阳脉，脉绝则溢，脉闭则不通，善暴死。风从北方来，名曰

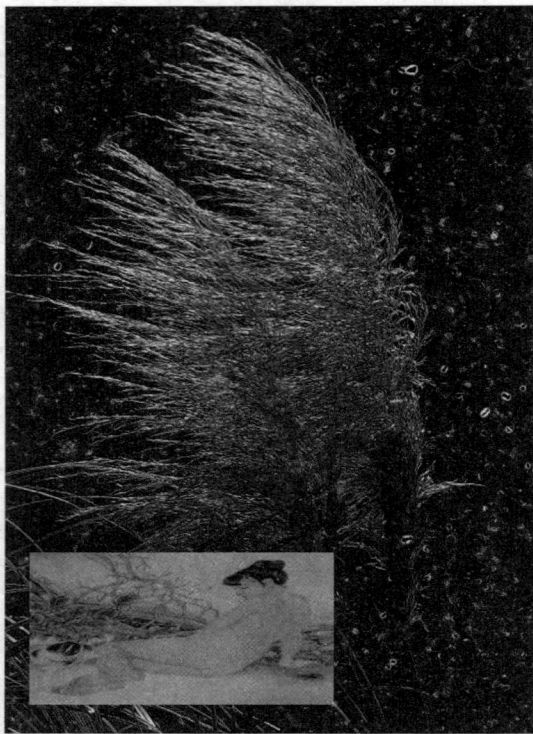

图 4.33　狂野邪风会令人致病

大刚风，其伤人也，内舍于肾，外在于骨与肩背之膂筋，其气主为寒也。风从东北方来，名曰凶风，其伤人也，内舍于大肠，外在于两胁腋骨下及肢节。风从东方来，名曰婴儿风，其伤人也，内舍于肝，外在于筋纽，其气主为身湿。风从东南方来，名曰弱风，其伤人也，内舍于胃，外在肌肉，其气主体重。此八风皆从其虚之乡来，乃能病人。三虚相搏，则为暴病卒死。两实一虚，病则为淋露寒热。犯其雨湿之地，则为痿。故圣人避风，如避矢石焉。其有三虚而偏中于邪风，则为击仆偏枯矣。"这就明确告诉我们，不同节令不同风向的"八风"可以大致分为实风与虚风两类，其中从其所居之乡来的叫实风，它是主生，主长，养育万物的正风；而从虚无之乡、从其冲后而来的叫虚风，它是伤人，主杀、主害的邪风，能使人五脏受损，暴病身亡，所以家居设计的避风之害，就象躲避飞射而来的利箭和石头一样。

4.34 风气"五味"与人体健康有关吗？

风气中的腥、香、焦、朽、膻等"五臭"，与咸、苦，甘、辛、酸等"五味"，各自属于人五官之中的嗅觉与味觉，分别代表了人借鼻舌所感觉到的"风味"和"口味"。这"五味"与五行紧相配合，可以见于中华风水文化的方方面面，并与人体健康有密切关系。《黄帝内经》认为，心合脉可以荣色、主肾，肺合皮可以荣毛、主心，肝合筋可以荣爪、主肺，脾合肉可以荣唇、主肝，肾合骨可以荣发、主脾，并且根据长期积累的丰富的食疗经验，并在《五藏生成论》中明确指出："是故多食咸，则脉凝泣而变色，多食苦，则皮槁而毛拔；多食辛，则筋急而爪枯；多食酸，则肉胝而唇揭；多食甘，则骨痛而发落。此五味之所伤也。故心欲苦，肺欲辛，肝欲酸，脾欲甘，肾欲咸，此五味之所合也。"所以说，风气"五味"与家居设计和人体健康是有密切关系的。

图 4.34　精通酸味养生的醋王像

4.35 生态国学认为五行五味与健康有什么关系？

从风水的意义上去理解五行和五味，就可以发现，我们如果能根据自己的体质状况，避开腥、香、焦、朽、膻等"五臭"之地，分别选择在水味、土味、气味上，略苦，略辛，略酸，略甘，略咸的地方居住，就会分别大大改善我们的肤色、皮毛、指爪、唇肉、头发，并有益于我们的心，肺，肝，脾，肾的健康，这是符合中医辩证施治原理的。下面就是根据这一中医风水养生学绘制的五行五味保健图：

图 4.35　讲究五行五味养生的风水器具

五行五味保健图

心恶热	通舌主脉	荣色主肾	藏神藏脉	畏咸喜苦	忌腥味
肺恶寒	通鼻主皮	荣毛主心	藏魄藏气	畏苦喜辛	忌臭味
肝恶风	通目主筋	荣爪主肺	藏魂藏血	畏辛喜酸	忌焦味
脾恶湿	通口主肉	荣唇主肝	藏意藏营	畏酸喜甘	忌朽味
肾恶燥	通耳主骨	荣发主脾	藏志藏精	畏甘喜咸	忌膻味

4.36 《内经》认为五行与天地万物有什么关系?

图 4.36 与五行对应的 12 生肖羊

古人认为:天有五行,御五位,它生出寒暑燥湿风,周而复始的按照五运阴阳运动,成为天地之道,万物纲纪,变化之父母,生杀之本始,神明之府。用《内经·天元纪大论》里的话来说就是:"物生谓之化,物极谓之变,阴阳不测谓之神,神用无方谓之圣。"这里所谓的变、化和神,在天为玄,在人为道,在地为化,用五行术语解释就是"在天为风,在地为木;在天为热,在地为火;在天为湿,在地为土;在天为燥,在地为金;在天为寒,在地为水。在天为气,在地成形",它最后通过"行气相感而化生万物。"古人这种把天地视为万物存在的上下空间,把左右方位视为阴阳变化的道路,把水火作为阴阳变化的徵兆,把金木作为万物生成的终始的观点,为中华风水学提供了观察万物,寻找规律,因地制宜,运用五行生克解决风水难题的理论根据。

183

4.37 《内经》是如何推出"五运行大论"的?

图 4.37 与风水流转寓意暗合的五巨象之一

"五运行大论""风水轮流转"的最早说法,可以参见《内经》借鬼臾区之口所做的解释,那就是:"地主甲己,金三乙庚,水主丙辛,木主丁壬,火主戊癸。子午之上,少阴主之;丑未之上,太阴主之;寅申之上,少阳主之;卯酉之上,阳明主之;辰戌之上,太阳主之;巳亥之上,厥阴主之。"换句话说,这就是指,在中国农历以甲子命名,六十年后周而复始的年份里,凡有甲己的属于土年,有乙庚的属于金年,有丙辛的属于水年,有丁壬的属于木年,有戊癸的属于火年。它最终形成了《内经》里所谓的"甲己之岁,土运统之;乙庚之岁,金运统之;丙辛之岁,水运统之;丁壬之岁,木运统之;戊癸之岁,火运统之"的五行轮流行大运——即"五运行大论"的说法。

4.38 生态国学认同"风水轮流转"有科学根据吗？

在科学高度发达的今天，我们已经不再会根据"五运行大论"的说法，笨拙机械的把每一年都往木、火、土、金、水里套，做削足适履的蠢事。但我们却应牢记古人所谓"五运论"的合理因素。它所要提醒我们的其实是，看起来年复一年的天气，其实并不是一成不变的。寒暑燥湿风火，是"天之阴阳；三阴三阳上奉之。木火土金水火，地之阴阳也；生长化收藏下应之"的根据，它在天象地理人为的影响下，造成了水涝、旱灾、寒春、暖冬以及风调雨顺等不同年景，这也正是生态国学所要注意的所谓"风水轮流转"的合理因素。

图4.38 "风水流转"有合理因素

4.39 "风水轮流转"与人的生态行为有关吗？

图4.39 风水流转与人事相关

古人认为"风水轮流转"不仅与天象地理相联系，与生态人事活动也密切相关。所谓天道，如迎浮云，所谓地道，若视深渊，似可测而莫知其极。它应则顺，否则逆，逆则变生，变则病。《黄帝内经·素问第十九卷·六微旨大论》里借歧伯口说："天气始于甲，地气始于子，子甲相合，命曰岁立，谨候其时，气可与期。"其根据是："上下之位，气交之中，人之居中。故曰：天枢之上，天气主之；天枢之下，地气主之；气交之分，人气从之，万物由之。"人作为天地之间的一分子，只能在其中出入化灭，升降壮老。因此，通晓自然界和人类社会里"风水轮流转"的变迁转化规律，明白"位天者，天文也。位地者，地理也。通于人气之变化者，人事也"的道理，懂得"太过者先天，不及者后天，所谓治化而人应之也"的顺天应人的道理，才能如《内经·气交变大论》里所说的"上知天文，下知地理，中知人事，可以长久。"

4.40 《内经》是如何解释五行风水要素的?

《内经·宝命全形论》说: "木得金而伐, 火得水而灭, 土得木而达, 金得火而缺, 水得土而绝, 万物尽然, 不可胜竭。" 说的就是五行相克, 流年变化, 风水转运的表现。它对 "木曰敷和, 火曰升明, 土曰备化, 金曰审平, 水曰静顺" 的风水和谐的平运状态, 对 "木曰委和, 火曰伏明, 土曰卑监, 金曰从革, 水曰涸流" 的风水不佳的不及状态, 对 "木曰发生, 火曰赫曦, 土曰敦阜, 金曰坚成, 水曰流衍" 的风水异常的过头状态的解释, 以及对大自然风水演化期间三种状态的转运与互相补充的描述, 说明了一个道理, 这就是自然风水现象的常态, 是与能量不足和能量过头的非常态交替出现, 互为作用, 周而复始的。因此, 作为宇宙间具有高度智慧的人类, 既不要因为风水的好坏轮替而惶惑不解, 疑窦丛生, 也不要因此而惊慌失措, 一筹莫展; 而要从中探寻风水周期性的演变规律, 兴利于当代, 防患于未然。

图 4.40 内经认为五行与风水有关

4.41 《内经》认为五行与风水和人居健康有关吗?

在中华易经文化系统里,五行是与八卦相关的风水要素。对人类健康作出巨大贡献的《内经》认为,五行转运与风水变化和人居环境的设计有着密切的关系,必须密切关注。下面就是根据《内经·五常政大论》绘制的五行风水图解。

图 4.41　内经认为五行风水与人居健康有关

五行风水图解

五行风水图解					
五行平运	木曰敷和 敷布和气	火曰升明 上升明亮	土曰备化 广布生化	金曰审平 清静平定	水曰静顺 清静顺畅
五行不及	木曰委和 委屈不和	火曰伏明 屈服不伸	土曰卑监 低凹不生	金曰从革 易革不坚	水曰涸流 干涸不流
五运太过	木曰发生 宣发生气	火曰赫曦 炎热太盛	土曰敦阜 土高过厚	金曰坚成 坚刚熟硬	水曰流衍 满溢外流

4.42 《内经》说的土郁金郁水郁风水变化能致病吗?

中华医书之祖《内经》把五行地理风水的突变,作为人致病的重要外因,形象描述了它土郁、金郁与水郁之发的威力:"土郁之发,岩谷震惊,雷殷气交,埃昏黄黑,化为白气,飘骤高深,击石飞空,洪水乃从,川流满衍,田牧土驹。化气乃敷,善为时雨,始生始长,始化始成。故民病心腹胀,肠鸣而为数后,甚则心痛胁嫔(肉旁),呕吐霍乱,饮发注下,胕肿身重。云奔雨府,霞拥朝阳,山泽埃昏。其乃发也。以其四气。云横天山,浮游生灭,怫之先兆。金郁之发,天洁地明,风清气切,大凉乃举,草树浮烟,燥气以行,霿雾数起,杀气来至,草木苍干,金乃有声。故民病咳逆,心胁满引少腹,善暴痛,不可反侧,嗌干面尘色恶。山泽焦枯,土凝霜卤,怫乃发也,其气五。夜雾白霜,森莽声凄,怫之兆也。水郁之发,阳气乃辟,阴气暴举,大寒乃至,川泽严凝。寒雾结为霜雪,甚则黄黑昏翳,流行气交,乃为霜杀,水乃见祥。故民病寒客心痛,腰椎痛,大关节不利,屈伸不便,善厥逆,痞坚腹满。阳光不治。空积沉阴,白埃昏暝,而乃发也,其气二火前后。太虚深玄,气犹麻散,微见而隐,色黑微黄,怫之先兆也。"

图4.42　内经认为风水变化能致病·华祖庵

4.43 《内经》说的木郁火郁风水变化能引起严重疾病吗？

《内经·六元正纪大论》里描述因木郁、火郁风水变化引起的病情是："木郁之发，太虚埃昏，云物以扰，大风乃至，屋发折木，木有变。故民病胃脘当心而痛，上支两胁，鬲咽不通，食饮不下，甚则耳鸣玄转，目不识人，善暴僵仆。太虚苍埃，天山一色，或气浊色，黄黑郁若，横云不起雨，而乃发也，其气无常。长川草偃，柔叶呈阴，松吟高山，虎哮岩岫，怫之先兆也。火郁之发，太虚肿翳，大明不彰，炎火行，大暑至，山泽燔燎，材木流津，广厦腾烟，土浮霜卤，止水乃减，蔓草焦黄，风行惑言，湿化乃后。"这说明，在传统风水看来，金木水火土所代表的天气物候突变和自然各大制衡力量的失和，是直接引起人类致病短寿的重要原因。它也说明，人类只有善待自然，顺应自然，做幸福明智的自然之子，而不做狂妄贪婪，索取无度的自然之主，才可能免遭自然的严厉惩罚而早夭。

图 4.43　木郁风水之象

4.44 五行说明了人不可破坏生态风水的道理吗?

图4.44 五行说明了风水设计
不可妄为的道理

风水学借助五行所要说明的,是人不可破坏生态风水,不可违背自然而妄为的道理。《内经·气交变大论》借岐伯之口说:"东方生风,风生木,其德敷和,其化生荣,其政振发,其灾散落。南方生热,热生火,其德彰显,其化蕃茂,其政明曜,其令热,其变销烁,其灾燔芮(火旁)。中央生湿,湿生土,其德溽蒸,其化丰备,其政安静,其令湿,其变骤注,其灾霖溃。西方生燥,燥生金,其德清洁,其化紧敛,其政劲切,其令燥,其变肃杀,其灾苍陨。北方生寒,寒生水,其德凄沧,其化清谧,其政凝肃,其令寒,其变凛冽,其灾冰雪霜雹。是以察其动也,有德有化,有政有令,有变有灾,而物由之,而人应之也。……承天而行之,故无妄动,无不应也。"这就提出了我们要根据国内外东南西北的风水气候,德化政令的特点,顺天应地,绝不妄动的为人处世原则。

4.45 《内经》主张人应该如何顺应天时而行动?

《内经》认为,我们每年每季每天每时的行动,都应该承天应人而无妄为,遵守春生夏长,秋收冬藏,这一气的常态和规律。因此人不但要适应一年四季的寒暑湿燥变化,还要适应一天内的气温升降和人体生物钟的变化,把一日分为四个时段:即早上为春天,中午为夏天,日落为秋天,夜半为冬天;密切注意早上人体正气刚开始发生,病气衰弱,人比较聪慧;中午人正气深长,能战胜邪气,比较平安;晚上人正气开始衰减,邪气开始发生,要倍加小心;夜半人正气潜藏,邪气会乘虚上身,病情会加重的危险,更注意防范于未然,保暖防寒,减少熬夜耗神损精对身体造成的伤害。

图4.45 《内经》主张人应该
顺应天时而行动

189

4.46 《内经》是如何根据风向来养生的？

《内经·逆顺肥瘦》说："圣人之为道者，上合于天，下合于地，中合于人事，必有明法，以起度数，法式捡押，乃后可传焉。故匠人不能释尺寸而意短长，废绳墨而起平木也，工人不能置规而为圆，去矩而为方。知用此者，固自然之物，易用之教，逆顺之常也。"下面是根据《内经》原理绘制的五行风向保健图：

五行风向保健图

南方生巨风	离位九	热·夏长，	食 心火盛	赤云旱	利器物之用
西方阊阖风	兑位七	燥·秋收，	息 肺金生	白云灾	利宫室之盛
东方明庶风	震位三	湿·春生	视 肝木旺	青云虫	利烹饪之美
中域龙卷风	中央五	长夏·时化	思 脾土安	黄云安	利楼台之高
北方广漠风	坎位一	寒·冬藏	听 肾水长	黑云雨	利泛舟之乐

图4.46 《内经》主张保健不离五行养生

190

4.47 生态住宅的磁场说有道理吗？

宇宙是电磁波和磁场的世界，大至星体间的相互辐射，中至贯穿地球的南北极电磁场，小至一小区、一住宅的电磁场，电磁波可以说是无处不在。人们发射和利用电磁波来收听广播，收看电视以及进行手机通讯、无线上网信号传输，也早已经十分普遍。所以说，漫天盖地的电磁波的存在确是客观事实，它能使人们在一间住宅里长期住下后，会

图4.47　住宅磁场说有一定道理

有舒适或不舒适的感觉，虽一时说不出来由，却会影响到健康，这就是一个有关住宅与人，或特定个人与特定住宅是否相合的风水道理。所以，有些聪明的买家，在选购住房和家居设计前，除了考虑住宅的质量和整体格局外，还常领着一个健康活泼的小孩到新宅里去；如果小孩流连忘返，就是好屋，如果小孩坐立不安，急着要走，许多人也有同样有感觉的话，这间房子的风水一般不会好。这是一种利用健康小孩或其它敏感动物如狗猫等，对该住宅电磁波干扰的敏感度，探测其风水好坏的办法。

4.48 生态住宅越大越好吗？

图4.48　住宅不宜过大

生态住宅是否越大越好？从生态国学看，并非如此，这要看家里的人口而定。因为"宅大人少"是空虚之象，"宅小人多"是充实之体。充实为阳，生机勃勃，枉宅旺人；空虚为阴，人气不旺，生气衰减。特别是大卧室，过大的空间往往会过多耗散人体的暖气和精神，使人困倦不安，难以入眠；所以即使是紫禁城里的皇帝卧室，也只不过是能摆下一张床就没有过多空间的不大房间而已。所以凡卧室过大，就最好将超过18平方米以上的部分，划出一块隔开来，根据其空间大小，改做衣柜、衣帽间、或休憩室或小书房之类。

4.49　最适合人类居住的生态社会环境要素包括哪些？

图 4.49　选宅要兼顾社会环境

风水学认为最适合的人类居住地，包括社会环境、自然环境和生态居室三大条件。其中的社会环境涵盖了物质文明与精神文明范围，有宏观、中观与微观之别。宏观指全国、全省的安全文明程度；中观指全市或全县的规划治理水平，微观指住宅小区内的环境与邻里关系。所以说适合人类居住的社会环境，应是以人为本的环境，它为了满足人的风水安居需要，满足人的社会生产、社会职能和社会交往的需要，就要具备良好的交通网络、能源供应（水、电、煤气）、商业网络、社区建设（包括社区教育、文化、体育、医卫、娱乐、治安等）、人群素质、人际关系等要素。这才能满足人作为社会主体的安居乐业需要。

4.50　最适合人类居住的自然生态环境要素是什么？

生态风水文化所追求的最适合人类居住的自然环境，属于生态文明范畴。好的自然环境，是天空、阳光、温度、湿度、空气、土地、水源、植物等各项要素的达标和优化组合。它具体的表现，无论是山清水秀，平坦开阔，湖美林幽，都应该做到花草繁茂，空气清新，没有山崩地震、火山泥石流，水涝干旱，土薄地瘦，草木不生，阴暗潮

图 4.50　良好的自然环境适宜人类居住

湿，恶臭浑浊，肮脏污染等不利人体健康和生命安全的威胁。在当今的地球村时代，自然已经成为人化的自然，生态文明已经越来越离不开以人为中心的社会环境的保障。

4.51　生态风水改造与社区文化有关联吗?

风水改造与社区文化建设是两个不同的概念,但也有密切的关联。风水十分看重地理环境的类别和选择。从社区具有的明确的内部界限的地域和必要的外部联系的因素看,它的地理环境至少有平原社区、山区社区、海岛社区等区别。更重要的是,风水改造是中国风水学的创新理论,它所注重的是如何改变风水环境以更加适合人类居住。这与社区文化建设所强调的社区生态文化

图4.51　风水环境较佳的社区

和环境文化建设,倡导营造青山绿水,园林绿树,安静清新、自然和谐,楼道干净,道路清洁的优美环境,逐步影响和引导社区居民形成保护环境,逐步规范自己的行为,不断走向更高层次的文明境界是一致的。

4.52　最适合人类的住宅包括哪些生态风水要素?

图4.52　理想的风水家居环境

最适合人类居住的住宅的风水要素是:1.建立在一个优越的社会环境与优美的自然环境中,两者要尽可能有机统一起来;2.向阳通风,光线充足,空气清新;3.建筑质量好,无有害物辐射;4.房间面积、布局合理,功能齐全,可供起居休憩,会客交流,餐饮卫浴,工作学习,储藏展示等。5.家具配套,电器用具齐全,有美观实用的装修风格;6.造价合理,房高适度,性价比高。只有这样,才能使住宅主人有一个安全、环保、方便,有利于身心健康,适合自己的社会交往和社会价值实现的理想风水家居。

4.53　怎样从科学的角度解码生态风水"旺盘"?

图4.53　苏州园林式风水旺盘一景

从科学的角度解码风水"旺盘",需要综合考虑最适合人类居住的人文环境要素和自然环境要素,以寻求最优化的整个地域的自然地理条件与生态系统。这是因为,任何地域都有它特定的人文环境和地理环境。只有当该区域各种综合自然地理要素与人文环境要素相互协调、彼此补益时,才会使整个区域内的"生气"蓬勃充满生机活力,从而造就理想的"风水旺盘"。中国常见的背山面水格局,既有背后的靠山抵挡冬季寒风,又面朝流水,便于接纳夏日凉风,得到良好的日照,周边植被葱郁,则可保持水土,调节小气候,本身就是一个风水旺盘的典型生态环境。

4.54　生态风水文化与社区建设有关联吗?

风水文化强调自然环境、社会环境、家庭伦理与住宅建设的有机统一。社区具有的四大要素,包括密切的社会关系基础和共同生活的人群,集中的住宅群和一整套的生活服务设施,以及独特的社区文化和居民对自己社区的认同感等。从地理社会条件看,社区的经济结构有城市社区、城镇社区和农村社区之别,按照社区的建筑特色有公寓区、出租屋区、住宅小区、别墅区、街道商业区之别。而所有这

图4.54　生态环境优美的新农村社区

些社区类型,都需要形成一个有向心力、凝聚力、创新力的新社区文化氛围,形成健康的伦理道德观,繁荣的社区科学、教育、文化、公益事业。这与风水文化所倡导的良好社会家庭理念是相通互补的。

4.55 理想的生态风水模式是怎样的？

风水包括"家相"，即观察阳宅风水格局来分析人类居所的吉凶；"墓相"，即通过选择阴宅安葬祖先来荫蔽子孙后代。家相和墓相统称为风水。理想的风水模式可以参见下图：

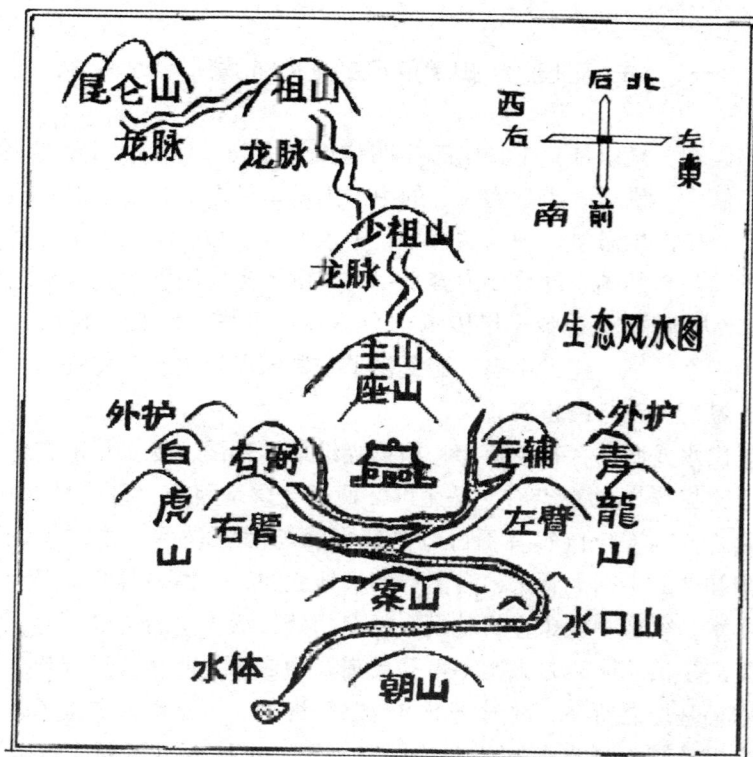

图4.55　理想风水模式图

第五章

生态国学的天地人和谐系统

一、生态国学视野下的神州龙脉之生气

生态国学，是以社会主义生态文明建设为方向，以现代生态学为内涵，以易学、儒学、佛学、道学为核心的中华国学指导之下，以中国地理学、中国气象学、中国生态学、中国园林学、中华养生学和中华风水学为基础的生态文明学，是自然国学的重要内容之一。集中了生态国学探究自然之秘义的"中华山水龙脉说"，以数千年传承至今不衰的中华风水文化智慧，为我们今天保护生态环境，建设生态文明提供了宝贵的民族生态文化资源，具有重新梳理、鉴别、升华的重要意义。

中华山水龙脉的存在与流布，根据吸纳易学精髓，受儒释道文化滋养千年的"生态国学"的观点看，是无可怀疑的。这是因为，自然是万物之母，人是自然之子，人与自然有不可分割的血脉与因缘联系。故在坚信天人合一，阴阳和谐的中国人看来，自然界的天地之间，人类栖身的旷野莽原之上的群山众水，就像一条条生机勃发，朝夕相处，活生生的矫健猛龙，环护围抱着人类的生活家园，是人类不可须臾离开的命脉之所在，是神州生态文明环境的幸福基址之所在，故丝毫不可忽略轻视之。于是也就催生了古人对中华山水之祖及其与自身人文关系的探究兴趣，走访探查不断，歌咏赞叹不绝，最终形成了中华生态国学视野之下的山水龙脉风水说。

那么，既然至今为止人们对中华山水龙脉的存在与走向，依然众说纷纭，生态国学为什么还要借"龙"来表示祖国山脉的走向、起伏、转折、变化呢，它有什么理论根据吗？首先，自伏羲创制易经八卦以概括自然生态与人类文明以来，生态国学就向有兼用形象思维与抽象思维相结合的线象思维，去观察世界的传统。其次，从古人对中华山水走势形态的描绘，只能停留在直观的认识和类比推理的判断看，要想象他们能跟当今科学家们一样，以航拍俯瞰、地质钻探、岩相分析、水质化验等高科技手段，去推出科学的

地质地貌结论，是完全不可能的。因为古人当时只能把山水作为一个活的生命体去直觉感悟，凭心灵直觉去了解地理的山形水道的无穷变化。而在古人心目中，只有龙才是最善变化，能大能小，能屈能伸，能隐能现，能飞能潜，与山势和水向一样变化多端的伟大生灵，才能通过对它的形态与活动的考察，找到其对人类社会的各种影响的真相，因此人们才以"龙"来称呼显现的或隐伏的山脉和水脉，辨别它们的运动与兴衰规律。

通过数千年跋山涉水，观山辨水，考察山水龙脉的艰苦探索，从事生态国学研究的风水家们，最终形成了要设法避开对人类身心健康有害的"煞气"，寻找和保护好对人类身心健康有益的"生气"——即依附在"龙脉"之上的"龙气"的风水理论和方法。晋代郭璞对此加以吸纳总结后，收入他所著的《葬书》之中。此后，祖籍窦州即今广东省信宜市镇隆镇的唐僖宗朝国师，官至金紫光禄大夫，掌灵台地理事，黄巢战乱时出宫，先去昆仑山探查中华山脉之祖，后辗转到江西赣州一带，用其地理风水术使贫者致富，人赞"救贫先生"，后世有兴国宗祠祭祀的中国著名地理风水学家杨筠松，根据郭璞的理论精髓与自己长期的堪舆实践经验，写出了《二十四山口诀》，以及《撼龙经》和《疑龙经》等多部"寻龙"专著，成为日后风水家们探山"寻龙"的主要经典。

简要而论，郭璞与杨筠松创立的生态国学的"龙脉"论，与中医学的"人脉"论可谓异曲同工，只不过后者是以研究人脉象的急缓浮沉，来探明其虚实寒热，开方施药；前者是以探查山的"龙族谱系"来寻龙归宗，找到"龙穴"，即人类宜居的生态环境最佳处而已。正如中国的《百家姓》，始终都免不了要讲各姓氏的始祖与源流分布一样，生态国学的寻龙归宗，也始终要首先从龙穴佳地后面所依靠的主峰开始，先寻找它的父母山，再上寻它的少祖山、太祖山，直至追溯到那最古远的中国龙脉始祖昆仑山为止。正如根据"寻龙不认宗，到头一场空"的古训，杨公在《撼龙经》的开篇所写道的那样："须猕山是天地骨。中镇天地为巨物。如人背脊与项梁。生出四肢龙突兀。"

这里的"须弥山"原是佛教术语，又称妙高山，传说是由金、银、琉璃和玻璨四宝构成，高110万公里的宝山，古印度神话说它位于世界中心，周围有咸海环绕，海上有四大部洲，山顶为帝释天，四面山腰是四天王天。这里杨公所借指的"须弥山"正是中国所有山水龙脉的始祖昆仑山。而杨公在《撼龙经》里所说的"如人"，在风水学中即"如龙"，其"生出四肢"即中国的四条龙脉，亦即《撼龙经》所指的"四肢分出四世界，南北

西东为四派。西北崆峒数万程，东入三峰为杳冥。惟有南龙入中国，胎宗孕祖来奇特"的四条蜿蜒神洲四方大地的主要山脉。它们看起来就像是四条龙脚在行走，如陆地上的动物有足才能行走一样。历代风水师根据地理常识的积累后发现，这些龙脚的形状往往会因山脉之龙的体态而异，即龙长则脚长，龙短则脚短；其中生气旺盛的吉龙之脚，如星辰发秀，如圈椅环抱，如柔臂舒展，葱茏而优美；生气衰绝的凶龙之脚，则如断臂残肢，或臃肿或枯败，尽露残破凶恶之象。

这也从中华生态国学的风水观说明，天下之山均有龙，但并非都是真龙。真龙必有祖宗，峰秀端庄，或尖或圆或方，环山缠抱，绕水有情，这才是杨公风水术讲究的"龙真穴的"。其所谓"山厚山肥人多丰，山薄山走人奸贱"，就是说假龙出脉不美，吉峰不现，粗陋凶顽，臃肿粗恶，长粗硬直，僵硬笨拙，下砂无拦，水不归堂；而所谓的"龙虎反窜"，即山水反背不和，对人无情无助的山水环境。

从真龙的行止看，有的随山势奔走不停，分牙布爪，有的则藏牙缩爪，勒马横弓，有的或分水或合水，或止或行，都有一定的行龙规律，或行数百里结穴，或行数十里、数百步即结穴的。从龙的老嫩看，有的老中含嫩，如蝉蜕变，老树新枝，生机勃勃，生气旺盛；有的由老变嫩，粗蠢臃肿，气色枯槁，绝无生气生育之机理。但山之老嫩并非绝对，而是变化无常的。嫩龙之山如少女花枝招展，秀发润肤，但若过度开垦，也会花容失色，憔悴变老；老龙之山虽同人老珠黄，没有生育能力，草稀树少，但并非绝无生气可乘，无穴可寻，只要人工善加保护，科学种植抗旱耐贫瘠的藤蔓药草等，也会逐渐改变老龙秃山缺水少土、无花缺草的石漠化倾向和恶劣的生态困境。如经所云"老龙抽出嫩枝柯，跌断不嫌多。"正是此意。

以生态国学的文化视野，考察众山的龙脉走势，要点是根据易学八卦的总纲，结合蕴藏于地的金木水火土等"五行之气"，及其生发万物的衰旺气象，辨别山龙之所谓的"三势"。此即《葬书》所言，高原地带那"若伏若连，其原在天，若水之波，若马之驰"，有高有低，有昂有伏的"山野之势"；丘陵地带那屈曲摇摆，逶迤活动，若蛇行带舞的"平岗之势"；以及一马平川之上，那一望无际，微微起伏的"平洋之势"。这不同山形地貌孕育的"三格"之龙，分落于高原、丘岗与平原，龙势山形各异而生气有别，与祖宗昆仑山一脉相通，紧紧相连。

回顾数千年发展完善的生态国学史，便可知山水龙脉这一学说的发生，由来已久，意见分歧，但都主要建立在中国古人的一个重大发现之上，那就是无论高度与体量，都堪称世界之冠，高耸入云，绵延万里，涵盖喜马拉雅山脉和整个帕米尔高原的"昆仑山"，才是真正的万山之祖，众水之源，仙家所居。它与中国山脉的走句的关系，可参见如下面这幅《中国主要山脉分布图》。

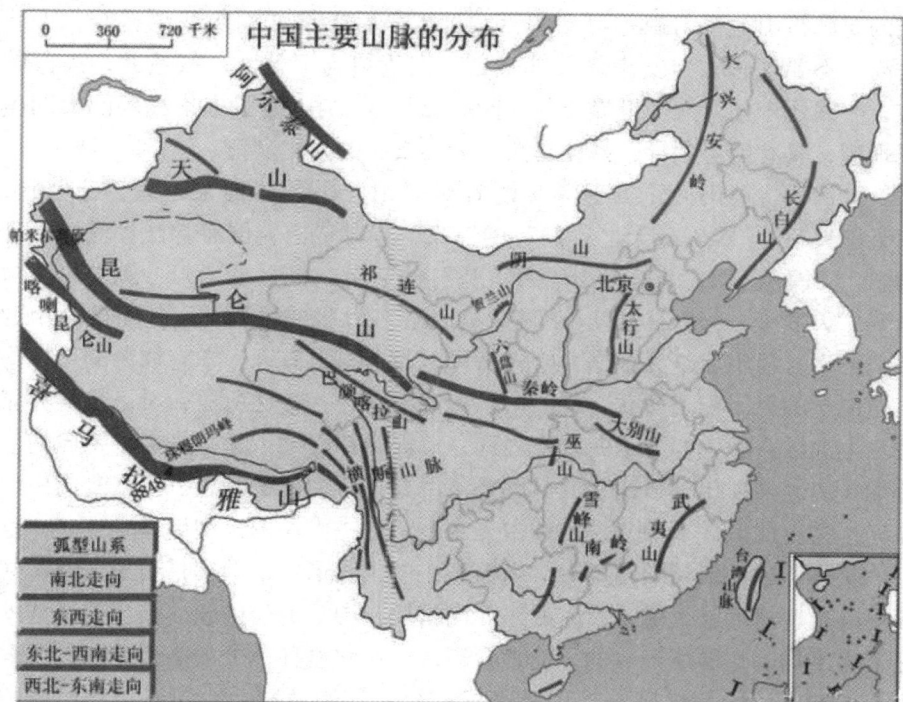

当然，仅凭此图，我们还难以确指，中国到底有哪几条山水龙脉，要说清这个问题，还要先从昆仑山派出的巨山龙脉及其所统率的群山说起，从中国伟人们念念不忘的祖国的大好河山说起。就以共和国的开国领袖毛泽东来说吧，他在韶山诞生，岳麓山读书，井冈山举义，率领红军冲破围剿，翻越五岭、乌蒙山、雪山，抢渡金沙江、大渡河、乌江、赤水，经过二万五千里长征，跋山涉水到达延安宝塔山下，制定抗日统一战线，召开党中央七届全会，指挥百万雄师过大江，终于建立了新中国。在他看来，古往今来，"引无数英雄竞折腰"的万里江山，即使在千里冰封，万里雪飘的严酷环境，依然是红装素裹，妖娆难忘的。

特别是他于1935年长征到达岷山，面对着青藏高原的莽莽昆仑，这一

被国人赞为万祖之山，天下祖山，生气之源，物本之源，划分出神州大地的山水龙脉，游走于亚欧两洲之间的巨龙，更是壮怀激烈，意气风发，挥毫写下了《念奴娇·昆仑》这首千古名作。其词上部说："横空出世，莽昆仑，阅尽人间春色。飞起玉龙三百万，搅得周天寒彻。夏日消溶，江河横溢，人或为鱼鳖。千秋功罪，谁人曾与评说？"写尽了昆仑山的雄伟高寒、古远壮美的龙脉祖山地位与威不可挡的巨大神力。后半部"而今我谓昆仑：不要这高，不要这多雪。安得倚天抽宝剑，把汝裁为三截。一截遗欧，一截赠美，一截还东国。太平世界，环球同此凉热。"则承续了中华民族的大同美好理想，具有因势利导，妙化自然，造福人类的万丈豪情。

应该说，就山而论，毛泽东既有对"山，快马加鞭未下鞍，惊回首，离天三尺三"，峰入云天之"高"的惊叹，有对"山，倒海翻江卷巨澜，奔腾急，万马战犹酣"，势若千钧之"势"的震撼，也有对"山，刺破青天锷未残，天欲堕，赖以拄其间"，神威英武之"力"的佩服。而他对昆仑山的赞美推崇，也绝非毫无根据，空穴来风，而是事出有因，学有渊源的。中华生态国学的风水古书所载，就一向认为河出昆仑，神仙所居，早已将世界屋脊之上的昆仑山，作为玉龙腾空之地，亚洲脊柱之梁，是中华山水走向的中心地，由此辐射出中华山水龙脉的条条巨龙，排列成了暗合五行八卦的山水布局，并由此形成了中华民族的山光水色，地杰人灵的人文地理景观。

从科学家的地质学角度看，走向不一的山脉形成，其实是由于地球不同纬度的自转速度的变化，产生的东西向挤压与向赤道的南北向挤压，造成地壳受力不均的扭曲所形成的。而地壳运动中坚实刚硬部分的断裂升降，柔弱肥软地带产生的褶皱隆起，以及气候变化，江河冲刷、冰川侵蚀，层砂积淀，沧海桑田，火山爆发，都是造成绵亘山脉，崇山峻岭，天坑地陷的原因。而这种地壳运动至今并未停歇，使一些新生代形成的山脉，如喜马拉雅山等，至今还在不间断上升。这些由于地壳运动，所造成的地表的皱纹、裂缝、凹陷、隆起，及其内在地应力、地电场，地引力所组成的综合场，用古人的一些风水术语表达，即所谓的"龙气"，是基本与山脉的走向态势一致，可以用所谓的"龙脉"来认识的。

在这一意义上，毛泽东在《沁园春·雪》中所描绘的万里江山，那水绕湖环，山舞银蛇，原驰蜡象，欲与天公试比高的条条山脉，就像古代风水书所描绘，时而潜龙无形，匿迹消踪，时而田龙露头，舒展缓落；时而惕龙怒视，奇伟不凡，时而渊龙翻跃，俯首昂头，雄浑磅礴；时而飞龙升腾，气势冲天，挺拔雄健；时而亢龙困倦，酣睡收爪；时而群龙无首，漫地四散，

形成千奇百怪的所谓回龙、出洋龙、降龙、生龙、巨龙、针龙、腾龙、领群龙等曲折婉转，奔驰远赴的"龙脉'山形阵势。这在整日踏访中华大地山川，观看地形地貌，考察山势水脉的"来龙"走向的堪舆家、风水师看来，并不为奇，只要依据古人千百年总结传承的风水学原理，善用"风水术"的"地理五诀"，即"龙、穴、砂、水、向"去"觅龙、察砂、观水、点穴、立向"，以山水的脉络为"龙"，以水为龙之血，土为龙之肉，石为龙之骨，草木为龙之毛发，去认真"寻龙探脉"，即先寻出群山万水的起源之处，即祖宗山脉，水龙正脉，审察其气脉的衰旺长短，再别生气，分阴阳，找到祖宗山下的父母山，即山脉的入首处，审视其山脉是否曲伏有致，分脊合脊处是否有轮晕，以及审断水脉的生气衰旺之后，即可断其吉凶，明白其是否适合人居建宅和筑城兴邦了。

精通生态国学的古人还发现，一般而论，凡山脉水脉绵远宽广者，对人的滋养发达亦绵远厚实，山脉水脉显得短促匮乏者，对人的养育发展亦短促不足。这也是古代先哲根据易理五行说，对山水脉络的不同走势做出分析后，深化对中华地理的认识，经过一百年经验的积累后，得出成语的"来龙去脉"说的由来。简而言之，这种风水学上的"龙脉"，就山势形态言，就是"远看千尺为势，近观百尺为形"，"势是形之崇，形是势之积"；先有群山之势，然后生各山种种之形，如虎形，驼形，龟形，笔架形乃至仙女形、卧佛形；即先有各山各异之形，然后造种种山脉之势，如奔势、走势、卧势。再就山势走向论，南北走向为正势，由西向东为侧势，逆水而上为逆势，顺水而下为顺势，首尾相顾为回势。只要我们善于察看辨别其势态生气，把握山龙水势之奥妙，就能知道自古以来，为什么凡山势雄峻秀美，水曲环抱不舍之地，都是风水宝地的道理，寻得山青水秀之佳境，获得和谐愉悦的享受。

二、生态国学的天地人和谐与自然能源

（一）生态国学的生气观念

5.1 天命、风水、积德、读书之间有关系吗？

古人所说的"天命"，内含有天主宰命运之义。从人作为生命主体的社

会实践看，命运、风水、积德、读书之间有内在关系，所以古人向来有"一命二运三风水四积德五读书"之说，其实这里面是互为因果，大有文章的。有人往往只注重命运和风水，忽略了积德与读书，既不懂不愿不会读书，也不知积德为何，更不知命运与风水之由来，结果是书没读进读通，人无德行无信义，不是肆意妄为而四处碰壁，就是一味迷信江湖术士的所谓命运、风水的胡诌乱道，不知中华传统文化之真谛，精读通晓后，正可

图5.1 天命、风水、积德、读书之间有内在关系

以善择风水，修福积德而改运造命！结果不是贻误时机，就是殃人害己。

5.2 天命与风水能决定人的命运吗？

图5.2 开天辟地的盘古像

"天"在中华传统文化里代表了"天命""天意""上天"等多重含义，在《易经》里为全阳至健的"乾"卦，论其易德为"君子以自强不息"。你如明白了易经"天"卦揭示的做人做事的道理，就会顺天而行，替天行道，不做逆天背伦，昏天黑地，危害人类的坏事，在为世界和谐与造福人类做贡献的正义事业上自强不息，积德

行善，创造业绩；果能如此，那就不论你信佛信道，信风水信上帝，都会命好运昌，心平气和，得道多助；哪怕暂时受挫，甚至一世遭困，只要持之以恒，也必然会为人所敬重，为你以及家人、后代和朋友铺平前进荣达的道路。反之，如一味迷妄，曲解天命，迷信风水，不事正业，甚至歪门邪道，那不但易经不会帮此小人，命运和风水也不会让恶人逍遥法外。正如道祖老子所说：天网恢恢，疏而不漏！

5.3 "一命二运三风水四积德五读书"有道理吗?

图5.3 万众景仰的屈原祠

"一命二运三风水四积德五读书"是很有道理的。"命"作为人与生而来所具备的基因密码,出身和生长的环境,犹如生命烙印,是父母、家庭、社会所赋予的自然性、社会性本质,是不可轻易改变的。"运"作为人生起伏顺逆历程的重大机遇,风水作为必备生活条件,"德"作为人行善以完善人格和形象的人生目标,"读书"作为人明白以上的道理,获得实现自己全面发展和人生价值的途径,虽很大程度可以自我掌控,但其难度在于是否善于抓住稍纵即逝的人生机遇,是否会选择和读懂有益的好书,是否能一辈子做好事不做坏事。因此,学会如何为自己和家人选择、安排一个有益身心与健康成长的风水家居环境,以便将来能读好书,明白事理,造福社会,循道而为,把握运气,福寿安康,是完全必要也是可以做到的。至于只想靠风水来一劳永逸地彻底改变现状和未来,期盼出现不靠命,不交运,不读书,不积德,一夜暴富,一朝显贵那样的突变式、戏剧性变化,让自己飞跃龙门,荣登榜首,改变命运,不劳而获,那大抵是黄粱美梦而已!

5.4 天人合一就生气蓬勃吗?

《易经》认为,乾为天为阳,是西北方向,表示阴阳冷暖气候之间的互相搏战。宇宙有了天地乾坤,阴阳交合,激荡孕育,然后万物降生。乾卦风水学的原则,就是以"乾"代表不可抑止的强健上扬的自然力量,并按照顺天循道,天人合一,生气蓬勃的理念,不断壮大与合理利用这一力量,包括人类修房盖楼,改造风水的强劲无穷的文化创

图5.4 生气蓬勃的僧帽峰

新力量,建筑业为满足建筑市场需求日益增强的生产力量,以及人民大众日益强大日益全面日益合理的建筑文化的消费力量等。

5.5 天干可以和阴阳五行匹配吗？

天干不仅可以和地支组合纪年，而且可以和阴阳五行、五方五色等进行匹配。具体为：天干的甲、乙为木、东方；丙、丁为火、南方；戊、己为土、中央；庚、辛为金、西方；壬、癸为水、北方。天干的阴阳之分为：甲、丙、戊、庚、壬，属阳；乙、丁、己、辛、癸，属阴。天干的五个组合，还会变化成另一种不同的五行，产生不同的效应，包括化合天干，互相冲克等。具体表现为：（1）天干化合：甲己合化土，乙庚合化金，丙辛合化水，丁壬合化木，戊癸合化火。（2）天干相冲：甲庚相冲；乙辛相冲；丙壬相冲；丁癸相冲；（3）天干相克：甲乙木克戊己土；丙丁火克庚辛金；戊己土克壬癸水；庚辛金克甲乙木；壬癸水克丙丁火。这些匹配与组合规则，在风水师那里，往往有神秘和深微的解释。

图5.5　天干可以和阴阳五行匹配

5.6 消息卦与天象气候有关系吗？

图5.6　消息卦与天象气候有关

消息卦是古人对易理和风水天象的哲学总结，反映了自然天象和社会力量演变消长的普遍规律。消息卦共有12个，按照子、丑、寅、卯、辰、巳、午、未、申、酉、戌、亥的地支排列，与复、临、泰、大壮、夬、乾、姤、遁、否、观、剥、坤诸卦对应，代表了从11月到12月，再从1至10月的全年12个月份。这一排列从复卦的一阳初升开始，逐层逐步增多阳爻，至乾卦达到全阳顶点；然后由姤卦开始，表现一阴由下位初升，逐层而上，逐步增多，至坤卦达到全阴最低谷，再由复卦开始生阳，开始第二轮阴阳消长的过程，循环以至于无穷。这就是古人根据易理从天象气候变化中发现的生生不息的消息卦，对后世风水学的看地选日择吉说也深有影响。

5.7 古人是如何将天象学应用于生态风水学的?

图5.7　故宫天文仪

古代生态风水学根据古代天象学的观察和结论建立体系,很早就将太阳、月亮及28星宿及金木水土火五大行星的运行规律,与地球昼夜节令变化和灾情间的关系联系起来思考。在古人看来,天地有五星五岳,人体亦有五官五脏。天分成十天干,表示地球绕太阳转一圈,地分为十二地支,表示一年月亮绕地球十二圈。人的经络系统也随着天地年、月、日、时辰的变化,周期性地气血流注,这一切都说明了宇宙的生命与风水格局是相合的,人体之气与宇宙的风水之气是永远密切交流的。

5.8 易经与风水天文学所说的"四象"有何不同?

"四象"在易经中,指的是"太极生两仪,两仪生四象"所衍生的太阳、太阴、少阴和少阳。风水天文学中的"四象"与此不同,指的是黄道赤道附近以二十八星宿为四方代表的形象坐标。包括东方腾空而起的"苍龙七星",南方展翅飞翔的"朱雀七星",北方缓缓而行的"龟蛇玄武七星",西方跃步前扑的"白虎七星"等。它们作为地理风水学所说的龙雀龟虎"四象"的在天之象与神灵象征,与后者形似而实指并不同。

图5.3　易经与风水天文所说的四象含义不同

5.9 什么是风水天文学的"四象"说?

古代天文学中的"四象",指的是黄道赤道附近的二十八个星宿作为四方代表的形象坐标。它包括了东方的角、亢、氐、房、心、尾、箕七宿象征的"东方苍龙"——其中角星象龙角,氐房星象龙身,尾宿星象龙尾,连起来象一条腾空而起的龙;南方的井、鬼、柳、星、张、翼、轸七宿象征的"南方朱雀"——其中柳星为鸟嘴,星为鸟颈,张为嗉,翼为羽绒,连起来象一只展翅飞翔的鸟;北方斗、牛、女、虚、危、室、壁七宿象征的"北方玄武"——其七星宿连起来象一只缓缓而行的灵龟,因位于北

图5.9 古代天文学中的"四象"是龙雀龟虎等

方而称玄,因身披鳞甲而称武,合称玄武;西方的奎、娄、胃、昂、毕、觜、参七宿象征"西方白虎"——其七星宿连起来象一只跃步前扑的白虎。龙雀龟虎这四种动物的形象,就是风水天文学所说的"四象",又称为"四灵",是风水师测位定向,判断吉凶的主要参照。

5.10 古代风水学对生态环境有什么启示?

图5.10 古代风水文化体现出人体与自然的高度和谐

古代风水学以人体结构来考虑生态建筑的宏观布局,这是一种朴素而奥妙的建筑环境系统理论。在这种人、地、房三者类同比附的认识基础上,风水学参照协调优美的人体结构和地形地貌,将城市建筑群落分为三部分。一部分如头部,一部分如腹部,一部分如四肢。还有些风水书专门绘有一些以人体(器官)为原型的风水穴位图,形象逼真地体现出一种房、地、山协调布局,三位一体的风水理念。它对现代生态城市建设分清主次,以形成合理的中轴线,东扩、西联、中调、南进,北优的五方辐射带,以及卫星城和旺地选择等,都是有可借鉴意义的。

5.11 《易经》乾纲说明了什么风水之道？

图 5.11 风水池里的刚健乾龙

《易经》是我国最古老，最有权威，最著名的一部经典著作。被比喻为一座藏有万象天机的信息贮存库。其易传指出："乾，健也"。它是天的象征，刚健有为，自强不息。人类要想持续发展，强大有为，就必须坚持乾刚精神和"天人合一"的思想观念，顺天行事，不违自然，注重生物物种的保护与发展，适应天时地利的生态农业耕种，以及能源和可再生资源的合理利用与开发等。总之，人类建筑文化的人本主义思想、伦理思想，可持续发展的建设战略等，都要与顺天循道，仁人爱物，为人类谋福利，改善人类生存环境，主张天人合一的风水之道相合，这才能与宇宙万物和谐相处，步入大同。

5.12 乾道变化与风水学有什么关系？

一阴一阳，相生相灭，就叫做"天道"。能成就阴阳变化的就是"天性"。易经认为，能阴阳化合生生不息叫做变易，能描成天道征象的叫做"乾"。因此天道就是乾道，天性就是乾性。乾以变易洞察治理一切，变易使万物易于知道变易之理，易于知道的就会有亲近追随者，有亲附追随的就可以长远永久，可以久远的正

图 5.12 气势阳刚的雄浑山脉

是包括杰出风水师在内的贤人之美德。正因为乾坤变化是风水变化的根本，所以知道了乾坤之道，就真正掌握了风水无穷变化的秘密，就有了风水学入门的金钥匙。

5.13　为什么说乾道变化是破解风水秘密的钥匙？

"乾"道变化安静时往往十分专一，行动时刚直无比，所以它发展壮大了无数生命。乾德的伟大能配合天地，变通能配合四时更替，日月升落，它变易的大仁至善，能配合至高至美的品德。"乾"是天下之最刚健的，它永恒而变易，所以知道危险何在。乾坤变化能说破各种心事，能研究出统治者的忧虑何在，能断定天下各类事的吉凶成败，能成就天下事业推动时代前进。所以乾坤变化就象卷云多变，吉祥的好事有祥兆，它所揭示的易德是伟大的，用它阐明幽远深刻的哲理是不可抵御的。因此可以说，乾坤是《易经》总纲，是掌握 64 卦德和风水秘密的钥匙。

图 5.13　体现乾道的自然风水

5.14　学生态风水应该如何理解"乾德"呢？

中国传统文化上至天人观念，阴阳学说，治国大略，下至风水地理，医药武术，饮食起居，看相算卦，处处都离不开一个"乾"字。而"乾德"就是"自强不息"的伟大的创造精神，就是人的立身本元。用《文言》的话说，乾德无往不利而正确无偏，基本精神就是"元亨利贞"。意思是，它是众善的尊长，嘉美的会萃，正义的总和，办事的准则。君子以仁为本就可以教人，会萃嘉美行为就足以知仪合礼，施利于人就足以合乎道义，办事正确坚定就足以干成大事。这四种品德就是乾德真义，代表了至高的道，至大的天，至刚的阳，至强的生命创始。因此，学风水者首先要修好乾德，这才会有做人的准则和无穷动力。

图5.14　学风水应理解"乾德"

5.15　易经生态风水学的乾卦旨义是什么？

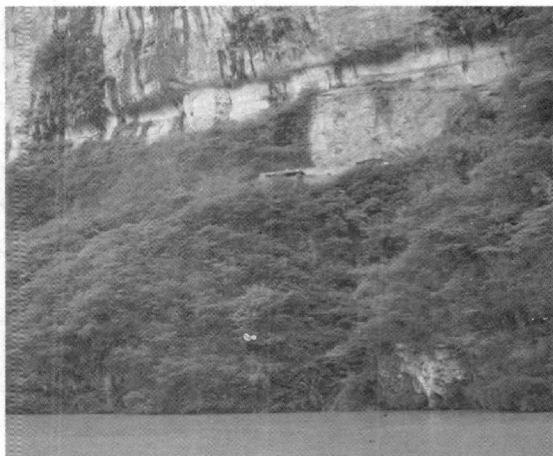

易经生态风水学的乾卦旨义，就是洞察天心，顺应天道，依照天性，不迕天时，为民营建。这就是说，要按照天道运行与建筑规律，不违天时节令，化合阴阳，利用刚柔，顺应民意，因势利导，大兴土木，保护生态，适应气候与自然环境，正确选择具有新时代风格特色的屋宇楼台及其最佳地基、造型、格调和装修等，以满足为人类的生存发展而日益增强的住宅建筑需要。

图5.15　易经风水学的乾卦旨义在山水间

5.16　乾卦在生态风水学里的具体含义是什么？

图5.16　盘柱乾龙有深意

《易经》认为，从生态风水学的视角看，"天地定位，乾以君之"——在天尊地卑的宇宙秩序定位以后，"乾"道代表了主宰世界的天。"帝出乎震，……战乎乾；乾，西北之卦也"——天帝从东方出行，经历春夏秋季，在立冬搏战严寒，是代表西北方向的卦象。此外，"乾"还代表了玉环、君主、父亲、玉石、金子、寒冷、冰雪、大红色，以及良马、老马、瘦马、杂色马，和树木的果实等等。这些乾卦物象概念在风水学里也都有特殊含义。

5.17　乾卦建筑风水理念的关键是什么？

俗话说："宅有清气，家中有银"。乾卦建筑风水理念的关键，是如何顺天应势，根据自然和社会发展的规律，采取主动的正确的行动，找到能为我们现代住宅带来幸福安康的"清气"、"阳气"亦即"生气"，并将它妥善收藏纳聚于家中，使家人安康快乐长寿。从住宅建设的乾卦理念角度看，生气的取得，主要看屋子和人的"头部"有关的地

图5.17　升华住宅清气的书斋

方，包括天花、屋顶和主人用头脑的书房，以及西北方向的房屋格局的合理设计等。

5.18　认识了"气"就明白了生态风水学真谛吗？

古人将"气"作为道之所行，命之根本。正如《管子·枢言》所说："道之在天者，日也；其在人者，心也。故曰：有气则生，无气则死，生者以其气。"这就将太阳作为宇宙生气的源头，与人必须呼吸氧气才能生存的事实互相类比，得出了人有气则活，无气则亡的结论。由此再进而推及于万物与风水，就得出了风水

图5.18　认识"气"就明白了风水学真谛

学意义的"气"概念，认为世上万物都是"气"所化生，如天上星辰，地面五谷和人的福寿祸夭等。可以说，风水学的"气"论至关重要，风水的全部正确理论和方法，以及迷误谬说等，无不围绕着"气"之有无衰旺而展开。因此可以毫不夸张地说，认识了"气"，也就明白了生态风水的真谛。

5.19　"天"与"气"在生态风水学中是什么关系？

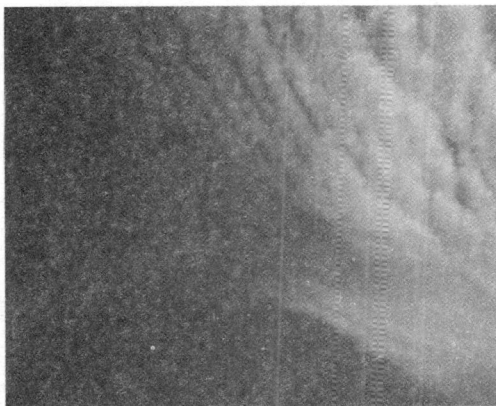

图5.19　天气云变

生态风水学中的"天"与"气"经常并提，但意义不同。天对应的是地，气对应的是体。天与气似乎从属实则互动相生。气犹如天之呼吸，天赖气动而生。此即所谓：气之清升为天，气之浊沉为地，气之动而成风，风激雷壮而天道大行。这就是说混沌初开，天地氤氲之气交融时，就化生了万物。所以天有气而不能取代气，气行于天也不能取代天。天地之气是生命的起源，是生命的温床。故而风水学意义的"天"与"气"，不是指现代口语中

的"天气"。它们在古人眼中各有所指，既有区别也有联系，不可混为一谈。其中"天"与"地"相对，代表天道、自然规律和自强不息的原始生命力，"气"与"物"相对，代表生命与运动。同时，天还代表了创生力和阳气，这在特定意义上与气是一致的。

5.20　生态风水理论建立在中国古代哲学"气"的概念上吗？

图 5.20　黄山风水的氤氲之气

古人认为气既是万物的本源又由万物所生。如天有天气，地有地气，火有火气，水有水气，人有人气等。而宇宙也是由阴阳之"气"的交融激荡生成的。用《淮南子·天文训》的解释就是："太始生虚廓，虚廓生宇宙，宇宙生元气，元气有涯垠。清阳者薄靡而为天，重浊者凝滞而为地。"从一无所有的"太始元气"中，产生了虚无寥廓的宇宙，再从宇宙中产生了万物萌生的元气。一团团、雾腾腾的元气，有边有际，有轻有重；轻薄清朗的阳气冉冉上升，变成了天，重浊凝滞的阴气下降沉积，就变成了地。这就是世间无所不在的阴、阳二气。

5.21　什么是易经风水学的"气"和"生气"？

气，在古代是一个抽象的哲学概念。唯物论者认为"气"是构成世界本原的元素，唯心论者认为它是客观精神的派生物。老子认为，"万物负阴而抱阳，冲气以为和。"世界万物都是阴阳二气的互相融合、冲撞、矛盾与统一的过程与结果。气无处不存在，气不断运动变化，气构成万物万象，既似无形，又成本

图 5.21　大自然的蓬勃生气

体。总之，气，在风水术中是一个很普遍、很重要的概念。所谓"生气"，与死气、暮气、衰气相反。它又称阳气，与阴气相和而益佳美；它存在于天气、地气、土气、水气、湖气、山气、云气、风气、人气之中，可乘气而来，聚气而生，纳气而旺，界水而止。而气脉之有无，气母之所在，则决定了宅的吉凶，人的祸福。

5.22 《管氏地理指蒙》是怎样解释"气"的？

风水专著《管氏地理指蒙》说："未见气曰太易，气之始曰太初。……一气积而两仪分，一生三而五行具。吉凶悔吝有机而可测，盛衰消长有度而不渝。"这段"气说"，是根据《周易》关于"《易》有太极，是生两仪，两仪生四象，四象生八卦"的"太极说"演化而来的，具有朴素的唯物辩证法色彩。它的大意是说，世界看不见气的时候叫"太易"，气开始产生的时候就叫"太初"。世界从无到有，一旦真气之本源产生，它就分化出阴阳两仪，两仪生出天地人三才，就具备了金木水火土等五行。这些物质变化的吉凶对错是可以预测的，它们的盛衰消长，也有内在的规律而不会改变。

图5.22 东华山的祥云瑞气

5.23　怎样正确评价生态风水学的"生气说"？

图 5.23　公园里的生气绝佳处

生态风水学的"生气说"，以抽象而又形象的"生气"来综合归纳与灵活解释，自然环境中一切有利于人与万物生命活动的积极因素，其通过选址为人类寻找生气居地的一切具体措施，包括如何寻生气之凝聚点，如何迎气、纳气、聚气等，都是企图通过对天地生气的迎合和顺应，改善居住环境，保证人类健康及后世昌盛的努力。这是极有见地和富于建设性的。可以预见，只要我们以科学的理论为指导，积极寻找与合理解释"生气"的存在现象和变化规律，就可以按照自然规律，达到与天地自然万物和谐，获得平安快乐，趋吉避凶的目的。

5.24　什么是"顺乘生气"的生态风水原则？

"顺乘生气"的原则，就是顺应和吸纳天地生命气息的原则。风水理论认为，气是万物的本源。太极即气，一气积而生两仪，一生三而五行具。土得气而有土气，水得气而有水气，人得气而有人气，水土人之气因生气而互相感应。所以，有了生气才有万物，万物莫不得于气。由于季节的变化，太阳的出没，土地的肥瘠，水流的干枯，风向的转移，人运的逆顺，使生气与方位发生变化。风水师甚至认为不同的月份中，生气和死气的方向也有所不同。管子所谓的"有气则生，无气则死（《管子·枢言》）"，住宅广开天井以纳天之生气，都是根据生气为吉、死气为凶的风水原理，以及人应"消控死气，顺乘生气"的原则。

图 5.24　顺乘生气是风水原则

5.25　为什么要依据时令变化来审时察气？

　　风水理论认为，生气会因四季时令变化而转移。这其实是由于地球的公转自转以及太阳远近出没，所造成的季节变化，使地球的生气与方位相应发生变化的缘故。因此风水择地和农业耕作都要注意审时察气。战国时期的《吕氏春秋·审时篇》阐述了农业生产必须"得时"和"违时"的害处，确立起农业生产要"审时"和"不违农时"的基本观念。《管子·枢言》关于"有气则生，无气则死，生则以其气"的说法，《黄帝宅经》关于正月的生气在子癸方，2月在丑艮方，3月在寅甲方，4月在卯乙方，5月在辰巽方，6月在乙丙方，7月在午丁方，8月在未坤方，9月在申庚方，10月在酉辛方，11月在戌乾方，12月在亥壬方的理论，也都体现了古人以生气为吉，死气为凶，主张取气旺生相，消纳控制死气的风水生气方位观念。这都是可以供后人进一步深入探讨和完善的。

图5.25　依据时令变化才能审时察气

5.26 《黄帝宅经》认为生气来自何方？

　　《黄帝宅经》有一年 12 个月的生气流布说法，从周文王的"后天八卦"的艮、巽、坤、乾四个方位和对应的月份看，其中最主要的是二月及其春分时节，五月及其夏至时节，八月及其秋分时节，十一月及其冬至时节。在一年中这四个关键性的月份和节气里，风向由刮东北风、东南风再到西南风和西北风，日照由白天黑夜相当（春分），到白天最长黑夜最短（夏至），再到白天黑夜相当（秋分），黑夜最长白天最短（冬至），是天气由暖到热，再转凉最后变寒的周期变化，其中蕴涵着受天气的温度高低、日照长短控制的万物生命周期变化。这也正是古代风水罗盘所体现的生气方位观念，所以特别为持"理气说"的风水理气派所重视。

图 5.26 《黄帝宅经》认为生气会依时令变化

5.27　易经风水"生气说"与阴阳有什么关系？

　　研究易经风水"生气说"离不开阴阳二气。"太极一气积而生两仪，一生三而五行具"，其"两仪"就是指阴阳二气。空石长者在《五星捉脉正变明图》指出："太极既定，次又分其阴阳"的说法与其一致。在这位长者看来，风水地形凹陷者为阴穴，凸起者为阳穴。就身作穴者为阴龙，宜阳穴。另起星峰作穴者为阳龙，宜阴穴。这就是阴阳二气相合互补的道理。可以说，无论是土气，水气还是人气，在风水上都以阴阳二气交感为吉，因

图5.27　大自然的阴阳分界图

为它符合《易经》乾健坤顺，天地交泰的和谐之道。总之，阴阳二气说具有朴素的辩证法色彩，是先哲认识世界的合理思维方式。但如果将它与人事吉凶胡乱附会，就会荒谬无稽了。

5.28　怎样遵循"阴阳和谐"的生态风水规律？

图5.28　阴阳和谐的植物风水假山

　　《素问·阴阳应象大论》说："阴阳者，天地之道也，万物之纲纪，变化之父母，生杀之本始，神明之本府也。"把阴阳和谐与天地风水吉凶直接结合了起来。《管氏地理指蒙》也根据"东南方，阳也。阳者，其精降于下。西北方，阴也。阴者，其精奉于上"的方位理论，认为"阴阳之气出于天造，非人力所能成。一有增损，不但无益，且所以伤之也。"依其所见，无论是胡乱挖山开塘，还是所建住宅朝向违反阴阳气流光照之道，都是损伤阴阳和谐的不智之举。风水俗谚所谓的"大门朝南，子孙不寒；大门朝北，子孙受罪。"就是要人们遵循住宅朝南暖，朝北冷的阴阳和谐规律，达到保暖御寒，健身康乐的安居目的。

5.29 生态住宅如何根据气候条件选择房顶？

图5.29 住宅设计应根据气候
条件选择屋顶

屋顶是房子实现遮蔽功能的必要部分。中国地域辽阔，天气各异，各地根据自己的气候特点和物产，因地制宜地修建了各类房顶。如南方的竹林茅草多，一些老百姓的简易房子，就取用竹瓦或茅草来盖房顶。草原的流动牧民，则采用蒙古包作为住宅房顶，这样可以便于随水草而迁徙。至于北方和南方的许多地方，都修建适度倾斜的梯度楼顶，那是为了让积雪和雨水顺势自然滑落，不至于压塌房屋或漏雨。

5.30 为什么说空气污染扼杀了地球生态环境的生气？

保护生态平衡与生存环境，就必须实现保护和净化空气。工业革命以后尤其是近百年来，由于大批量巨增的钢铁厂、化工厂、炼油厂、火电厂、汽车龙、空调机、煤气炉释放的过量的有害气体，已经造成了严重的大气污染，臭氧层破坏、气候变暖、冰川融化、海水水平线升高等严重后果，使得地球生态大大失衡，造成了风水环境的整体破坏。目前已经得到了几十个国家的支持和签署的《京都协定书》，正是针对造成地球空气污染的六种温室气体而签定的。它说明，空气污染，危害地球生气是人类面临的严重问题，人们必须加强协作才能制止它。

图5.30 空气污染会破坏地球生气

5.31 "点穴法"对选择生态环境有积极意义吗?

中华风水学重视生态环境蕴涵生气处。风水术的所谓"点穴",是在理气和望气的基础上进行的。它实际上就是要确定哪座山坡、哪个地头、哪块地段、哪块区域是最有"生气"的,以选定有"生气"的生态环境好的地方修建城镇、村庄和住宅等。这也就是所谓寻找"顺乘生气"之佳处。因为只有其地才能称得上是"贵格"之地,才能得到有益生气的滋润,才会让植物欣欣向荣,才会令居者健康长寿。至于"点穴"的原

图5.31 点穴即确定有生气的建筑地点

则,宋代黄妙应在《博山篇》是这样说的:"气不和,山不植,不可扦;气未上,山走趋,不可扦;气不爽,脉断续,不可扦;气不行,山垒石,不可扦。"这就是根据"理气"和"望气"的原理,去寻找理想的生气之地。其所谓的"扦",也就是"点穴",即确定有生气的生态环境。

5.32 生态风水学所谓"理气说"的法则是什么?

图5.32 "理气说"注重生气蓬勃处

风水学的"理气说"认为,"理"寓于气之中,"生气"固定于形体。形体可以用眼睛观察,而"气"则须要用风水的"理论"来观察发现。它的具体法则,一是要根据天星卦气的乘气,以伏羲先天八卦配合阴阳变化,以文王后天八卦推排出不同的爻象;二是要以内卦代表天地日月,以六

十卦代表阴阳气候的周转,在各卦之下配分六十甲子,并纳入五行相生相克,取其旺相,以配合卦气。这样就可以推知万事万物的"气"场变化了。

5.33 所谓"天堑煞"与"理气说"有科学道理吗？

图5.33 "天堑煞"常见于楼群密集处

在都市群楼中，若两排高楼紧靠，中间会形成强烈的穿堂风，此即风水学里的"天堑煞"，其对人体健康的不利影响，是可以感觉和测量出来的。坚持住宅理气重要性的"理气说"认为，只要掌握了理气的具体法则和要点，理气适宜，就能顺乘有益的"生气"，逃出有害的"煞气"，消纳控制，精辨入神，达到"理气"的目的。当然，由于缺少科学的仪器和检测手段，目前一些风水师的"理气说"，往往难以进行严谨的科学论证，其所说的"气"也显得虚无飘渺。因此，要真正认识"理气"的实用价值，除了参考风水师的主观解释外，还需要在传统风水理论和宝贵经验的基础上，根据实践来检验"理气"说的真正见地和功用。

5.34 风水师是如何"理气"的？

易经宇宙观以气为万物本源，风水学则认为只有乘生气的住宅才是理想住宅。所以"气"可谓是风水学理论至关重要的核心，其全部理论和方法，都是围绕着如何寻找"生气"，如何"聚气"和"纳气"这个问题展开的。因此认识了"气"，也就理解了风水的精髓，风水术在某种意义上也可以说是"理气术"。"理气"是一个需要借助风水阴阳五行知识进行综合分析、判断、

图5.34 生气千年不衰的荔枝贡园

推理的复杂过程，在今天还应接受科学的理念。它主要是通过实地考察，综合推断，来寻得家宅"旺象"，"生气"，以避开其死气、衰气。

5.35 生态国学的"望气说"一般根据哪些标准？

图5.35 风水学"望气说"以气的衰旺判断吉凶

生态国学的"望气说"，是一种以观察"气"的衰旺来选择优良生态环境的方法。它主要依照宋黄妙应在《博山篇》里提出的理论，重点是要认识什么是好的"明堂"，懂得如何识别它的好"堂气"。其标准为："一白好，五黄好，六白好，八白好，九紫好，此为五吉。"同时要学会防忌"四凶"，这就是"二黑宜忌，三碧宜忌，四绿宜忌，七赤宜忌。"这种吉凶划分，将"气"的颜色和排序加以组合附会，得出吉祥或凶险的依据。实际上，"望气"与"理气"一样，主要靠风水师实地考察的主观印象。它能否与人的命运沉浮挂上勾，往往带有很多不确定因素。但其在长期地理考察实践中，所积累的对地形地貌生态指数的判断标准，还是有一定参考意义的。

5.36 所谓"望气说"总结了什么生态环境规律吗？

地理环境的独特性，对古代世界四大文明的深刻影响，是众所周知的。而明代缪希雍大师根据一般山峰有无紫气苍烟浮动弥留，山峦表皮有无崩塌剥蚀，草木是否繁茂，流泉、土质、石质是否甘香滋润等客观存在的自然现象，来判断某地有无"生气"，正是千百年来古代风水学所总结的"望气"规律

图5.36 "望气说"总结了风水规律

之一。它企图通过对地理环境优劣的认定，证明地气盛衰与人的家业兴衰有所关联，是不无道理的。至于说通过"望气"就可以知道朝代更替、官场人事，那大概是只有封建社会的统治者才可能深信不疑的了。

221

（二）生态国学的气象观念

5.37 什么是风水环境里生意盎然的"阳风"？

中华易经风水学认为，"风"不仅一年四季风向变换不定，而且在性质上也有阴风与阳风之别，这也是中医注意区别中暑与受寒，区分冷感冒与热感冒，注意对症下药的理论根据。秋冬里呼啸的山风，卷浪的海风，掀沙的漠风等，与向阳开阔，生机旺盛的平原春风，本来就有极大的区别。

图5.37 阳风扬起时

清末何光廷在其《地学指正》中曾指出："平阳原不畏风，然有阴阳之别，向东向南所受者温风、暖风、谓之阳风，则无妨。"这就是说，平原上温暖的东南阳风，与寒凉的西北阴风，在性质上是有区别的。

5.38 生态环境忽略"阴风"会造成邪气伤人吗？

图5.38 阴风易伤人

中华易经风水学认为，世界上的"风"并不是不分类型的空气流动现象，它基本上可归于阳风与阴风两种。其中的阳风有利于万物生长和人类的身心健康，而阴风则大都属于有害的邪气，所谓"煽阴风点鬼火"是也。但由于阴风隐蔽潜浸，很容易使人爽快而麻痹不觉，因久坐不动或不盖被而遭受风寒致病。这也就是清末何光廷在《地学指正》指出过的，所谓"向西向北所受者凉风、寒风、谓之阴风，宜有近案遮拦，否则风吹骨寒，主家道败衰丁稀"的现象。

222

5.39 什么是生态环境的"困"和"囚"?

图5.39 院中的遮荫大树

生态风水环境不宜选择"困"和"囚"。冯梦龙的《古今笑史·塞语部》里,记载了徐孺子与郭林宗两人,为宅内一棵大树是否该砍而互相驳难的故事。郭林宗力主砍树,因为宅中有木,就象个"困"字,很不吉祥。徐孺子则驳斥说,照此说来,那宅"口"中住了人,岂非"囚"字了吗?令郭林宗哑口无言。不过避免"坐困"的说法也确有一定的风水道理,那就是建房子不能把围墙建得过于密实而不透风,更不宜将大树种在院子中间,让它的浓荫覆盖了整个院子,令周边住宅不见阳光,那屋里主人就真成了名副其实坐'困"愁城的"囚"徒了。

5.40 生态建筑坐北朝南可避风藏风吗?

中国与环境和谐的生态建筑物坐北朝南,有利于采光和避风藏风。这是因为中国的地势决定了其气候为季风型,而不同季节的温曛暖风与寒凉阴风有很大的区别,对人的身体也会有不同的影响,因此只有时常根据风向变化而开窗闭户,藏纳阳风而躲避阴风,才能保持健康。中国古人早就懂得如何测风和避风。甲骨卜辞里曾有测风记载,《史记·律书》也有关于"不周风居西北","广莫风居北方","条风居东北方","明庶风居东方"的明确分类。这对人们根据中国季风特点,防范西伯利亚寒风,迎纳太平洋潮湿夏风,提供了方便。

图5.40 房屋坐北朝南可避风藏风

223

5.41 什么是生态国学"藏风聚气"的养生原则?

巽卦风水学重风重气,强调风与水是气之灵魂,主张"藏风得水","藏风聚气"的"得气说"与"生气说",认为只有通风生气才能使生命旺盛,因而通过探测风向气流,合理选址开门与规划建筑,努力使生活其间的人与动植物,均获得更多的蓬蓬勃勃,欣欣向荣的生气,避开使其患病郁闷,枯萎败落的萧杀之气。这也就是清人范宜宾所谓"无水则风到气散,有水则气止而风无,故风水二字为地学之最重"的要义。符合巽风原理的堂舍楼馆,可让人一入其中就深感风物宜人,生气勃勃,神清气朗。

图 5.41 聚风凉亭

5.42 易经的巽卦代表什么风水理念?

图 5.42 生态国学予以肯定的藏风纳气之楼

《易传》说:天帝以立夏的"巽"风齐平万物。"巽"代表东南方,"齐"指的是万物的絜量和齐平。万物都齐平风行于《巽》卦。所以,巽卦在易经风水的理念上,一是象征初夏暖风吹拂下,万物顺服的齐齐生长;二是代表了上天对万物的观察、考量和均量齐平的自然现象;三是引申开去,包括了各种悄悄侵入万物内部,将会引起阴阳消长微妙变化的各类因素。

5.43 易经巽卦在风水五行上代表什么理念?

易经"巽"卦所指的风水方位,根据后天八卦所示,是十分有利于植物生长,所谓"向阳花木早逢春"的东南方。万物都齐平风行于《巽》卦,而"巽顺"又代表周流寰宇,无所不入的风流和气流。因此,在五行的性质上代表了"木",以及立夏时节等意义的"巽卦",除了主要代表风水意义上的各类"风"外,根据《说卦传》的解说,还含有"木""高""入"等概念。

图 5.43 易经巽卦在风水五行上代表树和风

5.44 巽卦生态风水的关键词是什么？

巽卦风水的关键词是"风"，以及与风，气流，风向、风力、风速相关的一切；它在自然、物象、节气和方向上代表风，霜，门窗，室外园林植物，立夏，东南等；在五行和色彩上代表（远）木，白色；在易理方面代表藏风纳气，隐伏侵蚀，股部，以及家中的长女，妻嫂等；在风水建筑上代表了通风气口，风向风力，风气风流，气味清新，园林庭院，卧室床位，门户窗口，屏风花窗，电扇空调，排气换气，东南隅等。这些都是巽卦风水总纲的要义所在。

图5.44 冼太庙里藏风聚气的凤凰屏风

5.45 《易传》是如何阐释巽卦生态风水意义的？

图5.45 易经巽卦代表的长女和床

《易传》认为：天地定位，山泽通气，雷风相薄……。雷以动之，风以散之……。风是发生于乾坤之间，与雷搏击产生，吹散齐平万物的强大自然力量。此外，"巽"除作为树木和风的象征外，还代表了长女、笔直的绳索、工巧而精致、白色、绵长、清高、自由进退、犹豫而不果断，以及气味等。总之，巽卦生态风水的意义是注重通风换气，藏风聚气，尽量避开邪气阴风对人体健康的不利影响。

5.46 生态住宅的窗户时怎样才能藏风纳气?

图5.46 家宅不宜过多使用大型落地窗

住宅多开窗户,有利于房子的采光和通风,而落地式的窗户,因采光和通风面积更大,受到许多时尚住宅的追捧。然而,住宅窗户并非越多越好,越大越好,而是要根据房子的面积和朝向来综合设计,合理布局。如果房子的窗户开得过多过大,就会降低房子的保温能力和安全私密性,增加空调或暖气的用电用气量,在风水上属于泄气的格局,对家居的舒适和隐私也不利。但房子的窗户太少,也会缺少生气。一般来说,向南的窗户可以大些,面积可以占到墙壁的1/2,其它方向的窗户则不宜超过墙壁的2/5。

5.47 屏风在生态住宅中可起哪些作用?

屏风是中华民族根据巽卦原理的发明创造,具有体积小,移动方便,藏风纳气的优点,可以起到改变门位、风流与风速,分隔空间,挡风遮掩,通风纳气的作用。造工精良的屏风,本身还是美化家居的工艺品,因制作材料的不同,可以分成木雕镂刻屏风、彩色玻璃屏风等。屏风占地面积小而又移动方

图5.47 屏风可有助于藏风聚气

便,在风向、开门、间隔不正和需要隔离的各种情形里,作为化解外煞,遮掩藏风的工具,可以发挥重要的作用。

5.48　如何掌握"巽木"的风水特点？

　　由于在《易经》八卦里震卦和巽卦都代表"木"，为了对其加以区别，我们可根据巽卦主要属于风族的特性，将其所代表的"木"，归于与人离得较远，与自然风却更为贴近，植株也更高大的室外植物一类，即"远木"——属于庭院外与人相隔较远的园林之木或山林野树等。这是大致不差的。

图5.48　掌握巽木的风水特点

5.49　社区楼盘的生态园林环境应如何设计？

图5.49　小区园林环境设计一角

　　社区楼盘的园林风景环境，应更多地考虑天然野趣的中华风水文化意念，而不必一味食洋不化地采用几何图样的西式设计。当前的社区楼盘环境的绿化，正在跳出以往刻意人为，雕琢痕迹过重的园林设计窠臼，日益走向中华风水的"园艺化"设计方向。前述苏州园林、岭南园林之典范均可借鉴。有些小区在绿化造景上努力追求建筑与景观自然和谐的效果，尽量扩大绿化空间，强化各建筑之间的相互呼应与个性，是符合园林美学和延寿养生的巽卦风水原则的。

228

5.50　怎样科学理解火和光与生态三者的关系？

离卦代表火与光。光是宇宙能量之一，与电磁波速度基本相同，后者作为蕴含了各向同量的电磁波，实体是一种看不到的光子，极可能是产生万有引力的原因。环境光线明快，可使人感到心情舒展，情绪安适，环境光线暗淡，会使人觉得心烦胸闷，情绪紊乱。心理学意义上令人镇静的蓝、绿冷光与令人兴奋的橙、黄、红暖光，前者使

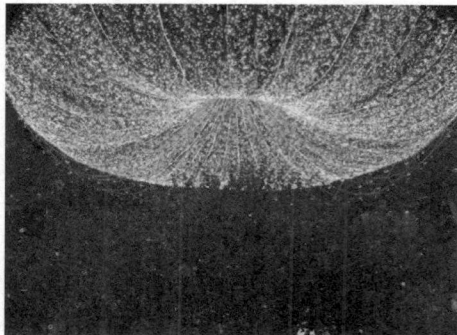

图 5.50　离卦代表火与光

人平心静气，使处于烦躁不宁的环境中的人，集中注意力做复杂精细的工作；后者使人振奋提神，促使人活动有力，反应敏捷。光线的这一奇特心理效应，证明光线是能量，即电磁光以一定的波长在空间的播散，同时又是与风水生态文化相关的"意识劲波"。

5.51　从生态风水角度看情绪和光有关吗？

图 5.51　情绪和光有关

光落在眼睛上，即被每只眼睛的600万个视锥接收器接收，任何一个可见波长的光都会引起一个电信号。脑子从眼睛里的2亿多个视网膜杆和视锥中取得光电信号后，快速地将信息编织成事物的印象。由此可见，八卦中离卦所代表的光线，确实是健康风水住宅设计的要素。能够让温暖光线进入的屋宇，采光好气温暖而使人健康长寿，能够让冷光进入的屋宇，会使人心境澄明，神思飞扬；而光线阴暗，采光不足的住宅，则会使人心情黯淡忧郁，阴冷萎缩，无精打采，容易生病。

5.52　颜色与风水生态环境有关吗？

图 5.52　颜色与自然风水环境互动

颜色是光的本质。离卦所代表的光是有颜色的。对颜色的现代理解来源于十七世纪牛顿发现了光的光谱性和粒子束。他的著名实验证明，光包含不同波长的能量。宇宙是一个正负电荷的电磁不停振动，产生了电磁波的巨大空间。每种电磁波都拥有不同的波长和振动频率，它们一起组成了电磁光谱，包括太阳光中 40% 的颜色。其中红色是我们肉眼能够看到的波长最长的光，它的振动频率最慢，发散的电磁能量是温暖的、刺激的。紫色的波长最短，振动频率最快并有清凉、清洁作用。紫外线以外电磁光线的振动频率越来越快，波长越来越短，其中包括 X 线和 γ 射线。人类识别颜色需要依靠光，光波携带的能量刺激人类视网膜就形成了颜色。颜色与温度有着密切联系。如用绝对温标表示，靠近蓝色的颜色温度低，靠近红色的温度高。光的三原色加在一起就是白色。颜料的三原色加在一起便是黑色。而黑白两色，光线明暗，在易经看来，一阴一阳，正好构成了风水与颜色选择的基本要素。

5.53　生态风水环境要根据人的情绪来调色吗？

光是由红橙黄绿蓝靛紫 7 种颜色的光组成。只要 3 种或 3 种以上的色光就可以形成白色，所以光是白色的。非彩色是白色、黑色和黑白色之间的灰色，彩色是我们感觉到有"颜色"的所有颜色。风水学注重根据人的情绪来协调各种颜色。因为情绪是人类最重要的心理活动，具有强烈性、丰富性和倾向定型和不稳定性。而颜色则对人的视觉和大脑神经有强烈的刺激作用，与人的思想感情紧密结合，是获得健康和美观效果的风水元素之一。协调的颜色对住宅环境风水优化的整体效果很大，不协调的颜色对风水生态环境的破坏性极大。因此我们宁可花费大量时间、精力和经费来研究和改善现代住宅装修材料的颜色匹配性，也不要忽略大众对颜色的普遍感受以及个体对特殊颜色的偏爱，这也将成为风水颜色学、心理学、哲学以及我们道德观的一部分。

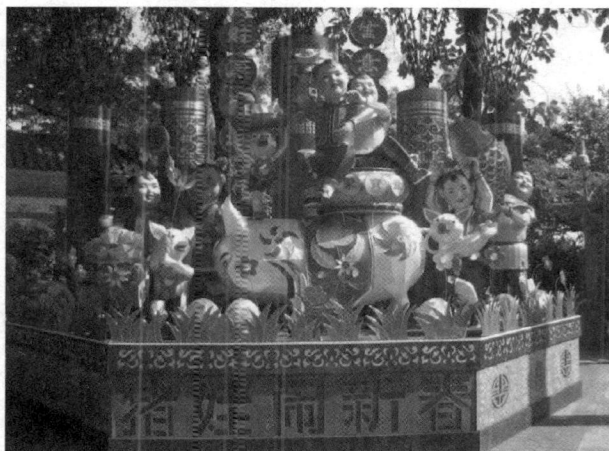

图 5.53　吉祥欢乐的暖色灯饰

5.54　离卦的风水关键词是什么？

离卦的关键词是"火"，以及与火，光，能源，光明相关的一切；它在自然、物象、节气和方向上代表太阳，火焰，光芒，夏至，南方等；在五行和色彩上代表火，红色；在易理性质上代表燥急热情，烈焰电光，附丽美艳，眼部，以及家中的中女，二姐等；在风水建筑上代表了坐北朝南，日精月华，采光取暖，玻璃明镜，阳台窗户，厨房门灶，电磁炉具，电热器具，电视电灯等。这些都是离卦风水总纲的要义所在。

图 5.54　离火卦象

5.55 《易传》是怎样说明离卦的重要风水意义的？

《黄帝内经》认为"南方生热，热生火，火生苦，苦生心……"认为火与苦味食品会通过心脏对人的健康产生影响。联系中国南方以苦味凉茶降心火的饮食习俗，确是很有道理的。《易传》则将"离"作为火的象征，用它代表日头、闪电、中女、盔甲、兵器、大腹便便者、水鳖、螃蟹、螺蠃、河蚌、乌龟之类，以及里头空心而上边枯槁的树木等，并认为天帝以代表夏至的"离"目看望万物，"离"代表了光明和南方，万物皆靠光明才能相见，所以圣人都南面而坐，聆听天下声音，面向光明治理天下。离卦的重要意义，就出自这里。

图 5.55 朝南的离女象

5.56 生态国学是如何以离卦界定方位的？

图 5.56 离卦位的朱雀南天门

生态国学以易经离卦界定南方方位和其他风水概念的说法很多，其一以五行的火为南；其二以干支的丙丁为南，以地支的子为北，午为南；其三以天空星象朱雀所示的方位为南。此外，四灵里代表南方的"朱雀"，通常也指住宅南门外面正对的低矮小山坡，俗称案山，因似门前案台而得名，它与更远处前方的朝山，房子后边的玄武山，左右两旁的青龙山、白虎山等，环绕住宅四周，形成风水里最理想的"前朱雀，后玄武，左青龙、右白虎"的良好风水格局。

5.57 离卦与生态住宅的阴阳向背有关系吗？

离卦代表南方属阳，是生气之向。阴阳原指日照的向背，向日为阳，背日为阴，后来人们将万事万物都归于阴阳两个方面：天为阳，地为阴；日为阳，月为阴；昼为阳，夜为阴等等。《管氏地理指蒙》卷八《阴阳释微》说："东南方，阳也。阳者，其精降于下。西北方，阴也。阴者，其精奉于上。"风水学认为，人是由阴阳二气所生，所以要适从阴阳变化规律，不得违背阴阳，顺者昌，逆者亡。俗语云："大门朝南，子孙不寒；大门朝北，子孙受罪。"南为阳，北为阴；住宅朝南，为阳，有吉。住宅朝北，为阴，有凶。《黄帝宅经》也说："宅者，人之本。人以宅为家，居若安即家代昌吉。若不安，即门族衰微。"

图 5.57　坐北朝南的大堂

5.58 什么是"采光取暖"的生态风水原则?

图 5.58 采光良好的酒店

生态风水学最讲究阳光透气,主张选择房屋不但要空气清爽,而且要阳光充足。如房屋阳光不足,阴气过重,将会导致阴阳失衡,生气衰弱,家宅不宁,不宜居住。离卦风水学南向建屋,采光取暖的建屋原则,不仅注重厅堂窗户的通透明亮,避开西晒的强光和北方寒潮,装饰的美观大方,而且主张利用太阳热能,关心燃料能源的易取妥存,合理利用,居室的暖和舒适,厨房炉灶的安全方便等。

5.59 坐北朝南的生态风水原则有科学根据吗?

离卦坐北朝南的风水原则的产生,一是因中国地处北半球中,人们的生活、生产离不开南面阳光,二是因为中国境内冬季一般刮寒冷的西北风,夏季吹暖湿的东南风,坐北朝南可以利用西、北、东面的环山格局,抵挡寒冷的冬季风,迎纳暖湿的夏季风。所以说,其独特的前南后北,左东右西,"面南朝阳"的中国古代方位观念,从现代角度看是有充分的科学

图 5.59 坐北朝南符合风水原则

根据的,它是由中国陆地大都位于北回归线以北,阳光大多数时间均从南面照射过来,人们的生活、生产又以直接获得阳光为前提的环境特点决定的。

5.60 生态露天球场为什么采用南北向？

太阳的运转规律是东升西落，阳光由东到西向地球照射。南北向的球场，无论是足球场、排球场，还是篮球场、羽毛球场，都有利于球员在直面球门、篮板和对手时，眼睛避开两面射来的强烈而刺眼的光线，盯牢飞速运动的球儿和迅速换位的对手，在比赛时发挥高超的竞技水平，打出他们的应有水平，达到争强斗胜和锻炼身体的目的。此外，地球的南北极产生强大的磁场，每日由东向西飞旋八万里，其对球场上的球员的奔跑运动，必然产生某种加速或延缓的微妙影响。南北向的球场，配以中途换场，对双方球员更显得公平合理。

图5.60　南北向的露天球场

5.61 离卦生态风水住宅的装修原则是什么？

《易经》认为："离，丽也。""离也者，明也，万物皆相见，南方之卦也。燥万物者莫熯乎火，说万物者莫说乎泽。……故水火相逮，雷风不相悖，山泽通气，然后能变化既成万物也。"这就为今人确立了生态住宅风水要求在装修整体设计上的原则，即室容要美观温馨，大方得体，窗户要通透明亮，采光取暖。同时注意以水制火，以湿润燥，避免过强的阳光直射，令屋内的水火相济，阴阳和谐，温度适中，湿度宜人，安全舒适，孕灵气而育妙人。

图 5.61　清雅养生的宜居民宅

5.62　生态住宅的玻璃幕墙如何防止光污染?

图 5.62　光污染强烈的玻璃幕墙

玻璃幕墙具有采光好,外型靓,高档时尚,造价适中,墙体轻薄靓丽等优点,可谓将离卦通明理念发挥到了极至。所以现代建筑设计师一般都喜欢采用玻璃幕墙。但现代都市玻璃幕墙的滥用,也会造成严重的"光污染",因阳气太盛破坏了风水环境的和谐。特别是住在玻璃幕墙对面的人家,在玻璃幕墙强烈的阳光反射下,会有一种刺眼的压抑感,对人体的健康非常不利。因此,从科学的健康风水的要求来考虑玻璃幕墙的使用,就要坚持离卦明不耀眼,丽不灼人的基本原则。

5.63　生态风水住宅的卧室光线应如何调控?

图 5.63　光线柔和的卧室

卧室是人摄气养神,恢复精力之所,因此无论面积和窗户的大小多少,都要讲究合理格局,配置调控自如的暖色调窗帘,以利于营造出温馨祥和的环境。而从卧室里的光线控制和灯具的摆放看,周边门窗射入的光线和床头灯的光线都不宜太强太亮,如午休或晚上想睡觉而附近却有强光射入时,可拉上厚窗帘遮挡光线,以在卧室里营造一种幽暗安祥的气氛,确保充足良好的睡眠。

5.64　生态型低碳住宅的采光的原则是什么?

室内的采光和装饰摆设,从离卦角度看,以增加房间的明亮和生气为最佳选择,不可弄得阴森昏暗,暮气沉沉。特别是当住宅的门窗过小或被高墙山峦挡光,厅室光线较暗时,更要设法张挂内容光明正大的书画镜画,以增强房内明亮度为好,切不可张挂月夜猛兽或阴天黑地,光线暗淡的装饰画,使家中更显昏暗沉寂。

图 5.64　采光充足省电节能的生态住宅

5.65 生态住宅怎样发挥阳台的采光纳气功能?

就中国地理环境而言,住宅的南阳台、东阳台、西阳台采光纳气效果较佳,应尽量敞开扩展,以增加屋内的活动空间,便于健身活动,晾晒衣服或摆放花草等。而易灌冷风,阴气较重的北阳台也并非一无是处,合理设置后正可发挥其多功能的作用。如使其成为厨房外的辅助空间,放置洗衣机的半封闭式空间等。

图 5.65 采光纳气良好的阳台

5.66 生态住宅为什么不宜太近"火"?

烈火无情。人类的生存与延续固然离不开火,但却要与火保持合适的距离,不宜选择火旺盛极处建宅,也不宜购买其附近的楼盘居住。这些火旺过盛之地包括大型火力发电厂、大型天然气储藏罐、核电厂、炼铁厂、铸钢厂、锅炉房、鞭炮厂、烟花厂、垃圾焚烧场(发电厂)、火葬场、煤气站、加油站等。它们不仅燃烧时排放有害油烟废气,还往往是火灾隐患,车辆噪音的发生地,会造成"城门失火,殃及池鱼"的恶果,使附近的居住者长期火旺心燥,惊恐不安。因此,远离近火处建房安居,才是明智的风水选择。

图 5.66　住宅要远离易发火灾处

5.67　生态住宅应如何防火？

水火相克，古人的防火方法是蓄水近水，以水制火。如选择靠水的地方建房，或干脆在住宅附近开挖池塘蓄水，以防万一等。在缺水的皇宫内或重要的建筑旁，则安放大型水缸蓄水防火，及时扑救火灾。今人的方法一般是准备灭火器，在人多易燃的办公室、宾馆或娱乐场所里，则装置自动报警喷水的喷淋头等。

图 5.67　故宫的防火水缸

第六章

生态国学的龙脉宝地观

一、昆仑祖山蜿蜒伸展的五条巨山龙脉

生态文明是人类总结了生态学智慧，从盲目顺应自然、艰难生存的蒙昧状态，走向主动和谐自然，改善生存状态的觉悟境界；是人类在改造客观物质世界的同时，不断净化心灵，化解危机，优化人与自然的关系，建设良好的生态运行机制，所取得的保护生态安全，造福万代的物质、精神、制度方面的成果之总和。在构建人类生态文明的漫长过程中，中国人从有巢氏时代保护渔猎采集的生态安全，乐天自足的"自然之子"，变成了以"自然主人"自居的西方市场经济的追随者，目前则在成为世界最强工业制造国、最多能源消耗国、世界第二大经济体之后，正蜕变为积极构建生态文明的"自然家人"，以最终实现与物质文明、政治文明、精神文明、社会文明、生态文明互补共荣的"中国梦"。

生态国学，就是在这一背景下，在中国特色社会主义"五位一体"文明建设的伟大战略的推动下应运而生的。它是以人与人、人与自然、人与社会的大和谐为宗旨，注重生态意识文明、生态制度文明和生态行为文明的东方生态文化体系，是以人为本的生态和谐原则为每个人全面发展的前提的生态文明形态。因此，它既不能一味复古，轻视西方现代科学理性的作用，又必须扎根中华传统文化沃土，以中华生态智慧构建生态国学理论体系，用中华生态文明的人文精神，校正西方长期过度迷信科学主义的偏向，学会用高瞻远瞩的东方生态伦理道德原则，来审视西方以邻为壑的，甚至是挖肉补疮的环保利己主义与生态自杀行为。从这一意义上说，生态国学的主流的道家学派认为，"道"所产生的阴阳二气是万物化生之源。从人类生态环境来说，乾坤震巽、坎离艮兑彼此之间的复杂运动，即天地、雷风、能源、山泽的永恒运动，其实是阴阳引力、冷暖气候、地层水流之间的互相作用。宇宙有了天地风水，阴阳交合，能源互换的激荡，而后万物降生。生态国学还根据天人合一的经脉论对天象地理进行生气的研究，形成了朴素直觉的"生

态龙脉观"，把保护与善月人类栖居的自然环境的目光，投向了那似乎是难以捉摸的中华山水龙脉的考察上，最终寻得昆仑山为万山祖山，从其生发出若干的"龙脉"。虽然说，这些大大小小的"龙脉"究竟走势如何，分支多少，一直未有定论，但它们所构成的一幅"中华巨龙图"，毕竟在千百年来，对中华山水的生态安全，起到了不可忽视的重要保护作用，对我们认识这些山地水域的人文地理特点，加以合理的开发利用，具有积极的意义，故不可像一些对中医行之有效的经脉论的武断否定者那样，轻易否定。

生态国学作为人类生态文明的一种古代形态，是以天人合一的理念为核心，注重生态意识文明、生态制度文明和生态行为文明的东方文化体系。它以尊重和维护自然万物食物链为前提，以儒释道的自然伦理价值观的升华为心灵渠道，以人与人、人与自然、人与社会的和谐为宗旨，引导人们自觉地爱护自然环境，以彻底扭转以往认为只有人是主体，只有人有价值，其他生命和自然界都没有价值的西方传统哲学的旧观念，实现一个复归自然的人性与生态性全面统一的社会形态。这也就是我们今天所极力追求的全球生态文明的社会形态，一个以人为本的生态和谐原则作为每个人全面发展的前提的生态文明形态。

当前，生态文明已经成为世界新潮流。那些首先爆发生态危机的发达国家，不仅深深感到自己带头造成的生态危机的巨大压力，极欲推进发展中国家进行污染控制和生态恢复，以克服工业文明弊端；而且在逐渐回归自身的生态理性的原则下，越来越表现出对东方生态国学智慧的认同。对于我们而言，这不仅为中华民族今后的五大文明一体化的跨越式发展提供了良好机会，也为生态国学的弘扬，为污染控制和生态恢复，探索资源节约型、环境友好型生态文明社会的发展道路，提供了一个将中国生态文化精神，日益为世界高度重视的加强民族文化软实力的绝好机会。

这是我们正面临的一个如何将中国古老的生态智慧，变得更现实更管用的深层次的文化建构问题。它既不能片面复古，唯我独尊，轻视西方现代科学理性的作用，又必须理顺传统文化结构，加紧建构以中华文明的生态智慧为内核的高端生态国学理论体系，用中华生态文明的人文精神，校正西方过度迷信科学理性的绝对化倾向，学会用更高瞻远瞩的东方生态伦理道德原则，来审视西方以邻为壑甚至是挖肉补疮的环保利己主义与实用主义。

恩格斯说过："人们会重新感觉到，而且也认识到自身和自然界的一致，而那种把精神和物质、人类和自然、灵魂和肉体对立起来的荒谬的、反自然的观点，也就愈不可能存在了。"探索和研究中华国学的生态文明理念，有助于我们重温马克思主义哲圣教诲的深意，有助于我们以农业生态文

明乃至更古远的采集渔猎文明的天人合一理念，一种看似古朴，其实更有益于子孙万代、更符合生态文明道德，一种更为美好的自然和谐的理想，弥合以往由西方工业体制造成的精神和物质、人类和自然、灵魂和肉体的对立，让中国社会主义的生态文明，更好地为全球各派生态主义理论，提供更高层次的融合和更广阔的发展空间与保障。

生态国学最为重视的经典——《易经》认为，阴阳二气是万物化生之源。从天象及受其控制的生态环境来说，乾坤运动表示阴阳冷暖气候之间的互相搏战。宇宙有了天地乾坤，阴阳交合，激荡孕育，然后万物降生。生态国学的乾德风水原则，就是以"乾"代表不可抑止的强健上扬的自然力量，并按照顺天循道，天人合一，生气蓬勃的理念，不断壮大与合理利用这一人类修房盖楼，保护和改造自然风水的强劲无穷的文化创新力量，以及人民大众日益强大日益全面日益合理的建筑文化的消费力量，善待并开发利用好自然，造福于人类。

生态国学的易理消息卦是古人对易理和风水天象的哲学总结，反映了自然生态的天象气候等自然力量演变消长的普遍规律。消息卦按照子、丑、寅、卯、辰、巳、午、未、申、酉、戌、亥的地支排列，与复、临、泰、大壮、夬、乾、姤、遯、否、观、剥、坤诸卦对应，代表了从当年的11月开始，直至次年10月的跨年12个月份的流转过程。这一排列从复卦即11月的一阳初升开始，逐层逐步于内卦增多阳爻，至代表次年6月的乾卦，达到全部都是阳爻的全年阳气的顶点；然后由代表7月的姤卦开始，表现一阴由下位初升，逐层而上，逐步增多，至12月的坤卦达到全部阴爻的气温最低谷，再由代表冬至的复卦开始生阳，开始第二轮阴阳消长的过程，循环以至于无穷。这就是古人根据易理从天象气候变化中发现的生生不息的消息卦，对后世风水学的看地选日择吉说也深有影响。

与"四象"在易经中，指的是"太极生两仪，两仪生四象"所衍生的太阳、太阴、少阴和少阳不同，生态国学的风水天文体系中的"四象"，指的是黄道赤道附近以二十八星宿为四方代表的形象坐标。其中包括了东方腾空而起的"苍龙七星"，南方展翅飞翔的"朱雀七星"，北方缓缓而行的"龟蛇玄武七星"，西方跃步前扑的"白虎七星"等。它们作为地理风水学所说的龙雀龟虎"四象"的在天之象与神灵象征，与后者有紧密。

生态国学还十分重视自然天象中那生意盎然的"和风"，把它视作为大自然带来无限生生机和生气的生命力量，认为不仅一年四季的风向会变换不定，而且在性质上也有阴风与阳风之别，这也是中医注意区别中暑与受寒，区分冷感冒与热感冒，注意对症下药的理论根据。根据这里理论，秋冬里呼啸的山风，卷浪的海风，掀沙的漠风等，与向阳开阔，生机旺盛的平原春风，在养护与削弱生态环境上，本来就有极大的区别。清末何光廷在其《地学指正》中曾指出："平阳原不畏风，然有阴阳之别，向东向南所受者温风、暖风、谓之阳风，则无妨。"这就是说，平原上温暖的东南阳风，与寒凉的西北阴风，在性质上是有区别的，对人类的建筑生态环境也会造成和风宜人或邪气伤人的不同后果。这完全是由风的阴寒阳热的性质不同所造成的。

换言之，根据生态国学的理念，世界上的"风"并不是不分类型的空气流动现象，它基本上可归于阳风与阴风两种。其中的阳风有利于万物生长和人类的身心健康，而阴风则大都属于有害的邪气，所谓"煽阴风点鬼火"是也。但由于阴风隐蔽潜浸，很容易使人爽快而麻痹不觉，因久坐不动或不盖被而遭受风寒致病。这也就是清末何光廷在《地学指正》指出过的，所谓"向西向北所受者凉风、寒风、谓之阴风，宜有近案遮拦，否则风吹骨寒，主家道败衰丁稀"的现象。

根据阴风与阳风的季节风在神州大地的流转分布的特点，生态国学主张中国的建筑物以坐北朝南为佳，因为它有利于采光和避风藏风。古人很早就发现，中国的地势决定了其气候为季风型，而不同季节的温曛暖风与寒凉阴风有很大的区别，对人的身体也会有不同的影响，因此只有时常根据风向变化而开窗闭户，藏纳阳风而躲避阴风，才能保持健康。中国古人早就懂得如何测风和避风。甲骨卜辞里曾有测风记载，《史记·律书》也有关于"不周风居西北"，"广莫风居北方"，"条风居东北方"，"明庶风居东方"的明确分类。这对人们根据中国季风特点，防范西伯利亚寒风，迎纳太平洋潮湿夏风，提供了方便。

生态国学的"藏风聚气"的巽卦养生原则，要点是重风重气，强调风与水是气之灵魂，主张"藏风得水"，"藏风聚气"的"得气说"与"生气说"，认为只有通风生气才能使生命旺盛，因而通过探测风向气流，合理选址开门与规划建筑，努力使生活其间的人与动植物，均获得更多的蓬蓬勃勃，欣欣向荣的生气，避开使其患病郁闷，枯萎败落的萧杀之气。这也就是清人范宜宾所谓"无水则风到气散，有水则气止而风无，故风水二字为地学之最重"的要义。符合易经巽风原理的堂舍楼馆，可让人一入其中就深感风物宜人，生气勃勃，神清气朗。

生态国学的"藏风聚气"的养生原则，来自于易经的巽卦风水理念，此即《易传》所说：天帝以立夏的"巽"风齐平万物。"巽"代表东南方，"齐"指的是万物的絜齐和齐平。万物都齐平风行于《巽》卦。所以，巽卦在易经风水的理念上，一是象征初夏暖风吹拂下，万物顺服的齐齐生长；二是代表了上天对万物的观察、考量和均量齐平的自然现象；三是引申开去，包括了各种悄悄侵入万物内部，将会引起阴阳消长微妙变化的各类因素。所以，易经"巽"卦所指的风水方位，根据后天八卦所示，是十分有利于植物生长的良好的生态环境，所谓"向阳花木早逢春"的东南方。万物都齐平风行于《巽》卦，而"巽顺"又代表周流寰宇，无所不入的风流和气流。因此，在五行的性质上代表了"木"，以及立夏时节等意义的"巽卦"，除了主要代表风水意义上的各类"风"外，根据《说卦传》的解说，还含有"木"、"高"、"入"等概念。

巽卦生态风水环境的选择，首先是观"风"，即观察并善加利用与风，气流，风向、风力、风速相关的一切，寻找大地之上最有利生物生活的生态环境。同时，巽卦理念在自然、物象、节气和方向上还代表了风，霜，立夏，东南等气候方位；在五行和色彩上代表了（远）木，白色；在易理方面代表藏风纳气，隐伏侵蚀等；在风水建筑上代表了通风气口，风向风力，风气风流，气味清新，园林庭院，卧室床位，门户窗口，屏风花窗，电扇空调，排气换气，东南隅等。这些都是巽卦风水总纲的要义所在。

生态国学的离卦"坐北朝南"的健康风水原则，一是以"离"代表太阳与光明，深信万物皆靠太阳与光明才能相见而日益繁荣。二是以"离"代表南方，视其为北半球住宅获得日光普照的最佳方位。所以中国圣人与皇帝都喜欢坐北称尊，面向南方，以寓意眼明心亮，光明正大地治理天下，让事业如日中天，而普通老百姓也以坐北朝南的吉屋为理想家园。三是生态国学最讲究阳光透气，巧用天地之间的风、水、光、热等天然能源，因而主张选择房屋不但要空气清爽，而且要阳光充足。如房屋阳光不足，阴气过重，将会导致阴阳失衡，生气衰弱，家宅不宁，不宜居住。离卦风水学南向建屋，采光取暖的建屋原则，不仅注重厅堂窗户的通透明亮，避开西晒的强光和北方寒潮，装饰的美观大方，而且主张利用太阳热能，关心燃料能源的易取妥存，合理利用，居室的暖和舒适，厨房炉灶的安全方便等。

中华生态国学坐北朝南的离卦原则，是根据面南仰观天象绘制的中国天文星图，面南俯视地理绘制的中国九州地图，以及坐北朝南，利用东、西、北部环山抵挡寒冷冬风，迎纳暖湿夏风的中国风水环境的基本格局拟订的。它形成的中国古代方位观念是前南后北，左东右西，与源自西方的南北方位观念恰好相反。同时，这也是因中国地处北半球中，人们的生活、生产离不开南面阳光，故根据中国境内冬季一般刮寒冷的西北风，夏季吹暖湿的东南风，坐北朝南可以利用西、北、东面的环山格局，抵挡寒冷的冬季风，迎纳暖湿的夏季风。所以说，其独特的前南后北，左东右西，"面南朝阳"的中国古代方位观念，从现代角度看是有充分的科学根据的，它是由中国陆地大都位于北回归线以北，阳光大多数时间均从南面照射过来，人们的生活、生产又以直接获得阳光为前提的环境特点决定的。

根据生态国学对天象地理的生气所在，生气的藏风纳气，光热利用和方位选择的研究，古人还把认识和保护好人类栖居的自然环境的目光，投向了那似乎是更不可捉摸的中华山水龙脉的考察上。而这绝非寻常易事，正如古人所说，"观形易，认势难，"昆仑山虽被公认为万山祖山，但其生发的干龙究竟如何分支，如何走势，生态国学界却一直未有定论。持"四龙脉说"的风水大师杨公，对自己所说的这些四散而去的龙踪走势也并未明指，倒是由昆仑山生出"五龙脉"的说法比杨公的"四龙脉"之说更为流行。这一说法认为，人类的古代文明，都与昆仑山排出的五条山水龙脉有关。具体解释，则可参见下面的这幅网上流传的《人类文明世界的山水龙脉图》：

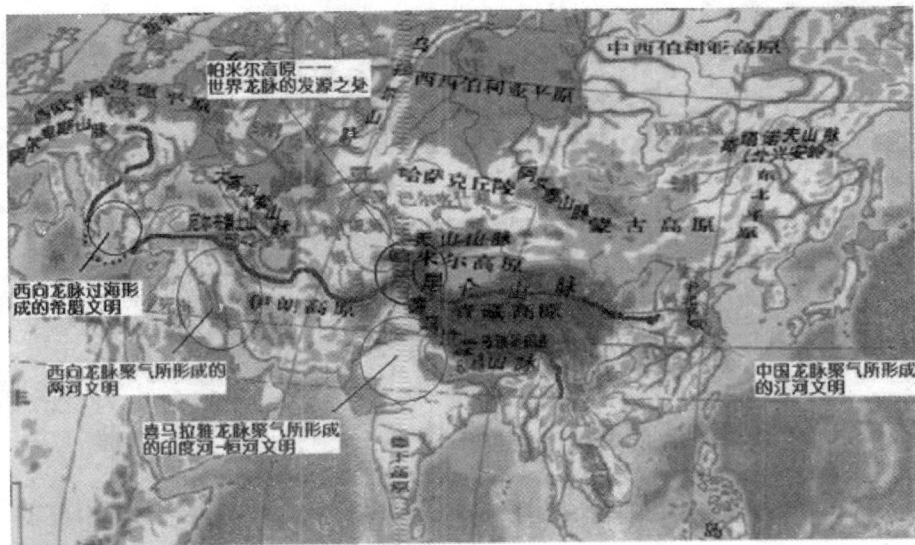

按图索"龙"，可见从昆仑山东西俯冲欧亚两州的五条大山脉的"龙脉"走向。对于其中对于伸向西面欧洲的两支干龙的走向分析，古人并无清晰的论述，近年才有人依据古说，试图将其细分为西北、东北两支，认为昆仑山的西北龙气，首先生化了新疆境内的天山山脉，然后往西北生出了慕士塔格山和公格尔山脉，二气合入塔吉克斯坦，生出被共产主义峰和列宁峰，经阿赖山又生吉尔吉斯山，再生楚伊犁山，扩散到哈萨克斯坦、土库曼

斯坦后，形成大高加索山，气入罗马尼亚生喀尔巴阡山，由喀尔巴阡山生发了横跨法国、瑞士、奥地利的阿尔卑斯山，以至气展欧洲各国，最后经英国到西班牙才停止。另一条为昆仑山东北龙气，沿天山往北，先生出北塔山和蒙古的阿尔泰山，再生发出汗呼赫山、杭爱山；入俄罗斯后，生出唐努山和萨彦岭，过乌兰巴托生雅布洛诺夫山，又生斯塔诺夫山，再生上扬斯克山和切尔斯基山，过白令海峡到美国生出阿拉斯加山，入加拿大生出海岸山和落基山，延伸至墨西哥生出马德雪山，最后到巴拿马而停止。这一说法将中欧五大干龙的气源都归于昆仑山，与古人所称中国具有的世界中心意蕴相符合，可供参考。

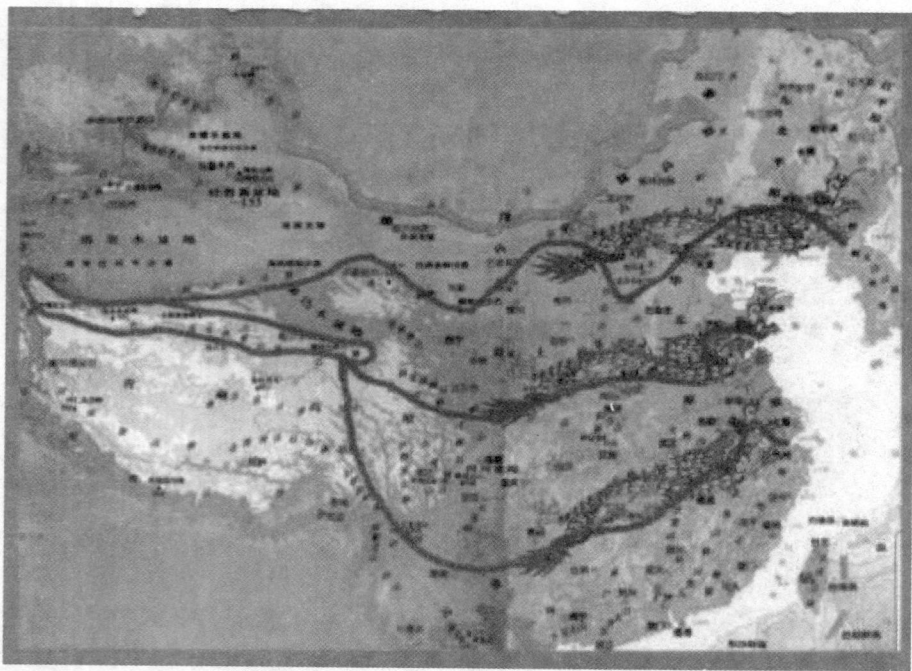

中国三大干龙图（南海诸岛见 249 页全图）

再寻中国大地上游走的北、中、南三条干龙，风水师们除了都认同它们以昆仑山为始祖外，对其具体走向如何却历来歧义很大。有的人认为昆仑山一边是天山山脉、祁连山山脉、阴山山脉、阿尔泰山、贺兰山、大小兴安岭、长白山；一边是唐古拉山、喜马拉雅山、横断山等山脉。"昆仑山龙脉夹在上述南北山脉中间，不断向东施展辉煌灿烂的舞姿。龙的主脉落在陕西省的西安市，然后东出中原河南。同时展开北向、南向、东向、西向分支，形成整体的昆仑山脉体系。"有的人则认为昆仑山到了中原以后，向东有六盘山、秦岭；偏北又有太行山；偏南有巫山、雪峰山、武夷山；向南是南岭；加上北岳恒山、东岳泰山、百岳华山、中岳嵩山、南岳衡山，东边的黄山和台湾的玉山，西南的峨眉山，"这些举世闻名、举世无双的大大小小山脉——大大小小的龙脉，构成了一幅中华巨龙图。"但这些说法都显得过于笼统模糊，仅可作为中华山水龙脉说的参考。倒是所谓的"中国三大干龙说"，对中华三大龙脉的走向言之凿凿，可补充昆仑五龙古说之不足，值得详述。

由以上这幅"中国三大干龙图"可见：位于黄河北面的北干龙，从昆仑山发出，沿黄河通过青藏高原、华北平原和东北地区，延伸至朝鲜半岛后，隐入海中，再连接了日本列岛，分布地域包括了新疆、内蒙、青海、甘肃、山西、河北、辽宁、吉宁、黑龙江等省份，除富庶的华北地区与东三省外，多为西部待开发地区。

中干龙从昆仑山发出，以长江和黄河夹送，循青藏高原入岷山，趋关中，下泰岳，转荆山，抱淮水，落平原，入渤海，包含了黄河、长江之间的四川、陕西、河北、河南、湖北、安徽、山东地区，气聚之城有西安、洛阳、开封、济南等名城，多为中华帝国的赫赫古都。

247

南干龙从昆仑山出西藏，下丽江，趋云南，绕贵州；其支龙一出湘江，西至武陵，一由桂林海阳山过南岳衡山，越庚岭，至闽渡海而止。其南龙主脉不仅沿长江，穿越过华南、华东地区入海，还由世界屋脊喜玛拉雅山顺势而下，入印度，经斯里兰卡、菲律宾及周边诸国，延长至澳大利亚气脉才止。仅国内区域就包括了云南、广西、贵州、湖南、江西、广东、福建、台湾、浙江、江苏诸省，过去南龙的聚气之地以广州、福州、南京等市为主，近年则增加了上海、香港、深圳等近现代大城市。

由以上的综述可见，源自昆仑的这五大干龙的主脉，就这样在生出支脉后，又由支脉生出小脉，但其"龙气"的运行则始终是不断如缕，不分国界的，它们如同人的经络，流贯全身，各走一脉，大干生支干，支干小支，支又生支，一气贯通，实为欧亚各支龙去脉的总纲，可谓龙祖龙宗。它们的总体走向或由昆仑山往西，或由昆仑山往东，跌宕起伏，绵延至海，再一直延伸到到大陆架上的诸多岛屿，一路分脉孕育出各级支龙，孕结出风水学所说成千上万的吉穴即生态佳境，星罗棋布于欧亚大地。

然而，这种昆仑"欧亚五龙说"及其相配套的神州"三龙说"，毕竟是在远古人们认识自然地理时，存在着不可逾越的地理障碍条件下，对中国和世界山水的自然条件难以详勘细察的情况下，勉强得出的，故存在着巨大的漏洞和盲点，难以描绘出比较详尽的山脉走向。如上面这幅古代的《中国三大干龙总览之图》，就只画了黄河、长江、黑水、弱水等四条江河和五岳，雅鲁藏布江、珠江、黑龙江、中国长城以北，西部地区的西藏、新疆、内蒙古、和东北地区的黑吉辽三省都没有详列，显然过于简略。

因此，我们若想按图索龙，寻找中华山水的龙脉，一方面要有比较科学的详尽的地图，对欧亚两洲尤其是中华大地上的山水分布情况都有所了解；一方面要有比较扎实的生态国学和易学的根底，能够在古代中国山势水流之龙脉走向的风水学理论的基础上，根据中华易理、五行八卦的方位，参照当今深受重视的水文化理念，结合当今中国版图内的雄山巨流的实际，做出具体的分析，才可能尝试解开行走于中华大地之上的山龙水脉的秘密，从中国山脉与江河水流的分布中，去感受其脉络搏动、血液流淌的生命节奏，编织出一幅气势磅礴、宏伟美丽的中华山水龙脉图。以下便是山水地貌清晰可辨的《中国地形图》：

从此图可见，巍巍昆仑作为群山万壑的生气之源和物本之源，气脉向全世界扩展，至少分出数条巨龙般的山脉，向欧亚两洲方向延伸出去，因而成为天下的主山。其中仅仅向着东亚大地方向，昆仑山就已经是中国五大龙脉的发源地和鼻祖。故以往的中国三大龙脉说，不仅是杨公的四大龙脉说的倒退，也是昆仑中华龙脉说的简化。

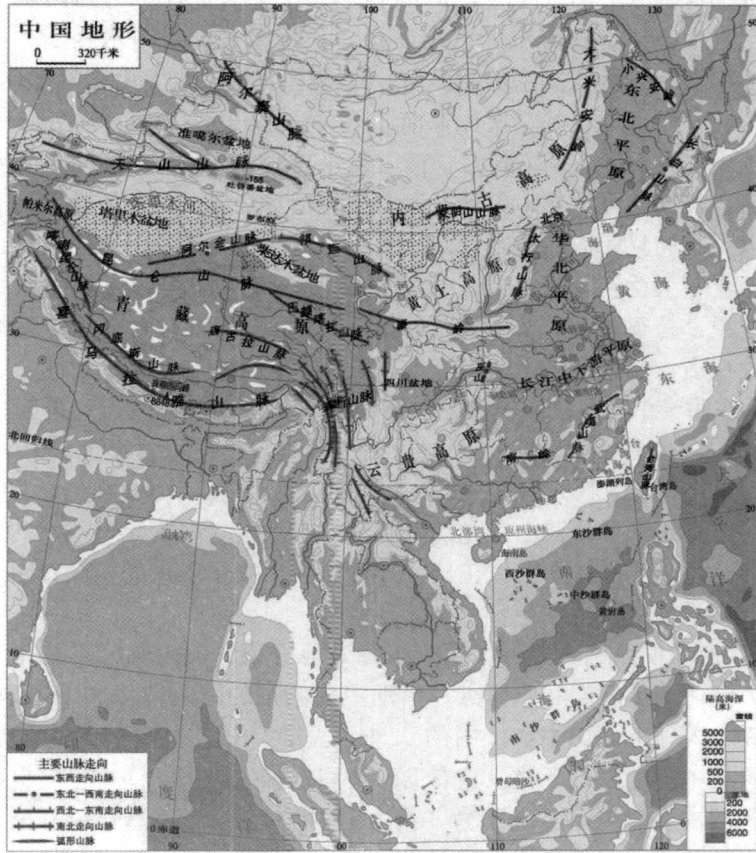

中国地形图

其实自《禹贡》把我国的山势走向大致划定之后，汉代学者就创立了有名的"三条四列说"，其划分的山脉，把杨公的四大龙脉说具体化、细列化，已成后世风水师考察山水龙脉的基础。如三条中的北条是"岍—岐（陕境渭河北岸）—荆山——壶口——雷道（陕晋间）—太岳—砥柱—析城—王屋（晋南）—太行—恒山—碣石（河北）"。中条是"西倾—朱圉—鸟鼠—太华（陇陕）—熊耳—外方—桐柏—陪尾（鲁南）。分支为"蟠冢（陕南）—荆山—外方—大别山（鄂皖境）"。南条是"岷山—衡山—敷浅源（庐山）"。此外，其四列中的第一列即北列为"岍—碣石"；第二列即中列主干为"西倾—陪尾"；第三列即中列分支为"蟠冢—大别"；第四列即南列为"岷山—敷浅源"。

不过，这些分法的一个突出的问题，都在于只重视了山脉而忽略了水脉。其实，生态国学视野中的巨山龙脉，一直以来都是与水相随，相依相恋，同气相投的。所谓"水随山而行，山界水而止。水无山则气散而不附。山无水则气塞而不理"的，所以像前述的《中国三大干龙总览之图》那样，仅仅只画出北方黄河、东方长江，南方黑水与西方弱水等四条水系，只将其中的黄河、长江、黑水作为中华三大龙脉的山水之界，是很不全面的。

　　所以，我们只凭以往的昆仑山始发气脉后，仅与泰山、华山、衡山、恒山和嵩山这"五岳"以及长江、黄河、淮河、济水这"四渎"相联系的中华三干龙说，是很难解释"昆仑山到了中原后，向东有六盘山，秦岭；偏北又有太行山；偏南有巫山，雪峰山，武夷山；向南是南岭；加上五岳：北岳恒山，东岳泰山，西岳华山，中岳嵩山，南岳衡山。还有东边的黄山和台湾的玉山，西南的峨眉山……！这些举世闻名的举世无双大大小小的山脉——大大小小的龙脉，构成一幅由中华巨龙、大龙、中小龙混杂的卧龙图。

　　要寻出真正的中华江山卧龙图，我们还必须确立如下几项基本的理论原则，进而才可能瞄准方向，以正确的导向寻找出中华山水的龙脉真图，而不至于陷于玄学的空谈。

　　1. 生态文明原则。以保护作为祖国大地脊梁的大山脉，以及作为祖国血脉的大江河为出发点和归属点，借助卫星俯拍的清晰图像和中国地势图，可以前无古人地去探访中华江山的"来龙去脉"图，其目的是为了更好地认识和保护中国的生态环境。它有助于我们根据生态国学注重生气贯通的风水原理，以古人的"龙脉说"为"尚方宝剑"，舞动五条总长数万里，郁郁葱葱的山脉苍龙，保护好绵延数万里的浩浩荡荡的五色江河巨龙，把神州大地建设成社会主义生态文明的极乐园。

　　2. 中华易理原则。在中华百科全书《易经》的引领下，生态国学形成了以天人合一、五星五运、五行八卦为特色的生态安全理论体系。故《中华江山龙脉图》的绘制，当秉承金生水，水生木，木生火，火生土，土生金的"五行相生"原则，东木青、西金白、中土黄、北水黑、南火红的"五色朝向"原则，以及乾生气，坤宝地，震防雷，巽藏风，坎活水，离向阳，艮靠山，兑湖居的"八卦生态"原则，深入研究与星象、物候、地理、五行、八卦密切相关的中华五大江山龙脉的走向区域，以及地杰人灵的人文景观等。

　　3. 风水堪舆原则。千百年来，风水堪舆学造就了以唐代国师杨筠松为杰出代表的一代大师，形成了形势派、理气派等众多风水流派。故《中华江山龙脉图》的绘制，当继承传统风水文化精华，借鉴古人"龙脉说"的超绝智慧，以昆仑山为中华祖宗山去审详群山，依照各主要山脉的走向，以及西北高东南低的神州地势，顺势而下，曲折有致地寻出五条山脉巨龙，经过三级梯地，裹挟五条五色江川巨龙，向渤海、黄海、东海、南海等方向延伸而去的脉络走向，以延续祖国江山之"龙"脉绵延，隆运长久。

4. 山环水抱原则。根据易理以及老子的负阴抱阳说，无论是以山静为阴，水动为阳，还是以山刚为阳，水柔为阴；无论是赞山青水秀，水盛山荣，还是夸山水相映，山水相依，山与水自古以来都是阴阳和谐，同生共荣的壮美双龙。故《中华江山龙脉图》绝不可离开水龙去凭空画山龙，也不可不顾山龙之势而胡乱指认水龙，相反，在判分群山龙脉时，必注重江水龙脉的依恋；指点大江龙脉时，亦关注大山龙脉的呵护，务必使得山水两龙缠绞相向同行，倍显威猛英俊，倍添祖国大地的生态秀色。

5. 文化源流原则。人类文明的水文化理论，强调世界大江流域文化的通贯性和伟大历史贡献。故《中华江山龙脉图》当以此为据，为振兴中华，增强软实力，文化强国而描摹中华文明发源地的江河流域特色和人文风貌，为中华文化复兴提供历史的参照系，以及无穷无尽的创意源泉，从而更好地联结起中华江河文明的精神纽带，打开面向太平洋、印度洋的广阔海域，促进新世纪人类文明的大融合和大发展。

根据上述五大原则，综观中华江山龙脉之势，时隐时伏，开疆拓土的黑色"北龙"，格外壮观大器。它起自昆仑山西北处派生的天山南脉山麓，先由喀什地区的沃土吸足精气，从高达6995米的汗腾格里峰飞身跃下，以天山山脉之龙脊，托起伊犁州与乌鲁木齐市，然后劈身划开塔里木盆地、吐鲁番盆地与准噶尔诸盆地，到达博格达山，乘势挺进阿尔泰山4362米主峰蒙赫海尔汗山，接着沿大戈壁上凌空斜劈的阿尔泰山脉，穿越辽阔荒漠的蒙古高原，一口气潜行数百里，直至2029米高的黄岗梁才露头喘气；继而折身北上，隆起呼伦贝尔高原上的大兴安岭龙腰，直攀1396米的白卡鲁山小憩，才顺势在小兴安岭扭转龙身，南下西行至海拔1429米的平顶山歇脚，蜿蜒到长白山脉海拔2691米的白云峰高抬龙头，望见辽东半岛美丽海滨后，最后才伸展前爪，尽显中华北脉黑龙环绕东北，与燕山和秦皇岛联手，形成拱卫京师之雄壮态势，徐徐地游入渤海遁形。其山势龙脉横空出世，大起大落，雄壮宽厚，苍劲威猛，气势磅礴，粗犷硬朗，将西北盆地、戈壁荒漠、蒙古高原和东北平原囊括其中，尽显下天山、吞沙海、越草地、跨平原、出荒野、入沧海之伟象。沿途山岭沙地黑土间，自古民风刚烈，彪悍尚武，气吞山河，多出能征善战，金戈铁马，挥师南下，东征西讨，出中亚，并东欧的天骄雄主。

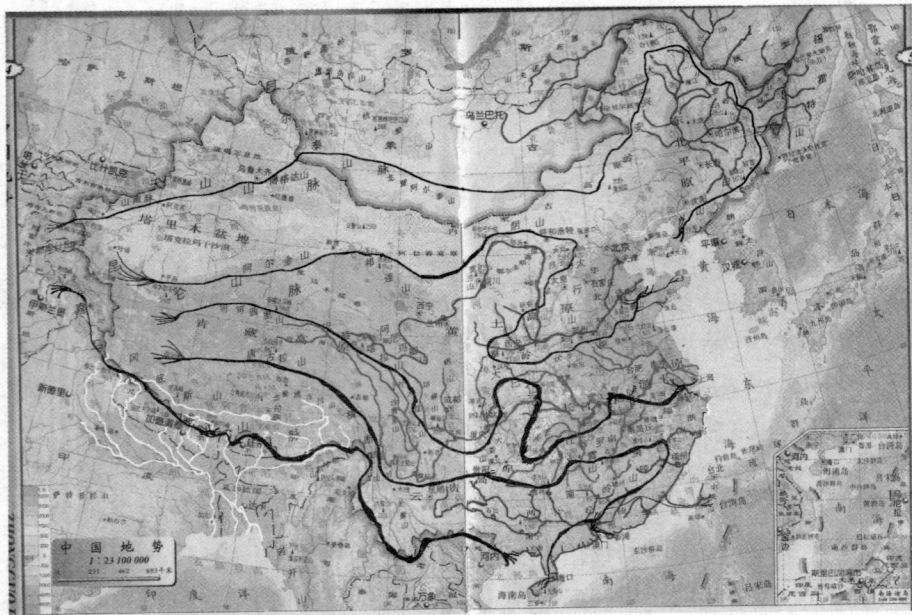

中国五山龙脉全图

　　傲视群山，独立洪荒，万世不拔，中华山脉的青色"东龙"，西起昆仑山脉6920米高的琼木孜塔格山。它先是沿着张开巨大天弓，拱起浩瀚大漠的弧形阿尔金大山脉，缓缓东绕至祁连山的西宁附近，然后转北上行，由银川市附近主峰高3550米的贺兰山脉，直攀至阴山山脉海拔2364米的呼和巴什格峰，高高隆起太行山脉与吕梁山脉之龙脊，裹挟着黄河，一路扭转高2100米的北岳恒山和高3058米的五台山的龙身折向南下；接着直插入秦岭，掉头向东，经海拔3767米的太白山、海拔2160米的西岳华山，沿伏牛山脉和1440米的中岳嵩山潜入华北平原后，托护着黄河缓缓东行，直至在海拔1824米的东岳泰山，重新抬起威严的龙头后，才伸出刚健的两条龙臂，左前爪以"泰薄顶"卫威海，右前爪以崂山护青岛，缓缓遨游入山东半岛之外的滔滔黄海中，恰与长白山扭头西顾的北龙，成对望互动的二龙戏珠之势，尽显中华东脉青龙贯通绵延于青藏高原、阿拉善高原、鄂尔多斯高原和黄土高原之间，托起名震中外，蜿蜒曲折的万里长城，串起龙脉山下的北京、西安、洛阳、开封等古都，高高挺起游走于中原大地的龙脊，于华北平原的广阔沃野上，与北龙联手踞守山海关，形成了大起大合，铜锁铁关，外拱北漠，内保京师，护驾黄河，隔离长江的雄浑磅礴之势，自古多出文韬武略，睥睨天下的帝王将相及经天纬地之雄才。

中华山脉的黄色"中龙",西起昆仑山中部可可西里山脉那海拔6860米的布喀达坂峰。它先经巴彦喀拉山脉东进,沿巍巍大雪山攀上高达7556米的主峰贡嘎山,垂直南下,与东龙将柴达木盆地裹挟怀里,然后借3098米高的峨眉山和大娄山脉拦腰托底,形成环卫天府之国的四川盆地之龙盘之势,北上至大巴山脉3105米高的神农顶处,俯看罢滚滚长江与巫山胜景;接着以武陵山、罗萧山、庐山为龙脊跨过长江天险,伸出大别山之龙颈,天柱山之龙角,于黄山高高抬起俊美之龙头,轻嗅山顶1873米高的莲花峰清香后,方才圆睁天目山之慧眼,以龙嘴上颚含上海,下颌衔杭州,别过江南温柔之乡,徐徐深入东海波涛汹涌处,洄游东望扶桑日本之邦,远眺琉球古国之浩瀚之洋。综观以钢筋铁骨,峻拔超群著称的中龙黄色山脉,汇聚俊山丽水,婀娜多姿,左弯右曲,腾挪跳跃,隆起于神州腹地的长江中下游平原之间,威武雄壮地穿越于巴蜀湘楚、江南水乡等全国物产最为丰美富庶之地,自古就是吴侬软语,修文习艺,俊杰才女世代不绝的繁华胜地,汉明两朝雄主,太平盛世的贤才畯俊,大多均生于此,备显其龙脉万马奔腾和砥柱擎天之势,成为统领长江,携手黄河与珠江,划分中华南北的中轴线。

层峦叠嶂、横断东进,虎踞龙盘,聚拢起南方众山的中华赤色"南龙",山势最复杂难断,却历来多出哲人、仙佛、宰相之才,近代大变局以来,更是多生变革创业之先驱伟人之地。它先是由喀喇昆仑山脉始发,由海拔7162米的念青唐古拉山峰摆尾东进,沿唐古拉山脉的云岭弯腰南下,将横断山脉的磅礴生气聚合为一;然后龙身经过大理,摘攀枝花,过春城昆明,傍贵阳潜入云贵高原徐徐东行,在攀爬桂林2141米的猫儿山,观罢湘漓分派之灵渠,连登湖南1300米高的南岳衡山、江西藏龙卧虎的井冈山、福建海拔2157米的黄岗山之后,才于有"江浙沪皖第一峰"之称的凤阳山的黄茅尖处,轻扭龙腰,沿武夷山脉折返南岭,游至珠江三角洲1296米高的罗浮山飞云顶;接着高昂龙头,睁开穗城亮眼,回望南海,展颜吐珠,东伸腿出台湾玉山之左爪,西抬腿出海南五指山之右爪,将龙背上、龙腹里的五岭山脉、十万大山、六万大山、云开大山以及珠江水系的秀山美水尽揽怀中,好一派出西藏,穿云贵,入两广,过湖南,穿江西,游闽台,据琼崖,含港澳,跨海峡,层层接续,曲曲折折,劈山连海,万峰林立的南龙山脉之壮观景象。观其山势,虽不如北龙浑厚,东龙威猛,中龙刚健,却更显南龙左盘右旋,横冲直闯,跌宕起伏,奇洞幽深,嘉木葱郁的轻灵俊秀,娴静热烈。

位于青藏高原的喜马拉雅山脉之巅,俯视欧洲、南亚与东亚大地,白雪皑皑,西风烈烈,最野性酷寒的中华山脉之白色"西龙",则盘旋高踞于全球万峰之上，钢筋铁骨，昂首冲天，力拔昆仑！它先是在莽莽昆仑高达8848米的珠穆朗玛顶峰，高昂起白须龙首，摆动着喜马拉雅山脉与冈底斯山脉的巨大龙身东进；然后一臂出爪，环扣大雪山、无量山、哀牢山伸向南海北部湾，一臂经道拉吉里峰、楠达—德维山伸爪，紧紧握牢8611米的乔戈里峰，稳住世界屋脊；进而才一边分流出雅鲁藏布江和恒河，这汇流于孟加拉国平原，分属于中印两大文明古国两大支流，一边呼啸临空而下，施威东行，携山分江，南流东奔，成为中国云贵高原与印度恒河平原，以及东南亚缅越各国之间的天然屏障与雪山圣地，自古便是藏汉越等诸多民族的聚居繁衍之地，多出审时度势，结盟重义，断发纹身，坚毅顽强，中西交融，雄霸一方之主。

二、生态国学视野下的中华风水宝地图

（一）生态国学的山势龙脉观

6.1 "喝形唤象"能选到生态佳地吗？

生态风水选址的原则之一是喝形唤象。其要诀是根据山形的拟物化，以直觉和心理感受来决定山的尊卑美丑，决定建宅选址的龙穴即房地产开发与住宅选址的最佳地点，同时尽量不伤及山形动物的眉目、体貌和要害，这在客观上是有利于保护自然环境原生态和生物链的。如要选择龙让虎，虎让龙，求得比和处安家；要根

图6.1 昂首龟形山

据"出草蛇以耳听蛉，出峡龟以眼顾儿"的山势，在蛇耳处、龟眼处安家，谨防"虎露牙"、"龙伸爪"一类的危险，如山上有磷磷岩石在山口中，如老虎露牙，巨龙伸爪的，近则伤主，远则无忌。

6.2　什么是生态国学的"四象"说？

古代生态国学有关风水地理的"四象"说，指的是围绕理想居屋四周的山形地貌的总称。它将屋后北边的高大靠山比做"玄武"，以利用它来阻挡背后的滚滚朔风。它把房屋左边的东方群峰比做"青龙"（青与苍同义），以迎接东方的曙光。它把房屋右边的西方群岭比做"白虎"，以配合玄武巨龟阻挡西北方的寒风。它把

图6.2　左环右抱的风水佳境

房屋前边的南方小山丘比做"朱雀"，以迎纳生气活泼的南方阳光。这就是古代风水学的根据中国南北多山地区的地理气候条件而形成的"四象"说，具有很强的建筑风水的指导意义和实践意义。

6.3　选择生态风水宝地如何做到"四象毕备"？

图6.3　中国四大名楼之鹳雀楼

生态风水学认为城市、乡镇或民宅要做到"四象毕备"，必须符合"玄武垂头，朱雀翔舞，青龙蜿蜒，白虎驯俯"的条件。即市镇乡宅北面的山峰要垂头下顾，南面的山脉要来朝歌舞，东面的山势要起伏连绵，西面的山形要俯卧驯伏，这样的环境才是房地产开发所寻求的真正的"风水宝地"。否则，玄武低矮，青龙颓丧，白虎高踞，朱雀远离，就会成寒风侵袭，生气顿减的不利格局。

6.4　生态风水"四象"的吉凶有讲究吗？

图6.4　四象地势与山间楼群

"四象"生态环境的不佳形势，如同《三国志》所载著名风水大师管辂的描述，是"玄武藏头，苍龙无足，白虎衔尸，朱雀悲哭"的形势。它造成了所谓"虎蹲谓之衔尸，龙踞谓之嫉主，玄武不垂者拒尸，朱雀不舞者腾去"的危象。这实际上反映了古人将人类最大限度地融入山水之中，抵拒恶形山水，以自然之子为乐的豁达胸怀与睿智。

6.5　"四象说"在现代生态城市建筑格局中还有意义吗？

只要将传统风水中强调依山傍水的"四象说"略加变通，将前后左右一座座的楼房看作是山峰峦头；将纵横交错、四通八达的道路，看作是其间一条条的河流溪水，就可以为"四象说"找到在现代城市建筑格局中的指导意义。这也正是"一层街衢为一层水，一层墙屋为一层砂，门前街道即是明堂，对面屋宇即为案山"的生态风水学原理。

图6.5　错落有致的现代大城市深圳建筑群

6.6 为什么生态风水观认为青龙山比白虎山高些为好？

古人以东为四方之首，四季之首，以震代表东方，代表树木，代表全家继往开来的地位重要的长子，十分重视太阳升起的地方，重视一年里的开春季节和林木的作用。所以风水学主张房地产开发和住宅建设在选择风水宝地的时候，东面的青龙山最好比西面的白虎山稍高一些，而且以蜿蜒回抱的"龙盘"之象为吉，这都是健康风水观重视震卦代表的东方之位的表现。

图6.6 青龙盘绕白虎雄踞的山麓建筑群

6.7 怎样在现代城市里找到"好靠山"？

图6.7 大都市里背靠三座"楼山"的理想红楼

经过千百年人类对自然地貌的不懈改造，在通衢大道，高楼林立的现代城市里，确实已经很难看到天然靠山了。但这并不意味着艮卦风水原则就此失去意义。只要我们结合城市原有的风水格局，将顺街道延续的高低错落的楼宇，看作是都市楼山新龙脉，就可以利用高厦群楼等大型建筑物作为人造靠山，在住宅后侧及两边，巧妙地形成"玄武"挡风墙与白虎青龙"护卫山"，享受都市风水宝地遮风挡寒的好处以及阳光雨露的恩赐。

6.8　艮卦的生态风水关键词是什么？

图6.8　群山环抱的小屋村

生态风水关键词是"山"，以及与山，山峰，山色，山口，山地，山势，山形、山脉相关的一切；它在自然、物象、节气和方向上代表山，山峦，立春，东北等；在五行和色彩上代表远方之土，黄色；在易理上代表停止，冷静，稳重止乱，手部，以及家中的少男，幼弟等；在风水建筑上则代表了寻龙探脉，依山取势，墙壁卧室，筑亭立塔，叠山垒石，东北方位等。这些都是艮卦风水总纲的要义所在。

6.9　《易传》是怎样说明艮卦的重要风水意义的？

山管人丁水管财。山与人的关系十分密切。因此易经以山为八卦之一，甚至在《连山》古易里一度以山作为诸卦之首，显示出古人对当时建筑选址所离不开的林茂高耸，阻风抗寒之大小青山绿岭的高度重视。《易传》说，天帝由春分时节的"震"雷出行，最后在立春的"艮"山上再度萌生，成

图6.9　佛教圣地九华山环抱的居民楼群

就生命演变的伟大宣言。《艮》是东北方向的卦，是万物走到了终点，而又从起点迈步的开始，所以说风水与万物大成并起步于《艮》卦。

6.10 易经风水为什么十分重视"艮卦"?

"艮"是山土的累积,是大地的峻拔高耸处,是山势磅礴,龙脉起伏的卦象。我国早在第一部古代地理百科全书《山海经》里,就依东南西北中各方位,记述了数百座山的异状奇闻。而中华《易经》风水也十分重山,不仅有《艮》卦的山重山之象,有《大畜》卦包天蓄海的山德,甚至有以山为首卦,比《周易》更为古远的《连山》古易。《易经》重山,是因为普天之下有无数的雄山峻岭,林茂果丰,走兽飞禽,资源丰富,景色优美,是采集狩猎为生的古人类,从猿到人进化的第一栖居地,它在世界陆地版图上占有一半以上比例的广袤面积,为人类资源开发,建筑取材,选址建房,繁衍生息所不可或缺。

图6.10 依山而建的民族风格楼阁

6.11 什么是"依山取势"的艮卦生态风水原则？

艮卦生态风水学的重山大义，将主张"千尺为势，百尺为形；势来行之，是为全气"的"形势说"与"左青龙、右白虎，前朱雀、后玄武"的"四灵说"融为一炉，含精咀华。在具体实施上，则主张识别并选择与人居安全息息相关，极为重要的各类山脉，在建筑物后侧及两边形成环形靠山，阻止北风呼啸滚滚寒流对住宅的威压侵掠，形成一个内部温暖祥和的小气候，以达到适宜人居的目的。

图 6.11　依山而建势若拔天的九华山层楼

260

6.12 什么是"稳重止乱"的艮卦生态风水原则？

《易经》风水重视危崖路险，人行受止为特征的"艮止"之山，坚持"稳重止乱"的艮卦风水原则，主张人类在展开一系列挖山填谷，削峰平坡，修楼盖馆，建村立寨的重大建筑活动中，要始终注意适可而止，理乱止贪，不为已甚，不犯太岁，谨慎动土，明白事物不可以始终震动，建筑物尤需稳定静止的道理。

图 6.12　憩静的丹霞卧女山楼景

6.13 《禹贡》怎样划分中国山岭所谓龙脉的走向的?

风水学主张把住宅所在的山形地势的小环境,放入中国山脉走向的大环境中来考察,这样才能成龙在胸,胜券在握。我国第一部伟大的地理专著《禹贡》,将神州大陆划分为九大州,将中国山脉划分为四列九山,它们日后都被后世风水师通称为龙脉。其中高居西北的祖山为昆仑山,它向东南延伸出三条龙脉。一条是从阴山、贺兰山入山西,起太原,渡海而止的北龙;一条是由岷山入关中,至泰山入海的中龙;一条是由云贵、湖南至福建、浙江、广东入海的南龙。这三条大龙脉都各自有干龙、支龙、真龙、假龙、飞龙、潜龙、闪龙等支脉。这是所有房地产开发和住宅风水勘测山势龙脉时,首先要弄清楚的来龙去脉的基本走向。

图 6.13　秦陵山脉

6.14 考察中华龙脉要熟知汉代"三条四列说"吗？

图6.14 气势磅礴的连绵山脉

自《禹贡》把我国的山势走向大致划定之后，汉代学者又创立了有名的"三条四列说"，其划分的山脉已成后世风水师考察龙脉的基础。如三条中的北条是"岍—岐（陕境渭河北岸）—荆山—壶口—雷道（陕晋间）—太岳—砥柱—析城—王屋（晋南）—太行—恒山—碣石（河北）"。中条是"西倾—朱圉—鸟鼠—太华（陇陕）—熊耳—外方—桐柏—陪尾（鲁南）。分支为"蟠冢（陕南）—荆山—外方—大别山（鄂皖境）"。南条是"岷山—衡山—敷浅源（庐山）"。此外，其四列中的第一列即北列为"岍—碣石"；第二列即中列主干为"西倾—陪尾"；第三列即中列分支为"蟠冢—大别"；第四列即南列为"岷山—敷浅源"。

6.15 所谓龙脉的形与势有区别吗？

《易经》艮卦生态风水学认为龙脉的形与势是有所区别的，这就是所谓的"千尺为势，百尺为形"。这就是说，势是远方高山之形，形是近处小山之势。山依势而成形，山具形而增势。势是远眺起伏的群峰，形是近观独立的山头。因此识势方知形之安危，察形才晓势之强弱。知形易而明势难。只有寻觅势如矫龙，形厚藏气之处，才是理想的龙脉好地。

图6.15 昂头狮形山势

6.16 怎样根据山形峰势定龙脉有无？

生态国学根据龙脉千尺为势，百尺为形的说法，可知其寻觅规律为：势是远景，形是近观，势是形之崇，形是势之积。有势然后有形，有形然后知势。势位于外，形现于内。风水家认为，势如城郭墙垣，形似楼台门第。认势惟难，观形则易；势为来龙，若马之驰，若水之波，欲其大而强，异而专，行而顺；而形则要厚实、积聚、藏气。有此两条，当为藏龙卧虎的龙脉之山。

图 6.16 南龙逶迤而去的云开山脉

6.17 生态国学的风水选址怎样识别龙脉山势？

图 6.17 顺势沿山脊查访山脉来龙

遵循兼取"形势说"与"四灵说"的艮卦生态风水学要义，首先要不辞劳苦，设法找到未来选址所在山脉的最高峰——祖山，然后再顺势沿山脊而下，查访各类山脉来龙，奇峰秀岭的山势走向，逐一判明它们是属于干龙、支龙、真龙，还是假龙、飞龙、潜龙、闪龙等，进而根据其山势来龙特点，弄清它究竟属于卧龙、回龙、生龙、降龙、隐龙，还是腾龙、飞龙、领军龙、出洋龙等，以定优劣级差，寻得最佳龙脉宝地。

6.18 怎样依据生态国学的"寻龙说"考察山脉形势？

图6.18 沿江考察山脉的轮船

依据生态国学"寻龙说"的察山理论，以地脉的行止起伏的正势、侧势、逆势、顺势、回势等"五势"来考察大小山势地脉龙象，大致有"九龙"山形如下：回龙——回头舔尾之龙；出洋龙——出林之兽，过海之船；降龙——高耸峻峭；生龙——生气勃勃；飞龙——生猛如飞；卧龙——安稳蜷卧；隐龙——林木葱郁掩隐；腾龙——峭拔坚挺；领军龙——众龙之首，独镇群峰。从中华风水千年成功实践看，五势九龙说，确实是抓住了山脉形势之魂，对我们认识山脉优劣有重要启示意义。

6.19 现代城市里还可以寻找生态环境的"龙脉"吗？

作为当今人化的地理风貌，现代城市已经用纵横交错的马路和一片片建筑群，覆盖了以往山川平野的原始地貌。如果你站在城市最高的楼顶或塔尖，于茫茫夜色里四面眺望，只会看见一条条黄红相间的车河，在四通八达的街衢上对向奔流，那繁星闪烁层层叠叠的楼群，则象起伏蜿蜒的山脉，绵延至天际。所以，我们已很难照搬古代的传统方法，去勘探城市的风水了。

图6.19 香港大街楼群

6.20 如何在现代城市建筑群里寻找生态龙脉？

在现代城市里观察生态环境，选择风水宝地的办法还是有的，那就是以马路为河，以高楼为山，顺大路、中路、小路以及路两旁连片楼宇的起伏走势和朝向，去考察城市的山水龙脉。只要你在准备建房地点的附近，登上一座可以作为制高点的大楼，去仔细考察地形，就可以根据古代风水学的理论，根据"水龙"即大路的走向，以及路旁"山脉"即高低错落的楼宇起伏情况，找到龙穴所在地了。这就是说，你可以将后边有大楼作为玄武靠山，两侧有青龙山、白虎山组楼护卫，前面有向南空地、绿地、广场作为明堂，有宽阔道路作为环绕建筑物的有情水，可以藏风聚气的地址，作为理想的建宅安居之地。这是大体不差的。

图 6.20　厦门鼓浪屿的连片群楼

6.21　生态国学怎样分辨祖宗山和父母山？

祖宗山包括太祖山和少祖山。太祖山在山脉中是最为高耸的一座。房地产开发或建筑选址在寻访龙脉时要不辞劳苦，首先确定在周围各山脉的簇拥下，巍然雄立其中，海拔最高的太祖山。然后再沿太祖山龙脉蜿蜒而下，找到峰头稍低者的少祖山，而后继续沿少祖山再往下寻，才可找到父母山和建宅安居的龙穴好地。

图6.21　临江倚山雄楼

6.22　生态住宅选址怎样分辨"五山"之形？

"五山"之形，是根据五行规律并结合山形峰势来判断的。其具体标准为："金山如钟釜，头圆体肥；木山如卓笔，直立挺秀；水山如展帐，波浪层叠；火山如焰烧，翘峻头尖；土山如方桌，沉厚头平。"掌握五山地势特点，住宅选址时就可以依山就势，配合四象，建造天人合一，风格独特的风水良宅。

图6.22　小路蜿蜒间金山对峙

6.23 生态住宅选址怎样辨别五行之山的风水？

图6.23 弯曲的水山

中国传统生态风水讲究："势居乎粗，形居乎细。势须远观，形须近察。势之积，犹积气成天，积形成势；所以说形者势之积，势者形之崇；聚巧形而展势，借大势而显形。"以分清五行山势的外形和风水之佳处。这就是：金山圆而弯曲，喜清好武；木山头圆，身直，高崇，爱秀主文；水山曲如走蛇，贵动生财；火山尖锐主贵；土山方形横列，主富。

6.24 生态住宅选址怎样分辨山与水的阴与阳？

阴阳是生态风水学的基础，通常以山南为阳，山北为阴；水北为阳，水南为阴。另有两种不同的视角。一是从刚柔来辨，一是从动静来分，都各有道理。如从刚为阳，柔为阴看，山为阳，故刚强挺立，粗犷嶙峋；水为阴，故柔若无骨，轻滑曼丽。如从动为阳，静为阴看，则山为阴，它安静时岿然不动，姿态如伏虎、腾龙、走马、

图6.24 阴水阳山

爬龟等。水为阳，它翻涌时流动不止，无坚不摧，静时如明镜、碧玉、洁冰。山长水远，山环水抱，动中有静；山青水秀，依山傍水，刚柔相摩，阴阳交合，天设地造，成就上好风水宝地！

6.25　生态住宅选址怎样挑选有"生气"的山地建房？

风水学家郭璞认为："气乘风则散，界水则止"。其总结的生态风水学理论的要义是，凡是良好的地脉山形，都可以产生"生气"，这种生气忌风喜水，因为它遇到邪风阴风就会飘散得无影无踪，遇到好山好水则会留恋而聚藏。所以，无论古今的住宅选址，也无论选择阳山还是阴岸，都必须根据风与水的性质与行止变化，选择"生气"旺盛之地——即"藏风得水""藏风聚气"的山青水秀之处，这样才会如意吉祥。

图 6.25　生气潜藏的山地屋村

6.26　生态住宅选址怎样识别山形山势的好坏？

图 6.26　山势险峻的南昆山白水寨

山与人类息息相关。古人通过数千年的风水考察、住宅选址和建筑工程的实践，对山环境好坏的识别，积累了丰富的经验。其重要原则之一是山要生旺，不要休废。所谓山的生旺休废，就是山可见起止的为生，高崇的为旺，隐伏的为休，旺余的为废。另一个原则是山要温润，不破碎。因为古人相信："土山石穴，温润为奇；土穴石山，嵯峨不吉"，"山若敧斜破碎，纵合赴例何为。""后山不宜壁立，去水最怕直流。"说的正是其中的道理。

6.27 怎样根据山水形势来选择生态住宅地址？

图6.27 美丽宜人的山包屋社区

风水选址的原则之三是根据山形来决定山的贵贱和真龙穴，如杨筠松所说："石印江湖水面浮，富贵出公侯。"就是把有巨石或圆滑小山现于水中的山，作为出贵人的风水宝地。再如鼓山圆而平，剑山小而直，笛山横而小，印山圆而方，文笔峰秀而尖，笔架山弯而曲，都是可以为道器山、文具山而有利于出人才的。反之，如两山高度如刚好齐眉或平胸，如拭泪、捶胸状，则有凶险。这就是所谓群山林立，凡是"小人中君子，鹤立鸡群，出众可用；君子中小人，蓬生麻内，弃之不用"。

6.28 生态风水优良环境的所谓"屋包山"指什么？

"屋包山"即依山顺势，梯度成片履盖山坡的住宅群落，类似于有近百年历史的武汉大学，在珞珈山麓修建的依山而上的宿舍建房格局，或类似于重庆沿江岸顺山势而上的山城格局。在国内，这类建筑格局大都背山临水，尤以长江中上游沿岸的码头小镇最为典型。其大小房屋往往从山脚一直盖至山腰，山坡石阶则拾级

图6.28 屋包山社区夕照

而上，面江楼宇古庙倍显气宇轩昂。最近，此类城镇更随长江葛州坝电站的蓄水江涨而大幅度增多。

6.29 地势会对人和生态建筑产生影响吗?

在《内经·异法方宜论》论及为什么各地治同样的病，治法却各不相同的原因时，医祖岐伯说："地势使然也。故东方之域，天地之所始生也，鱼盐之地，海滨傍水，其民食鱼而嗜咸，皆安其处，美其食，鱼者使人热中，盐者胜血，故其民皆黑色疏理，其病皆为痈疡，其治宜砭石，故砭石者，亦从东方来。西方者，金玉之域，沙石之处，天地之所收引也，其民陵居而多风，水土刚强，其民不衣而褐荐，其民华食而脂肥，故邪不能伤其形体，其病生于内，其治宜毒药，故毒药者，亦从西方来。北方者，天地所闭藏之域也，其地高陵居，风寒冰冽，其民乐野处而乳食，藏寒生满病，其治宜灸焫。故灸焫者，亦从北方来。南方者，天地所长养，阳之所盛处也，其地下，水土弱，雾露之所聚也，其民嗜酸而食胕。故其民皆致理而赤色，其病挛痹，其治宜微针。故九针者，亦从南方来。中央者，其地平以湿，天地所以生万物也众，其民食杂而不劳，故其病多痿厥寒热，其治宜导引按蹻，故导引按蹻者，亦从中央出也。故圣人杂合以治，各得其所宜，故治所以异而病皆愈者，得病之情，知治之大体也。"由于中土四方，南疆北国，东地西域，风水地势，寒暑气候，物产食品等等的不同，人民的病情与诊治也是各自不同的。我们只有知道了东西南北各地的地理风水的不同特点，才可能对症下药，设计理想家居，防病生态。

(二) 生态国学的地震免灾观念

6.30 山区地震是所谓土龙和水龙晒太阳引起的吗?

山区容易多发地震，与地壳运动有关。古人不明此理，便从山脉之"龙"的身上找原因。《大唐新语·记异》记载，唐玄宗的大臣张说最通风水。开元年间，张说为集贤学士徐坚解说选墓地问题时说，平地之下一丈二尺为土界，又一丈二尺为水界。土界有土龙守护，水界有水龙守护。土龙六年出来晒一次太阳，水龙十二年出来晒一次太阳，所以坟墓不能太接近土界和水界，否则坟墓不牢。这一说法今天看来当然是无稽之谈。不过，它其实可以理解为是古人借用土龙、水龙翻身晒太阳的说法，对地质和地震间隔发生知识的模糊表达，它也说明古人很早就意识到土层的区别与地下水的互动关系。

图 6.29　潭中水龙柱

6.31　震卦象征着什么风水意象？

　　易经震卦将"震"作为雷的象征，代表龙、黑黄色、花朵、宽阔的大道、长子、溃决、暴躁、青嫩竹子、拔节的芦苇。它作为马善于嘶鸣，后蹄生白毛，善于奔走，白色额头。它作为庄稼，刚刚开始复生，但终究会刚健、蕃衍、繁盛而鲜活。从风水角度看，这些意象无不显示了震卦好动，暴怒，健猛，活泼的特点，是自然界里不可忽略的重要力量，在风水布局里要善加利用，减害兴利。

图 6.30　震卦猛龙像

6.32 震卦代表什么风水理念？

探究天人之变的《易传》说，天帝由春分时节的"震"雷出行，万物都出生萌发自《震》卦。因此，震卦在风水的理念上，一是代表了东方之位和木属之族；二是体现了天的意志，象征促进万物生长尤其是植物萌发的力量；三是代表了可能在天上、地下、山中、路面、室外、室内引发震动、晃动、振摇的雷鸣、电击、物坠、火山、

图6.31 东方震卦青龙门

泥石流、海啸、山崩、地裂、地震一类的自然现象；四是引申开去，包括了社会环境里坍塌、爆炸、动乱、战争等所有会引起不安动荡的社会因素。

6.33 震卦的风水关键词是什么？

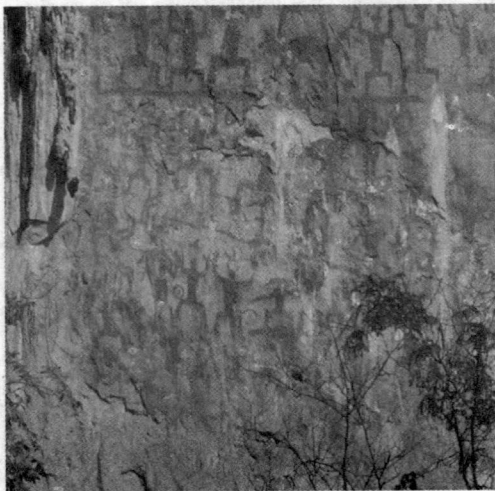

图6.32 震奋鼓舞的花山壁画

震卦的风水关键词是"震"与"雷"，以及与震动不宁，震惊不安，雷鸣震荡，地震雷劈相关的一切；它在自然、物象、节气和方向上代表雷鸣，马，室内植物，春分，东方等；在五行和色彩上代表（近）木，青色，绿色；在易理方面代表躁动，减震消灾，足部，以及家中的长子、丈夫等；在风水建筑上代表了地基安全，道路交通，走廊车房，作坊电器，以及注重日升光照的东方之位等。这些都是震卦风水总纲的要义所在。

6.34 震卦在风水五行上代表什么？

震卦在季节上代表了春分时节，在方向上代表东方。而东方五行属木，因此震卦春意盎然而居东。《黄帝内经》认为"东方生风，风生木，木生酸，酸生肝，肝生筋，筋生心……"，这说明，酸味食品尤其是木类酸果，会通过肝脏影响人的健康。因此震木和以风为象的巽木间的关系密切却也有所差别，东方"震"木一般指的是与人较接近的，易引起人感应震鸣的植物，即近人之木——如室内花草等植物等；它与东南方"巽"木——风中远木——如室外园林花木是有所区别的。因此，注意室内植物的品类与布局，当是震卦应有之意。

图6.33 震卦五龙木雕

6.35　为什么古人历来重视震卦代表的东方方位?

图 6.34　震代表日出的东方

震卦在文王后天八卦里代表东方。所以风水学以八卦的震卦为东,以五行的"木"为东,以干支的甲乙为东,而以地支的子为北,午为南。古人重视"震"卦所代表的东方,是因为东方是太阳升起光明首照的地方,是拂地惊蛰的和煦东风扬起与动地春雷震响的地方,是新的一天、新的季节、新的生命和新的希望开始的地方。而中国又正好处在世界和欧亚大陆的遥远东方——西方人眼中的远东。这就是中国古人历来极为重视东方,震卦高度重视东方以及东向之物的缘由。

6.36　《易传》是怎样理解风雷现象的?

《易传》说: "天地定位,山泽通气,雷风相薄"。认为雷与风是顺应天地相和,山泽通气而互相搏击,增益力量的。而"雷以动之,风以散之"的结果,是"帝出乎震,齐乎巽",万物由震动而生发于东方的表现。至于"动万物者莫疾乎雷,桡万物者莫疾乎风。……故水火相逮,雷风不相悖"的意思,则是对风水雷火激荡撞击,力量互

图 6.35　易传认为"动万物者莫疾乎雷"

补而增益,宏大无穷无阻的形象描绘。从风水角度看,风雷和一切引起激烈震动的现象受制于天地自然规律和社会环境,与人类生活密切相关,力量强大,既可造福也会惹祸,应引起人们足够的重视,善加处置。

6.37　什么是"防雷抗震"的风水原则？

万物万事都出生萌发自《震》卦，"震"代表雷电。雷劈巨响，辐射声波，电击雷火，社会不宁，在风水意义上都会对人居安全产生威慑危害。而人类则普遍有避雷防击，安居延寿的心理和需要。震卦风水学的生态建筑及其选址，首先是防雷防电，要求尽量避开多雷区、强大电磁场、高压电塔区、地震多发区、泥石流区等各

图 6.36　古代监测地震的地动仪模型

类容易雷击、辐射、地震的危险区建房，选择少雷少震，无火电核电辐射，安全幽静的处所修建屋宇，以利人居的安全康乐，人心的宁静平和。

6.38　什么是"避灾免祸"的风水原则？

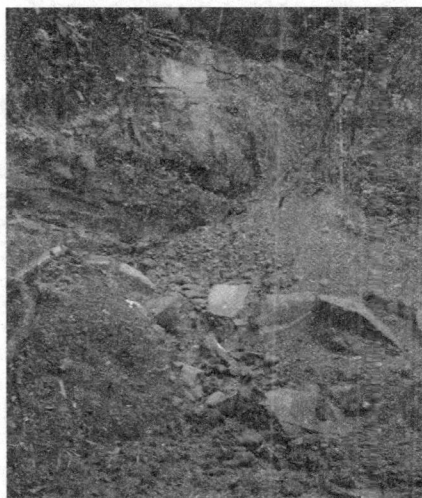

图 6.37　地震往往引发泥石流

《震》卦代表了宇宙间一切震动不安的自然现象。无论是雷动地震，山崩地裂，火山爆发，还是地震暴雨引发泥石流等自然灾害，都会对人类的生命安全造成极大危害，近期汶川地震就是一例。因此，震卦风水学的建筑选址，以避灾免祸为要义，要求尽量避开多震多雷区，因开矿挖路、毁林垦荒造成的山体滑坡危险区等各类容易引发雷击辐射，地震塌方，泥石流倾泻的危地，选择无震抗震，灾少无祸，安稳幽静的处所修建屋宇，以利人居的安全。

6.39 地震与圣伯纳德镇泥石流惨案有关系么?

据国际在线报道,菲律宾东部有两个镇于 2006 年遭到泥石流袭击。其中圣伯纳德镇的 500 多所房屋与一所学校被毁,3000 多居民中失踪与死亡人数达到 2500 人;利洛安镇也有一所学校和多间房屋被掩埋,居民中已有 50 名伤者被送入医院治疗。这次清晨突发的泥石流,是由当地连续两周的大雨浸泡土层过久引起的。当时村里的一所小学正在上课,全体师生均被泥石流冲散掩埋,连大树都被连根拔起。一位名叫达里奥·利波坦的幸存者告诉记者,他只听到山体发出一声类似爆破的巨响,然后就感到天眩地转。等他醒过来时,发生全村几乎成为平地。圣伯纳德镇镇长玛利亚·利姆则说,泥石流发生之前当地曾发过一次地震。这次地震引起的泥石流惨剧警告人类,违背中华易经早已发现的震卦风水原则,会遭到多么巨大的不可挽回的损失。

图 6.38 地震引发的圣伯纳德镇泥石流惨案

6.40 什么是生态社会环境里的"减震远祸"原则？

《震》卦所面对和要解决的是世界上一切引起震动不安的自然现象和社会现象。因此，震卦风水学的建筑选址，除地理自然因素外，还要求考虑社会地理因素，尽量避免紧挨或正对车轮滚滚，震地发抖的道路、高速公路、铁路两边建住房，也不要紧靠喧闹纷争、震耳欲聋的广场闹市，以及容易引

图6.39　小区车流过多会震动不宁

发社会矛盾和邻里关系紧张的地方安家。只有尽量选择社会和谐，无震祸少，温馨和美，幽静休憩之处修建屋宇，才能减震远祸，康乐平和。

6.41 生态住宅不宜紧靠铁路？

图6.40　住宅不宜紧靠铁路

从风水震卦角度看，火车的速度快，车厢长，重量大，高速来往的火车，会震动两旁土地，产生很强的气流旋涡，发出汽笛的鸣叫，使附近住宅里的人不得安宁，对人的身体健康不利。所以，不宜选择靠近铁路旁的地方修建大型的住宅小区。现在，一些有远见有爱心的亲民市政府，都逐渐将市中心的铁路和火车站迁出市中心，或修建地铁，尽量减少其对居民的干扰现象。

6.42 为什么住宅不宜紧邻高速公路或立交桥？

图 6.41 住宅不宜紧邻高速公路或立交桥

住宅紧邻公路、高速公路或高架立交桥，虽有交通便利的一面，却不宜靠得太近。这是因为在公路、高速公路、高架立交桥上高速行驶的车辆，会因重载货车和大小汽车的疾驶，产生轰鸣噪音、车尾废气和地面震抖现象，其高分贝的噪音，尘土飞扬和涡旋气流，都会对居住者产生伤害，甚至会对住宅的风水财气产生冲断作用，这对需要时常保持宁静和空气清新的人居住宅来说，显然是不利的，因此应尽量避开。不仅如此，就连一般公路和大街旁的房子，也最好只做为商场、娱乐、办公、工作地点使用，不宜作为居室。

6.43 为什么住宅不宜太近高压电塔？

高压电塔、变压器、通讯微波站和电台电视塔等，是重要的电力能源和广播通讯设施，电流电波强大，安全问题严峻，住宅靠得太近容易受不利影响。这些地方附近一般会产生强大的电磁波，敏感的仪器会产生感应。人体长期受这种强电磁波辐射，神经系统和免疫系统也难免受到干扰，久而久之有可能会引起多种严重疾病。因此，从震卦减震防震原则

图 6.42 住宅不宜太近高压电塔

考虑，最好不要选择在这些电力通讯设施的附近建房居住。

6.44 生态风水学所说的"形煞"是什么意思？

生态风水学所说的"形煞"，其实是外界生态现象对人的心理压力现象，突出表现在一些恶形状物体对人体心理、生理健康造成的负面影响。如所谓"镰刀煞""天桥煞""反弓煞"，是因马路、天桥的反弓形弯路或桥栏包围或迫近住宅所形成。"天斩煞"：两大高楼紧贴，因狭窄的空间所造成的强大气流所形成。"穿心煞"：铁路、马路等从楼中间猛穿而过所形成。"蜈蚣煞"：因屋外墙壁上爬满的蜈蚣状水管、污水管所形成。"炮台煞"：由正对门窗的炮台和炮口所形成。"反光煞"：房屋外的起伏的海面、水面，玻璃幕墙反射的耀眼光线所形成。"割脚煞"：大楼过于贴近水边的部分，因水波的冲击造成。"孤峰煞"：因高楼孤立群楼之上，无所倚靠而成形，所谓"风吹头，子孙愁"。"刺面砂"：由门窗前有陡峭的小山坡紧贴而形成。再如"孤阳煞"：独阳不长，因住宅附近有加油站、电力房所形成；"独阴煞"：孤阴不生，因大楼前有公厕、垃圾场等污染源所形成。

图6.43 "形煞"对人心理生理健康造成负面影响

6.45 "形煞"对影响人身心健康的生态环境不利吗？

风水学所说的"形煞"还有很多，都是指对影响人身心健康的生态环境不利的现象，如"刀煞"：门窗外有刀型建筑等正对所形成。"枪煞"：马路对正房门直冲所成形。"白虎煞"：住宅右侧建楼、拆楼所形成。"天称煞"：因楼宇边有天称类的物体，如正在施工的起重机等所形成。"尖射煞"：因带尖角的物体，如假山石尖、天线等对正自己视线而形成。"火形煞"：屋外有三角形或尖锐状物体冲射而来所形成。"大镬煞"：因门窗外有镬形状的电视卫星天线一类物体所形成。"顶心煞"：因门窗外有电线杆、灯柱一类直柱体正对而形成。"开口煞"：因门口正对忽上忽下，震动不宁的电梯口所形成。这些"形煞"的共同特点，都是由于户外的建筑物的危险形状或起重、升降机械的震动，给人感官带来的不快甚至潜在威胁所致，只有因势利导才能化解。

图6.44 起重机对楼宇形成的所谓"天称煞"

6.46 怎样化解不利人身心健康的生态环境的"形煞"？

　　"形煞"包括了所有恶形、恶音、恶味的物体对人心理、生理健康造成伤害的各种环境因素。如"声煞"：因住宅附近有强大的噪音源，如车站、码头、娱乐场所、施工工地等所形成。"味煞"：因住宅边有发出恶臭的污水沟、垃圾场、臭河、公厕、焚化炉一类影响健康的污染源而形成。客观看来，风水学对于"有形就有煞"的生态环境的因果关系的重视，以及各种"形煞"的化解方法还是具有一定理目的。至于具体的化解办法，一是采用科学方法，减少和清理声、光、色、电、味等污染源，消除噪音、恶臭，为天桥加装隔音墙，以及等待拆建施工的完成而后自然化解；此外，风水师所主张的用吉祥物镇守压邪的办法，只要注意做到不防碍他人和公共利益，也不妨一试，当可以取得心里的平安和心灵的抚慰作用。

图6.45　宾馆"化煞"的风水池

第七章

生态国学的江河湖海观

一、昆仑祖山分派流布的五色江水龙脉

上善若水，水善利万物而有静。秉持道祖老子的这一道文化理念，国人坚信水是生命之泉，财富之源，生态之宝，万物大都依水而憩，饮水为生，靠水而活。中华文化史上，那些牢记"不知易，不足以为将相"的古训，通晓易理五行与风水，从古至今为人传颂的出色政治家、水利专家中，有不少人都如开河疏洪的大禹，修建都江堰伟大工程的李冰父子，开凿灵渠大运河的秦隋先人、修建王西湖白堤、苏堤的白居易、苏轼一样，重视修堤筑坝，开渠引流，以水之命脉改良生态自然环境，造福百姓，流芳百世。

而所有在传统堪舆地理的研究方面，学有所成的生态风水学家们看来，按照八卦五行易理之说，总览细辨源于昆仑祖山的中华山水龙脉，以北黑、南红、东青、西白、中黄的五行之法，为生发了神州大地勃勃生气的山水把脉分类，是十分自然，符合生态国学之旨的。所以，中国改革的先驱、宋代宰相王安石，才在千年前就已写就的《黄河》一诗中，大力赞美中华民族母亲河那"派出昆仑五色流，一支黄浊贯中川"的勃勃雄姿。

也许，令一些缺少生态国学与风水常识的人，十分费解的是，为什么王安石在这首诗里，没说众山脉从昆仑派出，只说众水脉由昆仑山派出？为什么他说昆仑山派出的水流偏偏是五色，而不是三色、七色、八色？又为什么偏偏是其中的黄色河，才贯穿神洲中土？其实，只要明白中华山脉与水脉密不可分的龙脉关系，明白中华古老的五行理论的性质和方位，就不难明白王安石这诗里所说的"五色水"所指了，那就是对应中华大地的东南中西北五方，从巍巍昆仑山流出的青水、红水、黄水、白水与黑水！

就哺育中华民族，流淌于神州大地，浩浩荡荡的大川巨流而言，自幼喜欢游泳的毛泽东也是深有感触，难以忘怀的。对北方象征着中华古老文明辉煌的黄河，他有"大河上下，顿失滔滔"的惊叹和感悟；对母校所在湖南岳麓山下的湘江，他有"曾记否？到中流击水，浪遏飞舟"的难忘回忆；

对南方汇聚东南西北众流的珠江，他有着曾在广州孔庙里办过农民运动讲习所，"饮茶粤海未能忘"的深情怀念；面对千帆竞渡的滚滚长江，他不仅有畅泳之际那"万里长江横渡，极目楚天舒"的浪漫豪情，不仅会回想当年对解放军"宜将剩勇追穷寇，不可沽名学霸王"的鞭策，更会有"高峡出平湖"，令神女惊讶赞叹的无限憧憬。

从生态国学的山水文化角度看，中国大地上那巨川大江及其千万条支流，就像一幅游走江湖河海之间的群龙嬉水图。它们有的各自开渠通江，串联起全国的 2000 多个湖泊，调节水量，缓解急流，使江河曲折弯流；有的纷纷傍山穿洞，灌田入海，形成卧龙蹲虎，雀舞龟伏，山环水抱的风水宝地态势，起到所谓的储蓄龙血，滋生龙气，孕育龙人的妙用。如众多风水学家所公认，鄱阳湖这一中国最大的淡水湖，就使长江在此处转了个大弯，使当地风水地理成为全国之冠，使江苏、湖北、江西成为全国知名的三大才子之乡。再如洞庭湖，据湖南地形图看，也正好在长江中游的弯曲处，有的风水师因此认为它形成了涟源、娄底、宁乡、韶山之间的一条"龙"。即涟水为龙头，韶山为龙颈，岳麓山为龙足，新化大熊山为龙尾，故有龙凤呈祥之象，令当地人灵地杰、人才辈出云云。

对于中国这一地域广袤，多山多水多湖的国家来说，那五条巨大山脉带领千万条小山脉，那五条主流水系带领千万条支流水系，四处隆背扭腰、蜿蜒游走的景象，就像一群时而昂首腾天，时而俯身嬉水的群龙图。它们有的山势雄峻，气势磅礴，如矫龙奔腾起伏；有的时而翻江倒海，抬首张爪，怒吼咆哮，千姿万态，时而绕山钻洞，浅吟低唱，隐踪匿迹。而古人为辨明这些山水龙脉的真身，为自己的家园邦国找到天人合一、生态良好，最适合设村建城，生息繁衍的栖身之地，达到和谐天地而不悖，福延子孙的目的，往往根据中华易理并借助历代风水师的努力，如中医探病摸脉一样地为大地"诊脉"后，终于发现，五色水这五条大地之"大动脉"与五色山这五条"大静脉"，其中潜藏着大地之"脉"，它们与人体的经脉一样，虽在解剖时不可寻见，挖石掘土下去也不见端倪，却与经脉一样，在时刻影响着人体的健康，主宰着大地的生机和人居处所的衰旺。这就是后来被风水师神秘化的"龙脉"，及其中在人类的外界作用下，能生吉生凶的"龙脉之气"。

从我民族数千年拓荒耕耘所形成的大中华山川风水全图看，在东西南北中五条山龙的裹挟隔阻下，自强不息，勇敢穿行蜿蜒其间，汹涌澎湃，虎啸马驰，奔流入海不复还的千百条大江里，其实也只有自西北向东南，色分青白红黑黄，位列东西南北中，孕育出中华文明之源的五条巨龙，才是源自昆仑祖山的真正的中华众水的龙脉！其内含的中华生态国学之水文化生态理

念，可简述如下：

其一长江，是亚洲和我国的第一大河，他发源于唐古拉山主峰各拉丹冬的冰川中，奔流于山脉东龙以南，穿行于山脉东龙与山脉中龙之间，从源头到湖北宜昌为上游流域，从宜昌到江西湖口为中游流域，从湖口到入海口为下游流域，整个长江水系约占国土总面积的 1/5，流经青海、西藏、云南、四川、重庆、湖北、湖南、江西、安徽、江苏和上海等 11 个省（区）市，串联起雅砻江、岷江、沱江、赤水河、嘉陵江、乌江、湘江、沅江、汉江、赣江、青弋江、黄浦江等支流，以及滇池、草海、洪湖、洞庭湖、鄱阳湖、巢湖、太湖等湖泊之后，在上海吴淞口入海，流域面积 180 万平方千米，全长 6397 千米，超过地球半径，仅次于尼罗河及亚马逊河。因国家长江水利委员会管辖之下，描画出中华大地最富庶美丽的江南美景，冲积出长江中下游平原的长江水系，源自青海，水清树绿，流入东海，象征"华东"，故可以"青水"来表示，以代表东方、代表青水之龙。东方属木，但长江以其地位之尊、体量最大，力量最强，长度最长，是南水北调的最大水源之地等元素，故又可以乾卦代表其自强不息的精神和古远的历史，堪称中华民族的父亲河，是神州水量最丰沛、水流最漫长的青龙水脉。

其二黄河，是中国境内第二大河，世界第五大河，她发源于青藏高原的巴颜喀拉山脉北麓的卡日曲，干流全长 5464 千米，夹在山脉东龙与山脉北龙之间川流不息，流经青海、四川、甘肃、宁夏、内蒙古、陕西、山西、河南及山东等 9 省，向东注入渤海，沿途汇集了湟水、洮河、清水河、汾河、渭河、泾河、沁河、伊河、洛河等 35 条支流，流域面积 79.5 万平方千米，平均天然径流量 580 亿立方米，流域平均年径流深 77 毫米，流域人均水量 593 立方米，耕地亩均水量 324 立方米。因河床大都高于流域内的地面，全靠大堤约束而有"悬河"之称。由黄河水利委员会管辖的黄河，因中游流经广大的黄土高原，夹带大量的黄泥沙，成为世界上含沙量最多的黄色河水，染黄了滔滔黄海，又象征"华中"，故可以"黄水"来表示，代表中央，黄水之龙，属土和坤卦，以其温良谦恭、厚德载物的精神，时而导演鲤鱼跳龙门、壶口滚沸水的连场好戏，时而自拍"悬天河"的惊险剧集、"揭河底"的百年奇观，以及黄河流域内曾经建立秦汉唐宋、元明清直至共和国之伟大国都的辉煌历史，无愧孕育出华夏灿烂文明的中华民族母亲河，是神州水流最雄浑大器的黄龙水脉。

其三黑龙江，是中国三大河流之一、世界十大河之一，以克鲁伦河为源头计算，总长度约 5498 千米，流域总面积 184.3 万平方千米，其中在我国境内长 3474 千米，流域面积 88.7 万平方千米，长度在我国居第三位。黑龙江原是中国内河，19世纪中后期被沙皇俄国依仗武力和不平等条约，强占了江北数百万平方公里的大片领土后，成为在中国黑色山龙外侧，神州大地上惟一没有山脉双龙护卫，一河之中以主航道两分的国际界河。发源于蒙古肯特山南侧，在中华山脉北龙之东，森林遍布的西伯利亚大地上浩浩奔流，沿黑龙江省以东，流入鄂霍次克海的鞑靼海峡的黑龙江，因途径北大荒黑土地，腐殖质含量多，水色发黑得名，在中国古代文献中，早就有黑水、乌桓河等别称，至公元13世纪的《辽史》才第一次以"黑龙江"来称呼，在满语与蒙语里也均有黑水之意。他象征着"华北"（今指中国东北地区），故可以"黑水"来表示，代表北方、黑水之龙，属水和坎卦，以其无惧蛮荒、诚信坚韧的精神，和兴起蒙古族的元朝、契丹人的辽国、女真人的金国、满汉蒙回藏五族一统的清朝之霸业，为偏安一隅，沉醉歌舞升平的南朝诸国，注入北族强蛮活力的苍凉荒远的历史，堪称中华民族的叔伯河，日夜不息，源源不断地流淌出神州之内，气候最酷寒最肥美的黑水龙脉。

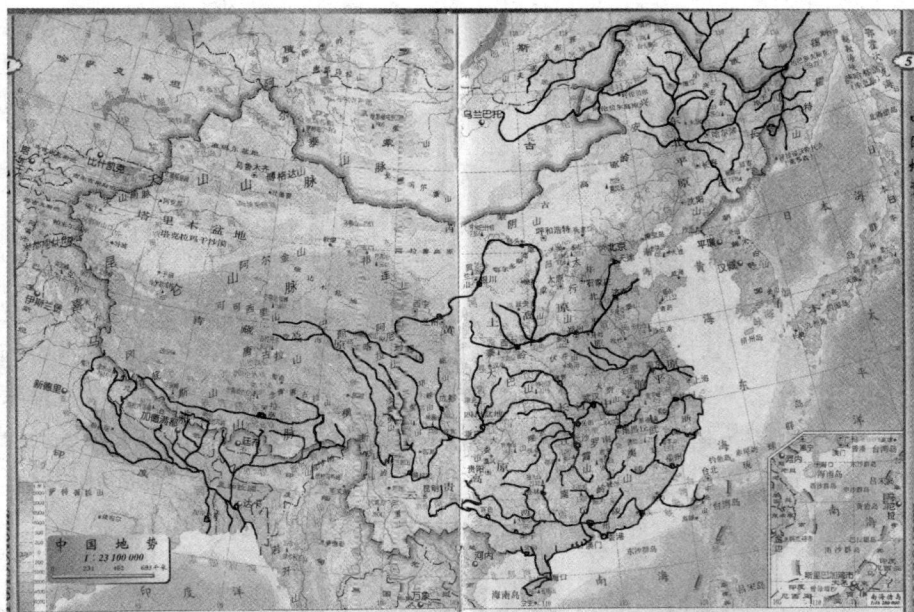

中国五水龙脉全图

其四珠江，年总流量3360亿立方米，是仅次于长江的南方大河。她支流众多，水道交错，以南盘江发源于云南省曲靖市沾益县的马雄山，穿行于

山脉中龙以南，山脉南龙以北，千山万壑之间的广阔大地上，向来有"一脉隔双盘"，"一水滴三江"，"一江开八门"之奇观。汇聚起珠江三角洲的西江、东江与北江这三条支流，加上以浙江的钱塘江、瓯江，福建的闽江，广东的韩江、漠阳江、鉴江、陵江，广西的廉江、九洲江、钦江，台湾的浊水溪，海南的万泉河、昌江、南渡河等，分流入海，以南海为主脉所联结，开通了海上丝绸之路的众流"南江"，合称"珠江"的这条南方最大江流，流域地跨云南、贵州、广西、广东、海南、湖南、江西、香港、澳门等九省区（含特别行政区），总长度为2320千米，流域内不计越南境内1.1万平方千米，中国面积仍有44.21万平方千米。由珠江水利委员会管辖，水力资源丰富，含沙量最小的珠江，因为水系流域在泛珠江之外，还牵连了闽浙台三省，境跨中越两国，地处高温多雨的南亚热带地区，流经南方酷暑炎热的红土地，内有水流色红的主要支流红水河，象征"华南"，故可以"红水"来表示。有趣的是，珠江在上游还有一条名为"黑水"，其实水流极清，因岩深林密流激而显黑的左江支流，这也许是《中国三大干龙总览图》以黑水代表珠江的意思。其实珠江历来代表南方，是红水之龙，属火和离卦，具有火热瑰丽的南蛮族人的创业冒险精神，以其曾经古代曾兴起过南越国、南汉国之霸业，开通了海上丝绸之路，近代开启最早吸收欧美现代文明的南风窗，曾金田起义，公车上书，挥戈北伐，设有旨在一统南北的民国大元帅府，传播过改革开放总设计师邓小平的南巡讲话，推动民族复兴大业的光辉历史，堪称中华民族的娘娘河，奔腾出神州气候最炎热、生气最旺盛、奇景幽谷最多姿多彩的红水龙脉。

其五雅鲁藏布江，是世界最高最陡的大河，亚洲的主要大河之一。她发源于世界屋脊喜马拉雅山北麓仲巴县境内的杰马央宗冰川，沿喜马拉雅山和冈底斯山脉之峡缓缓东进，穿过中华山脉西龙腰间的"世界第一大峡谷"——雅鲁藏布大峡谷，在西藏米林县境内95度急拐弯后，横切喜马拉雅山转向南流，与印度的恒河水汇流，经孟加拉注入印度洋。雅鲁藏布江在中国境内2057千米，全长3848千米，流域面积71万平方千米，水量仅次于同一水系的印度和孟加拉国的恒河。作为中国第五大河，雅鲁藏布江的藏语意为"高山流下的雪水"，梵语中其下游布拉马普特拉河意为"梵天之子"。再结合其处于"华西"，有藏传佛教之"白教"的传布，有雪山水融化为江的白水色调，故可以"白水"来表示，代表西方，白水之龙，属金和兑卦，以其金戈铁马，欢快豪壮的创业传文精神，以及兴起吐蕃国之霸业的辉煌历史，堪称中华民族的姑姑河，延伸出神州地势最高峻水流最纯净落差最大的白水龙脉。

雅鲁藏布江的水文化意义，还在于她在恒河流域中，与恒河并肩而立的双源之一的龙头地位。举世闻名的古老恒河长 2510 千米，流域面积 91 万平方千米，占印度国土面积三分之一，许多省会及帝国首都如巴德利布德拉、区女城、瓦拉纳西、安拉阿巴德、穆尔希达巴德、蒙吉尔、贝兰布尔、加尔各答等，都曾设于恒河沿岸，使得这条孕育出世界四大古代文明之一"古印度文明"的河水，哺育了 4 亿多人，近年却不幸沦为世界污染最严重的河流之一，这与印度教徒都相信恒河发源于西藏的圣湖玛旁雍错，尊她为"恒河女神""圣河"的崇高地位是多么不相称。

从中印两大文明的文化交融意义看，华西雅鲁藏布江与南亚恒河流域的汇流，不仅有古印度佛教西传西藏，扎根开花的宗教文化的历史传承意义，更有佛教在信奉印度教的印度几乎灭绝后，中国化后正蓬勃兴旺的汉传佛教，在佛祖家乡尼泊尔重建中华寺之后，追根寻祖，反哺印度，传播人间佛教普渡众生的大乘教义，净化圣河与人心的重大的中华文化传播意义。

回想古代启蒙读物《千字文》里，很早就有的"金生丽水，玉出昆冈"这样美好的传说，我们可以相信，一条美丽而矫健的中华西水金龙，江不仅为恒河流域注入纯净的高原雪水，带来生态文明的无价财富，使之成为佛祖开示的西方极乐世界的人间净土，还一定会以大同世界的美好理想，为这块由印度人、尼泊尔人、锡金人及孟加拉人和谐安居的南亚圣河流域，带来无上吉祥。

中华龙脉所系的五色江流之外，中国著名的河流还有很多，如松花江、辽河、鸭绿江、图们江、嫩江、塔里木河、额尔齐斯河、澜沧江、怒江、淮河、海河等等，有的还是国际河流，但若从生态国学的宏观视野，从生态风水学与民族人文意义上看，均难与上述这五色大河巨流等量齐观，故可合而概论。

如被列为全国七大河流之一的松花江，从南源白头山天池，大兴安岭伊勒呼里山麓算起，长 3300 千米，流域面积达 55.68 万平方千米，但它与嫩江都只是黑龙江的支流。而辽河、鸭绿江、图们江也同属于东三省北龙水系的关东文化圈，这点早在古代的《中国三大干龙总览图》中，将其都画为黄河水系支流就有所反映。实际上，长 1390 千米，流域面积 21.9 万平方千米的辽河，与作为中朝边界的鸭绿江、图们江一样，都是与黑龙江南北呼应的我国东北地区的南部水系，不同处在于，中国长期租用朝鲜的图们江口岸后，再次获得了出海权，使吉林省由内陆省恢复了海疆省的历史地位，找到了通向日本海的的出海口。

再看号称中国华北地区最大水系的海河，汇聚北运河、永定河、大清河、子牙河、南运河流至天津的大沽口入海，是一条东临渤海，南界黄河，

西起太行，地跨京、津、冀、晋、鲁、豫、辽、内蒙古八省区，长1090千米，流域总面积近23平方千米的千里长河。但从它现存的沙脊就是黄河故道，是黄河在平原上多次迁徙的遗痕看，同属黄河文化圈无疑。与长江、黄河和济水一起古称"四渎"的淮河也有同样情形。它发源于河南省桐柏山主峰，流经河南、湖北、安徽、江苏四省，于扬州市三江营入长江，全长约1000千米，流域面积约27万平方千米，它西起桐柏山、伏牛山，东临黄海，南以大别山、江淮丘陵、通扬运河及如泰运河南堤与长江分界，北以黄河南堤和泰山为界与黄河流域毗邻，是中国南北的天然分界线，文化上则作为长江支流，与长江最大的支流汉江一样，都归属长江文化圈。与海河、淮河同被列为全国七大河之一的澜沧江，发源于唐古拉山东北坡，经藏滇出境，全长4880千米，比海河、淮河的总长还长。她的下游是有"东方多瑙河"之称的湄公河，流经缅甸、老挝、泰国、柬埔寨、越南后入海，是亚洲著名的国际河流。但它在我国境内只有1612千米，流经地区也主要属于雅鲁藏布江和珠江，故可统而析之。

总之，中华民族是个重视生命之源江河湖海，疆域辽阔的文明古国，许多乡镇、县市、州府乃至省区的名称以及各类地方之名，往往都带有三点水的字旁，与江河湖海、港渡津梁有着千丝万缕的关系。仅以省级地名论，与"江川"相关的就有河南、河北、江西、浙江、江苏、黑龙江、四川；与"湖海"相关的有湖南、湖北、海南、云南（滇）、青海、香港、澳门、台湾；与"河流渡口"相关的有天津、重庆（渝）等，足足占了全国省级行政区地名的一半，和以山、地及形容词命名的地名相映成趣。在这一意义上可以说，中华五大水龙游走的祖国大地，充满了大江奔腾，湖光潋滟，人文美好的强烈的水文化气息，这是在许多美丽传说里都留下身影，由龙母、妈祖、冼太、河神、湖仙等众多神灵护佑的中华众水流域，这是繁育出中华灿烂文明，由昆仑派出的浩瀚水系与洞天福地，这是黑龙、白龙、黄龙、青龙与红龙腾舞蜿蜒，五水并流，五色花开，争奇斗艳，文化辉煌的神州大地，这里时时发生世界的奇迹，这是崛起于世界东方的中华民族，再造时代辉煌的伟大奇迹！

值得注意的是，我们今天分析中华山水的龙脉存在，是为了更好地继承古代生态文明和易理风水文化，为了认识和更好地保护中华的生态文明和民族文化的命脉，而不是为了宣传一些无聊无用的、甚至是可能会被别有用心者加以利用的封建迷信。毋庸讳言，当今的一些风水学研究者，千方百计地将中国历史上24个王朝创立者的出生地，作为"龙兴"之地，再按照每一个王朝都有一条龙脉的计算方法，设法为中国寻出了24条"龙脉"，此外还想在一些地方，找到割据称王者、官运亨通者、蜚声文坛者，以及巨商大贾、仙佛神灵的"龙脉"。最后得出了诸如黄帝的龙脉在中原黄河流域，大禹的龙脉在今天四川汶川县的九龙山，商汤的龙脉在黄河流域；周朝的龙脉在岐山（陕西宝鸡市），秦朝的龙脉在咸阳（陕西），汉朝的龙脉在沛县（江苏徐州）；西晋的龙脉在河内，隋朝的龙脉在弘农，唐朝的龙脉在长安、陇西、太原；宋朝的龙脉在开封、巩义、洛阳一带；元朝的龙脉在内蒙古草原，明朝的龙脉在安徽凤阳，清朝的龙脉在东北，等等。如从"五水龙"分布的流域看，"黄龙"的龙主最多，包括黄河流域的黄帝、商汤、周朝、西晋、隋、唐、宋朝。"青龙"龙主有禹夏、汉（江苏）、明（安徽）；"黑龙"的龙主则有辽朝、金朝、元朝（蒙古）、清朝（东北）等。"红龙"与"白龙"的龙主则有南越、南汉、大理、吐蕃和西域诸国等边地王权等的形形色色的说法。这些说法如果建立在尊重民族传统文化、保护生态文明和发展地方旅游经济文化产业的良好愿望上，本也无可厚非，但若走火入魔，企图如法炮制，寻求什么龙脉之地让自己发达致富，甚至不惜血本，劳民伤财，那就会事与愿违，贻笑大方了。

从唯物主义历史观和人类文明发展史观看，任何历史王朝的建立与消亡，都是一定时代的政治、经济、文化和生产力发展的结果，是一定的自然生态和地理环境与社会条件互相影响的结果，是两者的统一而不可能是地理决定论的结果，具有历史发展的偶然性和必然性以及不可复制性。我们对中华山水龙脉的自然地理研究也应该如此观，一方面承认古今山水龙脉说，有其主观认识的局限性和客观存在的生态必然性，一方面又不可一味地盲信迷信。如有人就曾按《山经》所述的龙脉走势，以及汉朝大将军曾经在蒙古肯特山祭拜战神的行为，得出此地应是北出华夏的兑龙山脉和东奔华夏的震龙山脉的交尾之处，同时具备两条龙脉的血性和冲动，常会有真龙出世。而一旦有真龙出世，就注定会完成惊天动地的伟业。这一推断与当代的人文地理相去甚远，就难免牵强附会之处，只可作为了解时人的政治人才学和人文地理学的参考，不可定论。

实际上，人与地理环境的关系再重要，也并非是决定性的，要不然也无法解释龙脉绝佳处出生的人，会有各自的不同命运和作为的事实了。有人将这一现象归结为是大多数龙脉都依山傍水，而龙的活动范围又偏偏变动不定所致，但也很难自圆其说。所以，我们今天即使能诊断中华山水龙脉的具体位置，也只是大致精当，旨在对中华生态文明的建设，有所启示有所裨益而已。实际上，任何人要想在这方面完全做到准确无误，其实都是很难确定，也没有特别必要的。

二、生态国学视野下的智者乐水湖泽图

（一）生态国学的江水龙脉观

7.1　遇到易经提示的所谓风水坎关怎么办？

易经八卦中"坎"为水。从水为财的观点看，漏水就是漏财，所以龙头漏水，一定要马上修好，这确也是节约资源的表现。坎，有时又代表坎坷不平，特指坏运气或窘迫的处境。如有人把度难关比喻成过坎关；风水命运不好的年头也往往被视为"坎"，它有时指遇到与自己生肖相同的年份，俗称"本命年"。这时如果命宫中凶星众多，就会流年运势不佳甚至凶险。但风水师认为这也有方可解，如果有"八座"吉星高照，或有"天解星"化解，就能逢凶化吉，遇难呈祥，迈过"坎"关。

图 7.1　自然界里难以逾越的沟坎

7.2 生态环境里的水危险吗？

图7.2 水险难逾之处

易经八卦以"坎"为水。坎卦实有"险"义，这是古人对水性的深刻认识和总结。山重水复，山高水远，行路自然艰难。但雄山峻岭再高再险，人也可以慢慢寻路攀登，累时歇息；而看似柔弱的水却不能片刻松懈狎玩，放松警惕，否则便会有生命之虞。俗语所谓"欺山不欺水"的说法，正是对水常会淹死自夸会水的人的惨剧的总结。因此，人们在傍水傍井处建宅安家时，既要看到水之利，也要看到水之险，这样才能充分做好失足坠水，堕井落渠，山洪水涝，水源污染，潮湿霉变的防范工作，让生活无忧而甜美。

7.3 信奉龙王龙母能降雨抗洪吗？

中国道教的神仙谱里，不仅河有河神，水有水仙，连四海之水都有龙王掌管，其中东海龙王为首居尊，专司降雨。岭南地区民间则流行龙母传说，有信奉祭拜龙母庙祈福的习俗。其实，懂得现代科学的人，都不会指望龙王龙母能降雨抗洪，无论是求雨还是抗洪，目前都

图7.3 吐水龙王

已经有了利用乌云过来时，用飞机播撒和击炮法以人工降雨，以及修建水库

堤坝防洪等更有效的科学办法。从"大水冲了龙王庙，自家不识自家人"的民间调侃里，我们可以明白，要根除水害，安宅防洪，引水抗旱，光靠祭拜龙王龙母求雨防洪只是偶有"灵验"，只有以健康风水指导正确选址，大力兴修水利才是最重要的。

7.4　人铸铁牛可以抗洪兴利吗？

中华风水的"压胜法"，以十二生肖牛为丑，取"丑"为五行之"土"，土能挡水之意，铸铁为牛，以牛镇水，化险为夷，除害兴利。如浙江镇海铁牛、颐和园铁牛等。"压胜法"不仅有五行风水意义，还有认识和利用自然规律造福人民的社会意义。如唐代开元年间建成的蒲津桥，就运用了铁牛"压胜法"造桥兴利，其桥由铁牛、铁山、铁人、铁柱为地锚，拴牢铁链，牵联浮船，组合而成，铸铁的用量足足耗费了全国当时年铁锡产量的五分之四。全桥浮跨黄河，气势如虹，横亘百丈，连舰百艘，挽狂澜，通秦晋，车马喧，万众集，是当时世界上最先进最大型的浮桥工程。其铸造的四只牵船铁牛，栩栩如生，显示出精湛的冶炼雕塑技艺，以及中国古人独特的风水智慧。

图7.4　新出土的唐代蒲津桥铁牛雄姿

7.5 水是所谓的乾坤神器吗?

《水龙经》认为自从宇宙鸿蒙开辟以来，山水实为一阴一阳的最重要的两大神器，并列雄峙于天地之间。山性静而阴，水情动而阳，山健而刚，水溺而柔，水不停流，山不移峙，就象天覆四方，地载万物，日昼月夜，各掌一职那样。因此，只有懂得"自鸿蒙开辟以来，山水为乾坤二大神器，并雄于天地之间。一阴一阳，一刚一柔，一流一峙，如天覆地载，日旦月暮，各司一职"的道理，才能理解根据水脉去观察风水的重要性，解开风水的奥秘。

图7.5 《水龙经》视山水为乾坤神器

7.6 怎样理解《水龙经》的风水经验谈?

图7.6 山脉接水龙

《水龙经》是一部专门谈如何辨别"水龙"的风水专著。大鸿氏在《水龙经》的序言中，根据古人千百年观水实践中所得出的风水经验，批评了"后世地理家罔识厥旨，第知山之为龙，而不知水之为龙"，重山轻水的偏颇，指出这些风水家因为不知辨水重要，只知山脉为龙，却不知水也为龙的道理，所以犯下了食古不化，重山轻水，见山不见水的错误。他强调风水家应该"行到平阳莫问龙，只看水绕是真龙"，通过实地查访水脉看风水，"以山龙属之高山，以水龙属之平壤"，根据地下或地表的水脉的衰旺弘细，畅通断绝等，确定住宅在平原风水间的最佳位置，可谓真知灼见!

7.7 易经生态风水学为什么重视水环境？

风水学的理想环境离不开山和水，其中又因为水为生气之源而更显得重要。地无水不毛，山无水不灵。《水龙经》认为石为山之骨，土为山之肉，水为山之血脉，"穴虽在山，祸福在水"是极有道理的。它与汉代大学者王充在《论衡·书虚》中关于"天地之有百川也，犹人之有血脉。血脉流动，泛扬动静"的说法

图 7.7 易经生态风水学重视水环境

一脉相承，都是把自然环境当作一个有机整体，水足血旺，生机勃勃，人在其中自然逍遥自得，其乐无穷。

7.8 易经重视"水"在保护生态环境上有什么意义？

古人所谓"润万物者莫润乎水，终万物始万物者莫盛乎艮。故水火相逮，雷风不相悖，山泽通气，然后能变化既成万物也。"强调的正是水性清纯，滋润山林，生化万物，养育万物的重要作用。因此，坎卦关于考察水的来龙去脉，辨析水的优劣品质，掌握水的大小流量，优化水的排污环

图 7.8 举世闻名造福子孙的都江堰

境，重视水的灌溉功能的风水理论，是极其重要的易经风水原则。如中国古代四大灌溉工程中，最为著名的都江堰，位于四川灌县的岷江上，由蜀郡守李冰父子在秦昭王（前 306 年—前 251 年）时修筑。李冰父子巧妙地利用天然地形加以改造，把岷江分为内、外两江，既消除了水患，又提供了沿岸三百万亩土地的灌溉，一举二得。

7.9　坎卦的风水关键词是什么?

　　坎卦的风水关键词是"水",以及与水,水流,水路,水道,水渠,水沟,水井,水坑,水量,水源,水质,水险相关的一切;它在自然、物象、节气和方向上代表水,雨,井,坑,江河、冬至、北方等;在五行和色彩上代表近处之水,黑色;在易理方正代表危险深陷,坑洼,耳部,以及家中的中男,二哥等;在风水建筑上则代表了藏风得水,界水而止,水脉水情,清泉活水,排水供水,抗洪除险,防湿防潮,防水防雨,防陷防盗,浴室卫厕,用水设施,北方之位等。这些都是坎卦风水总纲的要义所在。

图7.9　冲破坎险勇往直前的游船

295

7.10 《易经》是怎样说明坎卦的重要风水意义的?

《易经》风水理念以"坎"为水为北,以其表示劳作困苦和万物最后归宿。《黄帝内经》认为"北方生寒,寒生水,水生咸,咸生肾,肾生骨髓,髓生肺。"认为水与咸味食品会通过肾脏对人的健康产生影响。《易传》说:天帝以立冬的"乾"天搏战初寒,使万物在冬至的"坎"险中劳累不堪。《坎》所代表的水与北方寓意深长。因为北方为地形制高点,水为生命之源,生气之泉,故《易经》重水,有"井""坎"两卦析之,强调"改邑不改井","井收勿幕"的深义,称道"习坎有孚,维心亨,行有尚"的守信高尚水德。这也正是老子深爱水德水性,极力赞扬上善若水的由来!

296

图7.10 小三峡风水奇观

7.11　"坎"在易传里代表什么风水意义?

图7.11　代表五行之水的千狮坛玄武北天门

《易传》风水理念认为"坎"作为水的象征,代表小河沟和小渠水、隐藏和潜伏、矫正和扭曲、弯弓和车轮等。它表现于人身上(作为中男),往往倍加忧愁,心里有心病,耳朵疼痛。作为血光之卦,它为赤红色。作为马类时,它脊梁圆润而坚美,心中急躁,低下头,不停地刨蹄,拉曳着车辆艰难前行。它作为大车前行时,大多比较盲目,但却很通畅。它代表月亮,又可视为盗贼。它作为树木时,坚硬而多尖刺。这些意象对我们理解坎卦风水理论是有借鉴意义

的。那就是要注意住宅内外一切与水与防盗有关的通道与器物,而解决水和盗的问题则是十分艰难要谨慎小心的。

7.12　《内经》是如何解释经水经脉的?

中华文化,医易不分,化合阴阳,治病养生。《内经》通过岐伯之口解释了人与自然相合相应的密切关系。那就是天有宿度,地有经水,人有经脉:"天地温和,则经水安静,天寒地冻,则经水凝泣;天暑地热,则经水沸溢;卒风暴起,则经水波涌而陇起。夫邪之入于脉也,寒则血凝滞,暑则气晫泽,虚邪则因而入客。"这种天地水

图7.12　水脉与建筑

人合一互动的关系，来自《素问第八卷·宝命全形论》所谓"夫人生于地，悬命于天，天地合气，命志于人。人能应四时者，天地为之父母；知万物者，谓之天子。天有寒暑，人有虚实。能经天地阴阳之化者，不失四时；知十二之节之理者，圣智不能欺也。"的认识，是颇有真知灼见的。它进一步推导出根据天地人合一，摸索出的"人皮应天，人肉应地，人脉应人，人筋应时，人声应音，人阴阳合气应律，人齿面目应七星，人出入气应风，人九窍三百六十五络应野"的治病规律，巧妙运用九针，以达到"一针皮，二针肉，三针脉，四针筋，五针骨，六针调阴阳，七针益精，八针除风，九针通九窍，除三百六十五节气"，保健去病，延年益寿的目的。

7.13　什么是"除险防洪"的坎卦风水原则？

水是生命之源，生气之泉，向为《易经》重视，设有专门的"坎"卦析之。"除险防洪"的坎卦风水原则，强调水的风险意识，注意清污防洪，以水来方向为长生之地，根据"水随山而行，山界水而止"的规律，认真访察山龙水脉，分析水质色黑味苦，色碧味甘，色白味清，色淡味辛的不同，在建筑选址上避开或清除用水的污染源，防范和排除洪涝灾害，做好兴水利，建堤坝，抗洪涝，除水害，引净水，排污水的防洪泄洪和引水蓄水工程，使人们饮上卫生洁净的清水、自来水、直饮水、矿泉水等，确保身体健康，安居乐业。

图7.13　邕江桥头防洪大坝雄姿

7.14 什么是"善水利众"的坎卦风水原则?

老子说:"上善若水"。坚持"善水利众"的坎卦风水原则,就是要大兴水之利,大做水文章,通过探河、挖井、辨质、清水、引泉、浚流、开河、挖湖、蓄水等诸多功夫,分析水清洁度,水流量大小,水势急缓,河道曲弯陡直,利用大自然水流向下之天性,修建各种人工运河、渠道、港口、湖泊,以及各类亭台楼阁、

图 7.14 汇通四海的厦门港

水榭庭苑等建筑物,使周围的自然环境和建筑物,因水而灵,因水而富,因水而净,因水而美,成为良港水垭,以及那许许多多水光潋滟,浴人清爽,卫生洁净,人见人爱的佳美风光,良院美宅。

7.15 在生态文明意义上得水源者得天下吗?

图 7.15 飞蛙崖大瀑布

无论是生态文明意义还是企业文化意义,水行业一向有"得水源者得天下"之说,说明能否拥有一个充满生命活力的好水源,对人的生命健康和水企业的发展壮大,都是至关重要的。如广东帽峰山的地下深层有一条世界罕见的偏硅酸优质矿泉水带,经过国家卫生部、中国矿泉水协会等权威部门检测,发现内含对人体有益的钙、镁、锌等16 种微量元素,并有低钠、低矿化的特点,不愧为一条"地下金河"。经北京一家知名产权评估公司评估,天源实业集团公司开发该矿泉水的"天源长寿村"品牌,价值就达 5 个亿!其享有天然优势的水资源,确实是在国内桶装水行业独占鳌头的有力筹码。

7.16　古人很早就有了水环境选择意识么？

图 7.16　幽美的水源环境

中国早在六、七千年前的仰韶文化时期，就有了明显的水环境选择意识。其要点一是靠近水源，便于生活取水，发展农业；二是便于乘舟泛排，捕鱼交通；三是依山傍水，避免洪水侵袭。如半坡遗址就是一处两水交汇环抱的风水吉地。它说明远古时代的人们对聚落选址因素的考虑是很讲究的，人们能动地选择环境的认识已达相当高的水平。

7.17　先秦时期就有察水相地行为了吗？

先秦时期的先民很早就知道察水相地的风水知识了。《墨子》里所说的古之民"陵阜而居"的现象，其实就是指古人对居住地近水沿坡的一种选择。所谓陵阜，一般指河流的台阶地带。近年的许多新石器时代考古遗址，大都是在土质干燥.地基坚实，水源充足，水质纯净，变通方便，四周有林，环境幽雅，靠近水边的向阳土坡上发现。它证明在这一近水地带生活的先民，生活取水和下水捕鱼十分方便，并且不易受到洪水的冲袭。这与易经风水所倡导的"近水向阳"的相地察水原则完全符合。

图 7.17　先秦之人

7.18 住宅环境选择为什么要从水中发现生气?

先秦以来,古人察水相地,选择住宅环境的实践告诉我们:水为风水学探寻生气之重。风水宝地中又以得水之地为上等,藏风之地为次等。这是因为近水之地要远比靠山背风之地更生机盎然,更适合人和动植物生长。只有善于将古人的经验和现代科技手段结合起来,真正掌握水中识别生气的奥妙,才能善水兴利,清污防洪,使水成为风水理想家居的积极因素。

图7.18 水中生气处

7.19 生态风水学认为气与水有什么关系?

图7.19 富含生气之水

近代科学认为,水是生命的基础,有固态,液态和气态、离子态等,均可在一定条件下互相转化。古代风水学则认为,气是生命的形态,故有气化为水,气藏于水之造化,水与气本来就密不可分的说法。明代蒋平阶在《水龙经》中论述水和气的关系时就曾说,"气者水之母,水者气之止。气行则水随,水止则气止,子母同情,水气相逐也。夫溢于地外而有迹者为水,行于地中而无形者为气。表里同用,此造化之妙用。"由此可知,山脉和水流都可以统一于"气"中,气者水之母,水者气之止,两者关系形同母子。

7.20 住宅环境选择怎样从水中辨别生气？

图7.20 竹林水岸小村

风水术认为，生气是无穷变化的，因此可以变成水的形式出现。蒋平阶在《水龙经》论"气机妙运"时说："太始唯一气，莫先于水。水中积浊，遂成山川。……故察地中之气趋东趋西，即其水之或去或来而知之矣。行龙必水辅，气止必有水界。辅行龙者水，故察水之所来而知龙气发源之始；止龙气者亦水，故察水之所交而知龙气融聚之处。"由此可之，从"水"中辨别"生气"的方法，就是要依据气随水行，水交气止，水气相逐，互为表里的水气母子关系规律，在观察山川走向，水迹来去中发现行于地中的无形生气，以决定良宅选址的合理位置。这就是"望水""察水"的功夫。

7.21 住宅环境选择怎样辨别水脉呢？

住宅环境选择从山川大水源主动脉的大环境入手，观察住宅的小水源小水脉，便可知道小水源小水流小环境受到的外界山形水脉大环境的制约和影响。这就犹如中医切脉，从主要脉象之洪细、弦虚、紧滑、浮沉、迟速，就可知道身体的健康状况一样，风水的水脉考察，也要先从大水源主动脉心血管的机能状态着眼，才

图7.21 云开大山的南江水脉发源地

能观察到小水源小支脉细血管的洪细、虚实，浮沉、迟速和去留走向，做出选址建城市，盖楼房，修工厂的完美设计。这就是先考察山川大环境，再从小处着手建设，以绝水源污染、断流、排泄之忧的坎卦风水学原则。

7.22　住宅环境怎样识别水流的好坏？

古人的住宅环境选择通过量山步水的长期风水实践，积累了丰富的识水经验。其第一个原则是水要生旺，不要休废。所谓生旺休废，就是水发源处、弯曲处为生，聚汇处为旺，流出处和水泽地为休，囚榭处为废。第二个原则是水要弯曲、流长，声音悦耳。古人相信，"根大则枝盛，源远则流长。龙真而穴正，水秀以沙明"，水顿跌声如金佩玉环，主财禄双进；水声如饮泣悲咽，就会有哭泣悲伤事情发生。此外，所谓"水若屈曲有情，不合星辰亦吉"，"曲水来朝，不论大涧小涧"等，说的也都是其中辨水的道理。

图7.22　丹霞山秀丽宜人的锦江

7.23　生态住宅环境选择怎样辨别水质呢？

水质的好坏似乎可以一眼看出，其实认真起来却非要仔细的辨识乃至科学的化验，才能真正弄个清楚明白。在住宅环境选择的辨别水质方面，古代风水学给我们留下不少宝贵经验。如《堪舆漫兴》在论水质之善时说："清涟甘美味非常，此谓喜泉龙脉长。春不盈兮秋不涸，于此最好觅佳藏。"有经验的风水师在相地时，不仅亲临现场品尝地表水，俯身贴耳聆听地下水的流向及声音，还掘土挖井，察看深处水质，以准确分析和辩别水质。这样做是符合中国风水察土观水传统的。《管子·地贞》就指出：土质决定水质，从水的颜色可以判断水的质量，如水白而甘则优，水黄而臭，水黑而苦等则劣。

图 7.23 住宅要选择水质优良的环境

7.24 什么是生态住宅环境的优质好水？

风水经典《博山篇》主张通过"寻龙认气，认气尝水"的功夫，发现住宅环境选择所需要的真正的优质水源。这种有利于健康的优质水的特点是"其色碧，其昧甘，其色香，主上贵。其色白，其昧清，其昧温，主中贵。其色淡、其昧辛、其气烈，主下贵"。反之，如果水质"苦酸涩""黑浊臭"，则应弃之不用。

图7.24 优质山涧水

7.25 生态住宅环境选择活水有什么好处?

古人说:流水不腐,户枢不蠹。流淌的河水,奔腾的大江,叮咚的小溪,飞泻的瀑布,源源涌流,常取常新的泉水井水,都属于"活水"。在排除了污染源头的情况下,住宅环境选择流通的活水,水质一般要比死水一潭的封闭式的水池、水坑、泥潭、池塘、沟渠里的水要好很多。香港和广州不辞艰难地坚持从东江水和流溪河取水饮用,就是这个原因。而静止不流的死水往往会沉淀腐化,滋生毒蚊恶虫、有害的微生物和各种细菌,发臭变质,不宜饮用。因此理想风水家居要近活水而远死水,或设法将死水变"活"变清。

图 7.25　清清活水绕宅来

7.26　世上有"毒泉"吗?

国内有所谓的贪泉。其实这只是因为当地丰饶富庶,人们为了警戒贪官而给泉水起的怪名,泉水喝了并不会中毒变贪。但世上确实有一些地方的水质有毒,需要加以防范。如《三国演义》里就有蜀兵深入荒蛮之地,误饮毒水,伤亡惨重的描写。而近代也发现当年蜀兵深入的云南省,确有一眼"扯雀泉",虽泉水清澈,却无生物,连水禽一到泉边也会死掉。后经化验发现,泉水里含有大量的氰化酸、氯化氢等巨毒物质!从坎卦要义看,这类水源附近,确是不宜建房住人的。

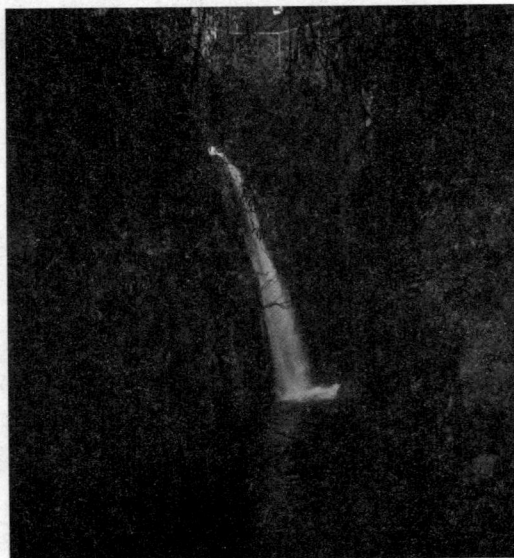

图 7.26　黑谷幽泉

7.27 水污染会影响生态环境吗?

坎义精辟,坎险不虚。水污染确有危害生态环境的致命危险。特别是
20世纪末国内一些穷镇贫村,为了迅速致富脱贫,不惜大批引进污染工业
项目,甚至大量运入外国城市洋垃圾,如废弃电线、边角料、化工原料、医
院弃物等,翻检分类,焚烧冶炼,提取回收贵金属和工业原料等,在污染空
气的同时,还使大量含汞、铅、硫等有害元素的化学物质渗入土中,污染地
下水源,直接威胁居民生命健康。据新华社报道,广东翁源县的"江河
村",过去水美土肥,1986年至今却因环境保护不利,"毒水"流出,使得
340余人因癌症离世,成了远近闻名的"癌症村"。

图7.27 北方山区水污染一景

7.28 生态住宅环境如何预防地下水源污染?

水源清洁污染与否与人的生命密切相关,绝不容轻视。最近,中央权威媒体报道了铁岭市一小区受地下残留污染源——某造纸厂20年前遗留的苯液体储存罐泄漏的影响,在连续几个月饮用了含苯地下井水后,败血死胎,皮痒肤烂的典型案例。科学家证实,如果在住宅地面3米以下有地下河流,双层交叉河流,坑洞溶洞,地下湖泊等复杂地质结构时,都可能放射出长振波或污染辐射线或粒子流等,这些有害波会导致人头痛、眩晕、内分泌失调等症状。因此,在选择建房环境前,必须对选址包括历史建筑、地下水文土质在内的详情做一番风水考察,以绝后患。

图7.28　住宅边保护水源免受污染的水池

7.29　保护生态环境如何治理水污染?

保护生态环境，治理水污染　首先要堵住污染源头，防止其继续蔓延和造成危害；其次要根据地质地貌对水源加以彻底改良。这样做看似乎工程巨大，奏效极难。但如果地皮宝贵，非要建宅，却遭水污染，从风水环境和人的长寿久安计，彻底清除有害化工填埋物一类的水源污染物，装设专用管道引进优质饮用水，以及其它有效措施，还是有相当必要的。

图 7.29　防止水污染要保护好水库

7.30　山水城市应怎样设计引水排污工程?

1993 年中国山水城市讨论会提出，21 世纪的中国城市应建设集城市园林与城市森林为一体的"山水城市"，这一把山水作为城市构局要素，让山水与城市浑然一体，蔚为特色的观点，其基础正是中国传统的"天人合一"

的风水理论。而遵循坎卦保养水脉，重视饮水，引水排污的原则，将对山水城市风貌的宏观设计，对山水城市的无污染供排水规划建设，起到积极的引导作用。而就微观的住宅设计而言，住宅不宜压迫水脉，水管不宜直穿大门、卧室和玄关的地下或墙壁，以免污染水源，水流噪音，导致家人情绪不宁，健康欠佳，财水外流等。

图 7.30　贵阳甲秀楼外整治前的污水横流

7.31　我国的多数泉水都有开发价值吗?

是的，我国名山大川，风景秀丽，名泉遍布，绝大多数都具有开发价值。如广东的鼎湖山、长寿村都出产名牌矿泉水。福建省发现矿泉水点1590处，号称全国之最，近半可供疗疾或饮用。广西出品乳泉酒，其凤凰山的乳泉似汁，泡茶竟可一星期不变味。江西永丰县九峰岭脚下的味泉有鲜啤酒的酸苦清甘味道。这类泉水显然都是有良好的开发价值的，属于风水宝地之列。

图 7.31　颇有开发价值的山泉

7.32　生态环境怎样利用和保护泉水？

图 7.32　需合理利用的飞泉

由于地理环境和地质结构的差异，我国各地的泉水所含有的钠、钙、镁、硫等矿物质的成分是很不同的，只有根据具体含量采用口服，沐浴，浸泡等方式，才能有益于健康。但再好的泉水，不论如何充沛涌流，也是有限的。山东济南号称泉水城，但过度滥采之下却一度风光不在，名泉顿失，直到采取禁止乱抽地下水等有力措施后，趵突泉等天下名泉才重新吐纳，再现风采。眼下一些地方争相涌到温泉之乡建宾馆、招待所，抽得温泉枯竭，水量大减，只好把水加热代替，自欺欺人。所以，合理利用和保护泉水，一定要有科学的分析和全盘的规划。

7.33 水口山口与气口有什么关系？

中华易经风水学追求一个适宜人居的大地气场，即对人的生长发育最为有利的生活环境，对空气流经的气口十分重视。而水口和山口又与气口有着密切的内在联系。除了封闭型四周环山的地下河泉区域，水口一般都要经过山口外流，这使得水口和山口的结合处往往成为盆地内域的天然气口。寻找水口山口交合处以实现山水相配，活水旺山的目的，按照生态风水空间结构进行组合，选择理想的风水宝地，以利人们在气口修心养性、休养生息时，获得一种幽雅舒适心旷神怡的感觉，正是坎卦风水学重视水口方向的精义。

图 7.33　水口山口与气口

7.34 生态良宅为什么喜欢水流曲折处?

　　古人在安家建宅时对水沉的弯环绕抱处情有独衷。因为这些地方大都水流平缓、土地肥沃，景色优美，如诗如画，所以古代无论宫室区、民居区还是生产区、陵墓区，大都择地河水曲折环抱处。这一追求"水抱有情为吉"的风水理念，可谓源远流长。蒋平阶的《水龙经》强调说"自然水法君须记，无非屈曲有情意，来不欲冲去不直，横须绕抱及弯环。""水见三弯，福寿安闲，屈曲来朝，荣华富绕。"以及"河水之弯曲乃龙气之聚会也。"（《阳宅撮要》），都是这一风水意识的集中表现。从科学观念看，水流曲弯处，大都水缓坡平，气流舒缓，水土肥美，林茂草盛，确实有利于动植物的生长，是理想的安家定居处。

图 7.34　水流曲折的长江夔门天险

7.35　河曲之内为吉地，河曲外侧为凶地有科学根据吗？

《堪舆泄秘》透露："水抱边可寻地，水反边不可下。"其意思是说，河流环抱的内岸，往往不断积淀着河水带来的肥土，平坦易耕并逐渐扩展，是理想的农桑家园。而河弯外冲沿岸正相反，在无有效防护时，往往洪水逐渐侵蚀，危岸崩塌，水土流失，朝不保夕。由此可见，《水龙经》反对在"反飞水""反跳水""重反水""反弓水"一类的地形选址建房，视其为不利于生养居住之地是有科学道理的，它是古人对河流地貌变迁与人类建筑安全的合理关系的科学结论。

图 7.35　江流弯曲处易被水淹

7.36 修筑宝塔有什么生态风水意义吗?

宝塔镇河妖。这一样板戏里的半截土匪黑话,其实是有深刻风水意义的。那就是人们经常于江岸高坡,面对滔滔江河的水曲浪卷要害处,修建一座高高耸立的巍峨宝塔。它面对波涛滚滚而来,巍然屹立,雄镇江波,不仅是为锦绣河山增光添色的佛门之宝与绝佳旅游观光登临点,而且给周边居住的人们心理上以极大的振奋和抚慰,寄托了人们对风平浪静,一帆风顺的水环境的殷切期盼。而要真正做到这点,除了建立宝塔,当然还必须疏通河道,稳固河堤,才能清水利众,人居安全,航运畅通。

图7.36 镇江宝塔

7.37 生态住宅的路形有反弓水与环抱水之分吗?

图7.37　市区大楼前圆环路口

水是古代运输的主要通路，故称水路。除了一些世界著名水城，现代城市里大多见马路而很少见到"水路"。所以当代的马路、街道与古代的水路在功能上是相同的。而根据古代长期以来的水为财，水路即财路的意象看，将眼下城里乡间车水马龙，人流不断的大路比做"水"，也是很贴切的。它实际上作为今日"路通财通"的政绩工程，体现了以往"财源茂盛达三江"——水通财聚的理念。因此，处于反弓水形状道路之前，或者位于丁字形路口正对的住宅，都会因受到车流煞气"犯冲"的威胁，而处于不利地位。而处在环抱水形道路之内，或丁字形路口两侧的住宅，则有类似水曲环抱的吸纳财气，旺宅添丁之妙。

7.38 风水意义上的水通真的能旺财吗?

生态风水意义上的"水通"能旺天下财。中国商界历来有"生意兴隆通四海，财源茂盛达三江"的说法。西安秉持"八水绕长安"之好风水，极大促进了汉唐两朝皇都的盛世繁荣。此后隋朝的大运河工程实现南粮北调，为民族强盛立下丰功伟业。直至后来腐败动乱，环境恶化，运河淤塞，水枯源竭，水利失修，才使得北方内地都市水资源日少而经济发展落后于沿海。如今林县红旗渠劈山凿洞，引漳入滦，改造风水的成功范例在先，西安实施导引黑河太白山水工程，迅速加快了社会发展进程在后，而更伟大的全国南水北调工程，也正随长江葛洲坝的建成而加快进度。水能生人旺财的风水原理，必将更加广为人知而造福人类。

图 7.38 水通旺财的豪华邮轮

7.39 生态风水意义上的"水路截"能截住财吗？

"水"路是水流的地方，无论是河水之上的船队流动，还是马路上的人流或车流，在风水意义上都可以视为能带来财运的"水路"。但要真正化"水"为财，光有路还是不够的，还要设法让水对你有情，愿意停下来帮你，这就是所谓的"水路截"。如马路上的公交车站、火车站、地铁站，都是人流的截停点，而且点越大，聚留的人越多，在这里做百货生意就越有赚头。至于车流，也有它的"水路截"之处，如红绿灯、停车场、修车厂、售车店等，在这些地方做有关汽车生意，如出售汽车配件、洗车服务等，自然也就财源广进了。

图 7.39 市区阻截车流的红灯停车处

317

7.40　桥头两边的良宅选址是喜是忧？

有人说桥畔住宅被桥直冲，风水不好，有的村子甚至还发生过拆掉大桥，以免被"路桥直冲"的蠢事！但也有人说桥头人气旺，生意好，是"龙口宝地"的。那么，究竟哪种意见对呢？其实，桥畔附近人来车往，交通繁忙，确实是繁华兴旺之地。但却不可因此而笼统地说桥畔风水好或不好，还要看住宅或楼宇的所在地究竟在桥头的哪个位置来定。一般来说，正对桥头的楼宇会受到煞气的直冲与威胁，确实不太好。但被桥头引桥所环绕在内圈的开阔地楼宇，则会比引桥外圈受到"镰刀煞"冲犯的楼宇要好得多，也更容易聚集大桥带来的人气和财运。

图 7.40　大江桥畔的楼宇雄姿

7.41　某校驻地受台风洪水袭击的教训是什么？

2005年10月2日夜，台风"龙王"突然在金门外海摆头，向晋江围头海域扑来！福州地区即下特大暴雨，傍晚形成山洪暴发，直冲闽江山边的武警福州指挥学校训练基地，冲毁了部队驻用的两幢民房！厄中央军委主席胡锦涛亲自指示全力搜救失踪人员，动员军方和福建民众近10万人次连续10个昼夜全力搜救，动用了直升机、船艇、冲锋舟和潜水员等多种手段，抢救了57人，但仍有85名学员被山洪冲走遇难。据报

图7.41　要吸取受台风洪水袭击的教训

载，同年11月，国务院、中央军委发出处罚通令，武警福建省总队总队长、政治委员两将军被免职，该校新学员训练大队大队长交司法机构处理。这一惨痛的教训告诫人们，洪水无情，坎卦当记。

7.42　家中养金鱼有利于生态风水吗？

图7.42　适宜住宅摆放的金鱼缸

家中养金鱼是符合坎卦以水养生的风水原则的。金鱼以水为生，悠游水中，仪态万千，是中华民族择优繁育的优良观赏鱼类，养而观之既可愉悦身心，格物致知；又可弥补家居风水缺陷，令住宅充满活力生机，所以人称风水鱼。但喂养金鱼必须注意鱼缸大小适中，安稳明透，周围不宜堆放太多

杂物，影响观赏视线，更不可紧邻克水之物如属火的灶台位、电视机位等。

7.43 "山主人丁水主财"符合生态国学道理吗？

图 7.43 住宅大院金鲤池

生态国学认为，靠山吃山，靠水吃水，山与水是人的生存环境和生活资源，人在有山有水的地方生活是有利的。因此，风水学的"山主人丁水主财"之说是有道理的。风水师通过对山水的生气方位与财运命脉相连的考察，想出了一个最简单的催财方法，即在门旁"摆水"——安放鱼缸、水动风水球，或者各种水生植物与山水风景挂画等，以起到用水生动物、水生植物，以及水动器物和水景饰物等，为家中催财招宝的作用。当然，世间万物，有来有去，有利有弊。古人早就明白水可载舟也可覆舟，水能召财也能化财的辩证关系。由此产生了"见财化水"的忌水说。它认为财位是宅内旺气的凝聚地，好稳忌水，宜放吉祥物，而不宜将水生植物和鱼缸摆在财位，以免见财化水。

（二）生态国学的宇宙生态观

7.44 生态国学是如何揭示宇宙风水图景的？

生态国学在重要典籍《内经》，在《太始天元册》里生动揭示出，从"太虚寥廓，肇基化元，万物资始，五运终天，布气真灵，总统坤元"，一直到"九星悬朗，七曜周旋，阴阳柔刚，幽显既位，寒暑驰张，生生化化，品物咸章"的宇宙变化，合理解释了宇宙事物运动变化的盛衰、上下、多少、损益、刚柔、张弛、幽显等，它是富有极高智慧的对中华风水生态的哲学认识。

图 7.44 内经力图揭示宇宙生成之谜

7.45 为什么说"卦象"是风水学立论的基础?

圣人由于见到了天下变化的奥秘,用易卦来比拟它的各种形状内容,象征万物的事宜,因此称之为"卦象"。从风水角度看,卦象是代表天地水火山泽风雷的八纯卦变位交构而成的风水景象,是易经通过卦象思维,将八纯卦组合后所画出的半抽象半具像的图像,共有64种,即一卦一象。它象征自然景象之间的联系和相互作用,表示抽象的哲学思想或道德准则。如"井卦"寓意着"木上有水",表示"井"的卦象,推出助人为乐的井德;

图7.45 卦象是探讨风水奥秘的基础

"泰"卦表示抽象的和泰意义与上下同心的泰德,"鼎"卦有鼎足、鼎腹、鼎耳、鼎铉等等。易经用卦象模拟天道的变化,其通过卦象思维对事物的认识和理解,正是风水学立论的基础。

7.46 圣人为什么要创立风水卦象?

图7.46 风水卦象常体现于
古代建筑符号之中

卦象把宇宙间最根本的天地、雷风、水火、山泽等八大风水现象展示人间。圣人通过"卦象"将穷极天下的奥秘保存于易卦中,将鼓舞天下的行动信息保存于卦辞中,将万物化生裁制保存于卦变中,将易理推广实行保存于变通中,将神奇聪明保存于使用者心中。它默默地成就各项事业,不用多言而诚信忠实,保存了美好的德行。所以孔子说:"圣人创立卦象以说尽原意,设立卦爻以说尽事情真伪,撰写系辞以说尽易理名言,变化而会通各卦以说尽它的利害。"

321

7.47　了解"卦象"对研究风水有什么用?

图7.47　分析卦象有助于理解风水变化

"卦象"是用来拟像仿照乾坤易理和风水变化的。如坎卦之象犹如外柔而内刚,摧枯拉朽的水,"离"卦之象犹如外刚烈内空虚的火,二者的卦义,都可以从水或火的卦象中推导出来。易家认为,六爻卦象动作于易卦内部,使得吉凶结果显现于事物外部,功劳事业显现于形势变化,圣人见到了天下变化的奥秘,就用卦来比拟它的各种形状内容,象征万物和风水的事宜,因此称之为"卦象"。圣人见到了天下阴阳的运动,用《易》的卦象模拟天道的变化,用爻辞来评议讨论它,就可以了解包括风水在内的世界万象,促成事物的发展变化。

7.48　易经"线象思维"与风水有关吗?

易经卦象的思维方式在哲学上可谓"线象思维",它与人类的抽象思维和形象思维并列,以中华民族特有的哲学思维方式,举一反三,发人深思,明旨达意,为中华易文化的开发和繁荣作出了伟大历史贡献。同时,线象思维将纯卦交互组合为64种复卦后,又将复杂多维、变化无穷的自然现象和社会现象概括其中,成为既形象化又抽象化、既能比较又可联想的风水意象,具有中华风水学由浅入深,抽象奥妙,具体可感,宏观壮美,寓意深邃,说服力强的特点,对人们认识风水和改造自然具有很大的借鉴意义和帮助。在这一意义上可以说,线象

图7.48　线象思维是古人考虑风水的思维方式

思维又是一种以卦象为基础的风水思维,它开创了强调天人合一的中华风水学的广阔天地,是古人留给我们的最宝贵财富之一。

7.49　怎样理解卦辞、卦义、卦象、卦德和风水的关系？

"卦辞"、"卦义"、"卦象"、"卦德"是《易经》的四大组成部分。卦序则通过各卦排列的逻辑演进关系进一步揭示其辞、义、象、德四者的深意。这就是"卦辞"是根据"卦象"的启示，为说明卦义而设立的，"卦德"即易德，是卦义的精华，是理解卦辞、卦义、卦象及其潜藏风水精义的道德尺度和价值标准。不明白卦辞、卦义和卦

图7.49　标榜中华传统道德的岭南园林建筑

象，就不可能全面深入地把握卦德；而偏离了卦德，对卦辞、卦义、卦象和风水文化的理解也将是表面的，无价值的，注定失败的。

7.50　中华易经认为生态风水选择会有几种结果？

图7.50　根据中华风水理念设计的现代园林

中华易经的测卦结果，无非是"吉、凶、悔、吝、亨、利、贞、（不）利有攸往"等等，其趋势不外是"好、坏、不好不坏、又好又坏，顺利、正确、不顺利"等等。而这一价值判断和前景预测，也涵盖了人类的生态风水建筑选择的结果。换言之，"凶"、"悔"、"吝"、"咎"等四种遭遇的产生，正是因为不明风水易理，不修风水易德，所必然产生的凶险、后悔、困吝、受罚的结果。而"吉"、"无悔"、"贞"、"利有攸往"、"无咎"等，则是符合或遵循风水易理，吉祥、无所后悔、正确、利于顺利前往、无过免罚的意思。因此，"吉凶"是风水选择得失的判断，是建筑设计"失德""失准"与否的现象。"悔吝"是者风水上小的疵漏，是"忧患"与否的风水现象。而"无咎"则是指是否善于补救风水选择上的过错。

7.51　生态风水现象的吉凶悔吝是如何产生的？

图7.51　易学认为风水现象与时空阴阳变化是一致的

易经认为，对于涵盖天下事物的各卦的吉凶悔吝，各人的理解会有先后深浅，但其据以判断的时空与人事的变化结果是一致的。因此，无论生态风水万象如何，都应根据卦象提示并结合实际来深入理解其发展趋势。易家认为，天下所有事物的产生，都是由阴阳易道的运动所决定的。有刚柔和等级的差别，有当位与否的差别，最后取决于决策是否合时合德合理。因此，生态风水现象的吉凶，终将产生于人类的生态运动，是易道用刚柔相推的方法探出的万象变化的结果。

7.52　生态国学为什么要修养"易德"？

"易德"是《易经》要义，易卦之魂，学易根本。偏离了易德，是学不好生态国学的，也不会对人生和事业有任何正确的指导作用，更不会带来好的结果。因此，无论是学易还是学生态国学，都一定要首先识德，修德，立德，这才能刚柔适度，中正不偏，修身养志，谦虚谨慎，永远处于不败之地。总之，要想研究好富含前人生命智慧的生态国学及其风水学

图7.52　易德是中华建筑风水的灵魂

识，首先要加强易德修养，剔除风水迷信糟粕，揭示其至今影响着建筑业的规划布局、择优定向的风水学理论和方法的科学性与实用性，防止为争夺风水宝地反而破坏了生态平衡与社会和谐。这也正是我们奠定民族哲学之基，营构民族生态建筑文明的宏伟工程，全面振兴中华文化的迫切需要。

7.53　勤修易德对学好生态国学有什么好处？

易德其实就是由健强的"乾"和顺承的"坤"两卦为主导的64个卦德。它是易学针对世界万象、人间百态等各种错综复杂的情势所作出的价值判断和道德选择，引导人们趋利避害，解难排忧，养德获吉。易德的把握，是在正确运用易理易学，静观默察卦象，辨析玩味卦辞，精研深掘卦义，全面领会卦德的基础上实现的，是古今相通的丰富的生产实践、社会实践和人生经验的总结和升华。因此，在任何时间、任何境域里，学易和学风水者都要以易德为重。只有抓住了"易德"这一易学精髓，才可能在生态国学领域登堂入室，应用自如，无往不利，逢凶化吉，为开创伟大的易德时代作出贡献。

图 7.53　修养易德是中华建筑风水学的桥梁

7.54 修养易德可以解决生态国学的一切难题吗?

　　正如品行不能代替规律，学习不能取代实践一样，修养易德也绝不是万能的，它不能代替研究和解决各种具体的生态国学的风水难题。但修养易德虽不是万能的，不修易德却是万万不能的。不修易德不仅使你难度难关，甚至会把你的好风水给毁了，好朋友也给丢了。因此，修养易德对每个风水师都至关重要。如果脱离了社会与人生的背景，背离了易德的根本，无论是学易用易，还是看风水择吉屋，都将误入歧途，害人害己，违背易学修身养德，济世为民的伟大宗旨。

326

图 7.54　伊犁州特克斯城中的周文王像。事实证明，
修养易德对树立生态国学的风水观是极为重要的

后　记

在领略全球生态文明建设的六趋势，积累相关学识，完成《易经风水图鉴》，参照卫星地图和地理教材里的《中国地势图》，详细画出《中国山水龙脉走向图》，并加以描述论证的基础上，我一方面继承传统，吸纳新知，循道为学；一方面从多年游历祖国名山大川、人文胜景、风水宝地，所拍摄的积累达数千幅生态自然的风景图照中，寻找出数百幅以八卦为纲，生态为核，风水为魂的图片，再贯以七章概论及其所附数百个精短问答，论述结合，美图为鉴，终于初步奠定了国内最早形成系统，尽量能够具有开拓性、创新性的生态国学理论框架。

全书借中华传统生态文化的昆仑祖山、山龙水脉，天象生气，相地察土，防雷抗震，藏风聚气，活水清流，采光取暖，依山取势，乐水湖居诸说，深入解读生态国学的中华易理体系，在揭示其"天、地、雷、风、水、火、山、泽"之八卦风水总纲之奥秘的基础上，分析其内涵的易经要义、黄帝内经要义、中华生态国学的风水观及其与现代科学的内在关系，充分肯定了生态易学体系和儒道释文化，对我国生态国学建设的重要贡献。

我诚望初生如婴儿般稚弱的中华生态国学，在举国上下按照中央部署，大力兴建社会主义生态文明的温煦春天，能通过本书的初探试水，得到全球广大生态文明建设者的喜爱和有志者的深入探索，得到学界应有的重视和国际的传播，为人类造福。

作者

2014 年 5 月 20 日于广州洽乐斋